TURING 图灵程序设计丛书

Pro HTML5 Programming Second Edition

HTML5程序设计

（第2版）

U0390230

[荷] Peter Lubbers
[美] Brian Albers   著
Frank Salim

柳靖 李杰 刘淼 译

人民邮电出版社
北京

图书在版编目（CIP）数据

HTML5程序设计 ： 第2版 /（荷）柳伯斯
(Lubbers, P.)，（美）阿伯斯（Albers, B.），（美）萨利
姆（Salim, F.）著 ；柳靖，李杰，刘淼译. -- 北京 ：
人民邮电出版社，2012.5（2023.6重印）
（图灵程序设计丛书）
书名原文：Pro HTML5 Programming ： Second Edition
ISBN 978-7-115-27871-5

Ⅰ. ①H⋯ Ⅱ. ①柳⋯ ②阿⋯ ③萨⋯ ④柳⋯ ⑤李⋯
⑥刘⋯ Ⅲ. ①超文本标记语言，HTML 5—程序设计
Ⅳ. ①TP312

中国版本图书馆CIP数据核字(2012)第056979号

内 容 提 要

本书首先介绍了 HTML5 的历史背景、新的语义标签及与以往 HTML 版本相比的根本变化，同时
揭示了 HTML5 背后的设计原理。本书在上一版的基础上新增了 SVG 和拖放 API 相关内容，并对部分
内容进行了更新。从第 2 章起，分别围绕构建令人神往的富 Web 应用，逐一讨论了 HTML5 的 Canvas、
Geolocation、Communication、WebSocket、Forms、Web Workers、Storage 等 API 的使用，辅以直观明了的
客户端和服务器端示例代码，让开发人员能够迅速理解和掌握新一代 Web 标准所涵盖的核心技术。本书最
后探索了离线 Web 应用并展望了 HTML5 未来的发展前景。

本书面向有一定经验的 Web 应用开发人员，对 HTML5 及未来 Web 应用技术发展有浓厚兴趣的读者
也可以学习参考。

◆ 著　　　[荷] Peter Lubbers　　[美] Brian Albers
　　　　　[美] Frank Salim
　译　　　柳 靖 李 杰 刘 淼
　责任编辑　王军花
　执行编辑　李 静

◆ 人民邮电出版社出版发行　　北京市丰台区成寿寺路 11 号
　邮编　100164　　电子邮件　315@ptpress.com.cn
　网址　https://www.ptpress.com.cn
　固安县铭成印刷有限公司印刷

◆ 开本：800×1000　1/16
　印张：18.25　　　　　　　　　　　2012 年 5 月第 1 版
　字数：431 千字　　　　　　　　　2023 年 6 月河北第 25 次印刷
　　　　著作权合同登记号　图字：01-2012-0713 号

定价：59.00 元
读者服务热线：**(010)84084456-6009**　印装质量热线：**(010)81055316**
反盗版热线：**(010)81055315**
广告经营许可证：**京东市监广登字 20170147 号**

版 权 声 明

献给我漂亮的妻子Vittoria，
也献给我的儿子——Sean和Rocky。我为你们感到无比骄傲！
同时也献给我们的猫——Cornelius，愿你安息！

——Peter Lubbers

献给John，是你让这一切都有了意义。

——Brian Albers

献给热爱读书的朋友们。

——Frank Salim

译　者　序

在《HTML5高级程序设计》出版后短短一年时间，第2版便如约而至。如此迅捷的更新速度倒也不足为奇，恰恰反映出HTML5惊人的发展进程。本书在第1版的基础上增加了两部分主要内容：SVG和拖放，分别针对HTML5视觉效果和用户体验而设计。译者先于广大读者尝鲜之后，只想借用一句广告词来表达我们的心情："释放更美丽网络！"

爱美之心人皆有之，让Web变美，不仅是设计师们的追求，更是全球几十亿因特网用户的需求。如何突破方寸限制，带给用户更佳的体验？答案当然是HTML5！随着未来桌面移动化进程的逐渐普及，移动设备与桌面设备使用的技术架构不可避免会有趋同的走势，因此，是时候采用HTML5+CSS3+JavaScript构建Web新秩序了。作为下一代Web语言，HTML5不再只是一种标记语言，它为下一代 Web 提供了全新的框架和平台，包括提供免插件的音频视频、图像动画、本地存储以及更多酷炫而且重要的功能，并使这些应用标准化，从而使Web能够轻松实现类似桌面的应用体验。

对于大部分的Web开发人员来说，HTML5并不仅仅指标准，而是"doing anything cool (on the web)"。HTML5的强大也正体现于此，基于新技术和标准，借助纷繁多样的JavaScript库可以轻易做出一些很"酷"的东西。2011年最后一期美国《商业周刊》印刷版刊文称，随着HTML5的兴起，软件开发者的负担将大大减轻，只需开发一组代码，即可兼容多数设备。甚至有人担心，随着HTML5越来越受追捧，Web开发人员会容易滋生懒惰情绪。不过，对身为"码农"的我们来说，这无疑是个利好消息，底层枯燥的代码交给HTML5负责，节省更多精力来创造更有新意的应用才是我们应该做的！

无数顶级开发人员实践经验沉淀出的HTML5技术正在为我们的Web开发带来一场划时代的变革。迎接HTML5的全面来袭，你准备好了吗？

本书由FreeWheel的柳靖（松鼠）、山西移动的李杰（猴子）和百度商务搜索测试部的刘淼（小猫）协作翻译，并由柳靖负责最终统稿、润色及审校。

感谢我们的家人和同伴，感谢你们一如既往的支持，包容我们在生活中的种种任性。

感谢九星集智（北京）科技有限公司在本书翻译过程中提供的支持，看到你们的产品，我们便看到了HTML5在中国的未来！

感谢人民邮电出版社图灵公司的杨海玲老师、李松峰老师、毛倩倩老师和李静老师，没有你们的信任与指导，我们不可能在这么短的时间内完成本书的翻译。

感谢FreeWheel北京研发中心为本书的付出，一切技术难题在这里都会迎刃而解，而良好的技术氛围和宽松的工作环境是译文完稿最可靠的技术保证。

感谢中国移动通信集团山西有限公司的大力支持，特别感谢沈杰、朱壮军等领导提供的开放式工作环境和优越的实践平台，没有你们的支持和鼓励，我们不可能练就扎实的技术基础，也就不可能完成本书的翻译。

感谢百度商务搜索测试部，在深厚的测试功力之上，你们对前端知识的了解程度也着实让人惊诧。

由于时间仓促，而且译者水平有限，译文中难免会有错漏，望广大同仁批评指正。

仅以此译作献给在前端海洋中畅游的广大开发人员！

松鼠　猴子　小猫
2012年3月8日于北京

序

2004年6月，语义网（Semantic Web）联盟、各大浏览器厂商和W3C的代表们在美国加州圣何塞齐聚一堂，共同讨论如何发展Web标准以适应Web应用的快速增长。会议第二天的最后举行了一次投票，表决W3C是否应该扩展HTML和DOM，以满足Web应用中的新需求。几分钟后，匿名投票结果出来了，结果匪夷所思："8票同意，14票反对。"

分歧导致了组织的分裂：两天后，主流浏览器厂商成立了WHATWG，目的是解决Web应用带来的新问题。同时，W3C继续向前推进XHTML 2规范，但仅过5年就放弃了，转而与WHATWG结盟集中发展HTML5。

现在，6年过去了，我们看到了曾经充满激情的HTML5设计所带来的现实意义。这些功能不仅被当做事实标准使用了多年，还为下一代Web应用打下了坚实的基础。使用这些功能意味着带给用户更具吸引力和交互性的Web体验，并且通常情况下，代码量会更小。

本书中，你会发现一条经过良好设计的学习曲线，以助你快速了解HTML5和相关规范的特性。从中你将学习到最实用的HTML5支持情况检测、恰当的示例代码以及很多在标准规范中学习不到的知识。精心设计的示例代码，并非只是对各个API进行呆板烦琐的介绍，还将带领读者逐步建立实际的Web应用。希望本书能为你带来帮助，也希望你会像我一样对下一代Web兴奋不已。

Paul Irish

Google Chrome Developer Advocate、Modernizr和HTML5的首席开发者

致　　谢

　　我想感谢我的妻子Vittoria，感谢她为我付出的爱和忍耐。感谢我的天才儿子Sean和Rocky。孩子们，为你们的理想努力吧！

　　感谢我的父母Herman和Elisabeth，感谢我的妹妹Alice和我的兄弟David，感谢他们一直这么信任我。感谢我已故的祖母Gebbechien，她在纳粹占领荷兰时的勇敢行为给我们全家上了伟大的一课。

　　对于我的合著者——永不疲倦的Brian和代码超人Frank，能同你们一起合作是我的荣幸。

　　还要感谢Apress出版社Clay的支持。最后，感谢Kaazing的Jonas和John，是他们促使我们编写完成了一本"真正"的书，我相信如果没有他们，哪怕是"非官方电子书"也肯定只是空想！

——Peter Lubbers

　　我的父母Ken和Patty Albers，我深爱你们，感谢你们为给我创造这么多机会而付出的牺牲。没有你们的鼓励和灌输给我的价值观，不要说是这次，所有生命中的成就我都将无法达成。你们一直在指引着我人生道路上的每一步。

　　对John致以最深切的感谢。每次加班时间延长到两小时、三小时，甚至更长的时候，John都显示出了极大的耐性，这深深地震撼并激励了我。

　　Pitch、Bonnie和Penelope，我由衷地承诺晚餐不会再这么晚了。感谢曾经来过的那只猫，你的呼噜声还回响在我耳边。

　　非常感激Kaazing的合作者，让我能与最棒、最聪明的人一起共事。

　　特别感谢Apress出版社的工作人员，感谢你们认定了HTML5书籍出版的契机，同时感谢在我们尝试追随HTML5这个迅速发展的事物期间，你们给予的极大耐心。

——Brian Albers

　　我想感谢我的父母Mary和Sabri，有了他们才有了我的存在，不夸张地说，如果没有他们就没有这本书。

——Frank Salim

前　　言

　　HTML5是全新的。事实上，它甚至还没有完全成熟。如果你听一些"坏脾气"专家的介绍，他们会告诉你HTML5在未来10年甚至更久的时间里都不会完全成熟！

　　那么，为什么会有人认为现在是时候编写一本讨论HTML5编程的书呢？原因很简单。对于希望自己的Web应用程序能够卓而不群的人，HTML5正是众望所归。本书作者致力于研究开发和讲授HTML5技术已有两年多，现在可以肯定地说，在实际Web应用中新标准的采纳程度正在以令人目眩的速度不断加快。即使在编写本书的过程中，我们都被迫不断更新书中的浏览器支持表格，重新评估哪些技术又具备了使用条件。

　　面对自己正在使用的浏览器，大多数用户并不真正了解其具备的功能有多强大。当然，他们在浏览器自动更新后可能会发现一些细微的界面改变。但他们可能不知道，新版本的浏览器刚刚引入了可自由绘图的canvas、实时网络通信或其他一些潜在的功能升级。

　　本书的目标是帮助开发者释放HTML5的潜力。

本书读者对象

　　本书针对熟悉JavaScript编程且有经验的Web应用程序开发者。也就是说，本书将不涉及Web开发的基础知识。如果想了解Web编程的基础知识，目前的资源已经够多了。如果读者遇到了下面的情况，那么本书可以为你提供有用的见解和信息，这些见解和信息可能正是你在努力寻找的。

- ❑ 你有时会发现自己在想："如果我的浏览器可以……"
- ❑ 你发现自己通过页面的源代码和开发工具来分析一个令人印象深刻的网站。
- ❑ 你喜欢查看最新浏览器的版本发布信息，了解其更新了什么功能。
- ❑ 你在寻找优化或简化应用程序的方法。
- ❑ 你想针对使用最新浏览器的用户定制网站，以便尽可能提供最佳用户体验。

　　如果上述任何一项跟你的情况吻合，那么这本书可能就很适合你。

　　虽然我们在适当情况下特意指出了浏览器支持的局限性，但目的并非要给出一个兼容旧浏览器且可无缝运行的解决方案。经验表明，浏览器更新换代的速度一日千里，如果要获取浏览器兼容解决方案方面的相关信息，本书不是最好的渠道。相反，我们专注于HTML5规范及其使用方法。兼容的解决方案可以在因特网上找到，而随着时间的推移，这些解决方案也会渐渐被人遗忘。

本书内容

本书的13章内容涵盖了从HTML5 API中挑选出来的适用面广、功能强大的API。在某些情况下，为了更好地演示程序，我们需要用到前面章节已经介绍过的功能。

第1章"HTML5概述"，从HTML版本的发展历程说起，介绍了HTML规范过去和现在的版本情况，然后介绍了新的高级语义标签，以及一些根本性的改进，同时还分析了HTML5背后的设计理念。了解这些对读者是有益的。

第2章"Canvas API"、第3章"SVG"和第4章"音频和视频"，讨论了新的可视化元素和媒体元素。在这三章中，集中讨论如何在无插件和无服务器交互的情况下优化用户界面。

第5章"Geolocation API"介绍的是一个全新的功能。在此之前，它很难通过模拟方式实现，它赋予应用程序确定用户当前位置的能力，并可以用来定制用户体验。这里对隐私的保护也很重要，所以我们会介绍隐私保护的相关内容。

第6章"Communication API"和第7章"WebSockets API"展示了HTML5提供的日益强大的通信能力。有了这两个API，Web应用不仅可以同其他网站进行通信，而且还能以最简单的代码和最小的网络开销进行实时数据流的传递。这两章中的技术将有助于开发人员简化目前网络上部署的过于复杂的架构。

第8章"Forms API"，参照这章介绍的内容，开发人员通过细小的调整即可增加桌面Web应用程序和移动Web应用程序的可用性。利用这一章介绍的其他新特性，则可以检测大多数常见场景中的页面输入错误。第9章详细介绍了新的拖放API的功能，并展示了如何使用它们。

第10章"Web Workers API"、第11章"Web Storage API"和第12章"构建离线Web应用"，解决了应用程序的内部数据管道问题。在这三章中，开发人员会学到如何优化现有系统来获得更好的性能和更好的数据管理功能。

最后，第13章"HTML5未来展望"讨论了一些可能会在HTML5中陆续出现的功能，这些功能可能让大家垂涎已久了。

示例代码和配套网站

本书中的示例代码都可从Apress网站的Source Code部分找到。访问www.apress.com，单击Source Code，然后查找这本书的标题即可。读者可以从本书主页上下载源代码。①

联系作者

感谢购买此书，我们希望你喜欢它，并把它当做一个宝贵的资源。尽管已经尽了最大努力，但我们知道一时疏忽就可能引发错误，在此，我们为可能的疏忽表示歉意。我们欢迎你对此书的内容和源代码发表意见和评论。你可以发送邮件至prohtml5@gmail.com来与我们取得联系。

① 相关代码也可在图灵网站下载。——编者注

目　　录

第1章

HTML5概述

这是一本关于HTML5编程的书。不过在学习之前，有必要先了解一下背景知识，什么是HTML5？它经历了怎样的发展历程？HTML4和HTML5有什么区别？

本章中，我们会集中讨论大家关注的一些实际问题。为什么是HTML5？为什么它能掀起风潮？是什么设计理念使得HTML5真正具有革命性的进步？HTML5如何在大幅改动的同时保持高度兼容？无插件范式意味着什么？HTML5包含什么，不包含什么？HTML5新增加了哪些特性，为什么能揭开整个Web开发新时代的序幕？下面我们一起来了解一下。

1.1 HTML5 发展史

HTML的历史可以追溯到很久以前。1993年HTML首次以因特网草案的形式发布。20世纪90年代的人见证了HTML的大幅发展，从2.0版，到3.2版和4.0版（一年出了两个版本），再到1999年的4.01版。随着HTML的发展，W3C（万维网联盟）掌握了对HTML规范的控制权。

然而，在快速发布了这四个版本之后，业界普遍认为HTML已经到了穷途末路，对Web标准的焦点也开始转移到了XML和XHTML上，HTML被放在了次要位置。不过在此期间，HTML体现了顽强的生命力，主要的网站内容还是基于HTML的。为能支持新的Web应用，同时克服现有缺点，HTML迫切需要添加新功能，制定新规范。

致力于将Web平台提升到一个新的高度，一小组人在2004年成立了WHATWG（Web Hypertext Application Technology Working Group，Web超文本应用技术工作组）。他们创立了HTML5规范，同时开始专门针对Web应用开发新功能——这被WHATWG认为是HTML中最薄弱的环节。Web 2.0这个新词也正是在那个时候被发明的。Web 2.0实至名归，开创了Web的第二个时代。旧的静态网站逐渐让位于需要更多特性的动态网站和社交网站——这其中的新功能真的是数不胜数。

2006年，W3C又重新介入HTML，并于2008年发布了HTML5的工作草案。2009年，XHTML2工作组停止工作。又过了一年，也就到了现在。因为HTML5能解决非常实际的问题（随后可以看到），所以在规范还未定稿的情况下，各大浏览器厂家就已经按耐不住了，开始对旗下产品进行升级以支持HTML5的新功能。这样，得益于浏览器的实验性反馈，HTML5规范也得到了持续地完善，HTML5以这种方式迅速融入到了对Web平台的实质性改进中。

HTML的过去和未来

"大家好，我是Brian[1]，HTML的铁杆老粉丝。

1995年，我创建了第一个属于自己的个人主页。那时候的'主页'就是用来介绍自己的。上面的照片通常不清晰，代码中用了很多<blink>标签，页面上会告诉大家我住在哪儿，读过什么书，正在做什么跟计算机相关的工作。我和我的那些所谓'万维网开发者'不是在大学里读书就是在大学里工作。

那时候的HTML非常初级，没有任何工具可用。Web应用几乎没有，顶多有少量的文本处理脚本。页面代码都是用大家各自喜欢的文本编辑器写出来的。页面的更新频率基本上是数周或者数月。

不知不觉，我们已经走过了漫长的15个年头。

今天，用户对其在线资料一天更新很多次已经是很平常的事了。当然，如果没有在线工具持续稳定的更新换代，也不会有今天这样的交互方式。

提醒各位读者，大家在看这本书的时候心里要明白，我们的示例虽然现在看起来非常简单，但潜力是巨大的。就像20世纪90年代中期那些率先使用<img>标签的人一样，他们又怎么会知道在10年以后，很多人都已经在线编辑和储存照片了；而我们要有这种前瞻性。

我们希望书中示例的基本思路能够激发读者无穷的创意，从而为Web的下个10年奠定新的基础。"

——Brian

1.2　关于 2022 年的那个神话

今天，我们看到的HTML5规范已经以工作草案的形式发布了——还不是最终版。那什么时候HTML5规范才能尘埃落定呢？现在就来了解一下几个关键时间点。第一个时间点是2012年，目标是发布候选推荐版。第二个时间点是2022年，目标是发布计划推荐版。哦！那等着吧，还早着呢！可能大家会这么想，然后就把书合上，扔到一边，等10年后再说。那就大错特错了，在明白这两个时间点的真正意义之前，可别急着下结论。

第一个，也就是最近的2012年，可以说是最重要的时间点，因为这个时间点一到就意味着HTML5规范编写完成了。想象一下，这并不久远，也就两年[2]后的事情。计划推荐版（普遍认为距今还有点远）的重要性在于届时将会有两个对HTML5的互通实现，意味着将有两个浏览器会完全支持整个HTML5规范的所有功能——这个远大的目标让2022年这个时间点看起来又似乎太近了。毕竟，现在连HTML 4都还没有实现这个目标呢[3]。

---

[1] Brian，本书作者之一。——译者注
[2] 文中所提到的时间是指编写本书时的时间。——编者注
[3] HTML4最早于1997年成为W3C推荐标准，到现在10多年早已经过去了，仍然不存在两个完全支持这一规范的浏览器。——编者注

1

关键是现在浏览器厂家已经着手支持HTML5中很多优秀的新功能了。只要用户有需求，现在就可以利用这些新功能进行Web应用的开发。虽然一些细节方面的改造还会持续进行，相应的Web应用可能需要改动，不过，相对于使用HTML5为用户带来的体验来讲，这点付出不算什么。当然，如果用户的浏览器是IE6的话，很多新功能是不支持的，需要模拟——但是这也不能成为抛弃HTML5的理由，毕竟这些用户最终都会升级浏览器版本，很多可能会直接选用IE9，而且微软承诺在IE9中持续增加对HTML5的支持。实际上，通过使用新的浏览器和改进的模拟技术，意味着用户现在和不久的将来便可以使用很多HTML5功能了。

1.3   谁在开发 HTML5

我们都知道开发HTML5需要成立相应的组织，并且肯定需要有人来负责。这正是下面这三个重要组织的工作。

- □ WHATWG：由来自Apple、Mozilla、Google、Opera等浏览器厂商的人组成，成立于2004年。WHATWG开发HTML和Web应用API，同时为各浏览器厂商以及其他有意向的组织提供开放式合作。
- □ W3C：W3C下辖的HTML工作组目前负责发布HTML5规范。
- □ IETF（Internet Engineering Task Force，因特网工程任务组）：这个任务组下辖HTTP等负责Internet协议的团队。HTML5定义的一种新API（WebSocket API）依赖于新的WebSocket协议，IETF工作组正在开发这个协议。

1.4   新的认识

HTML5是基于各种各样的理念（在WHATWG规范中有详述）进行设计的，这些设计理念体现了对可能性和可行性的新认识。

- □ 兼容性
- □ 实用性
- □ 互通性
- □ 通用访问性

1.4.1   兼容性和存在即合理

别担心，HTML5并不是颠覆性的革新。相反，实际上HTML5的一个核心理念就是保持一切新特性平滑过渡。一旦浏览器不支持HTML5的某项功能，针对功能的备选行为就会悄悄进行。再说，因特网上有些HTML文档已经存在20多年了，因此，支持所有现存HTML文档是非常重要的。

HTML5的研究者们还花费了大量的精力来研究通用行为。比如，Google分析了上百万的页面，从中分析出了DIV标签的通用ID名称，并且发现其重复量很大。例如，很多开发人员使用DIV

id="header"来标记页眉区域。HTML5不就是要解决实际问题吗？那何不直接添加一个
<header>标签呢？

尽管HTML5标准的一些特性非常具有革命性，但是HTML5旨在进化而非革命。毕竟没有从
头再来的必要。（就算有必要的话，也不应该是HTML5，起码也要发明一个更好的！）

1.4.2 效率和用户优先

HTML5规范是基于用户优先准则编写的，其宗旨是"用户至上"，这意味着在遇到无法解决
的冲突时，规范会把用户放到第一位，其次是页面作者，再次是实现者（或浏览器），接着是规
范制定者（W3C/WHATWG），最后才考虑理论的纯粹性。因此，HTML5的绝大部分是实用的，
只是有些情况下还不够完美。

看看这个示例，下面的几种代码写法在HTML5中都能被识别。

```
id="prohtml5"
id=prohtml5
ID="prohtml5"
```

当然，肯定会有人反对这种不严格的语法，我们不去辩论对错，只去关心一个底线，那就是
最终用户其实并不在乎代码怎么写。当然，我们并不提倡入门者一开始写代码就这么不严谨，毕
竟归根结底，受害者还是最终用户，因为一旦由于开发人员的原因造成页面错误导致不能正常显
示，那么被折磨的肯定是最终用户。

HTML5也衍生出了XHTML5（可通过XML工具生成有效的HTML5代码）。HTML和XHTML
两种版本的代码经过序列化应该可以生成近乎一样的DOM树。显然XHTML的验证规则严格得
多，刚才示例中后两行代码是无法通过验证的。

1. 安全机制的设计

为保证HTML5足够安全，HTML5在设计时就做了大量的工作。规范中的各个部分都有专门
针对安全的章节，并且安全是被优先考虑的。HTML5引入了一种新的基于来源的安全模型，该
模型不仅易用，而且对各种不同的API都通用。这个安全模型可以让我们做一些以前做不到的事
情，不需要借助于任何所谓聪明、有创意却不安全的hack就能跨域进行安全对话。在这方面，我
们肯定不会怀念过去的"好"时光了。

2. 表现和内容分离

在清晰分离表现和内容方面，HTML5迈出了巨大的步伐。HTML5在所有可能的地方都努力
进行了分离，也包括CSS。实际上，HTML5规范已经不支持老版本HTML的大部分表现功能了，
但得益于先前提到的HTML5在兼容性方面的设计理念，那些功能仍然能用。表现和内容分离的
概念也不是全新的，在HTML 4 Transitional和XHTML1.1中就已经开始用了。Web设计者把这个概
念当做最佳实践使用了很久，不过现在清晰地分开表现和内容显得更为重要，否则会有如下弊端：

　　❑ 可访问性差；

　　❑ 不必要的复杂度（所有样式代码都放在页面中，代码可读性很差）；

　　❑ 文件变大（样式内容越多，文件越大），带来的后果就是页面载入变慢。

1.4.3 化繁为简

HTML5要的就是简单、避免不必要的复杂性。HTML5的口号是"简单至上，尽可能简化"。因此，HTML5做了以下这些改进：

- ❑ 以浏览器原生能力替代复杂的JavaScript代码；
- ❑ 新的简化的DOCTYPE；
- ❑ 新的简化的字符集声明；
- ❑ 简单而强大的HTML5 API。

随后我们将详细讲解这些改进。

为了实现所有的这些简化操作，HTML5规范已经变得非常大，因为它需要精确再精确。实际上要比以往任何版本的HTML规范都要精确。为了达到在2022年能够真正实现浏览器互通的目标，HTML5规范制定了一系列定义明确的行为；任何歧义和含糊都可能延缓这一目标的实现。

另外，HTML5规范比以往的任何版本都要详细，为的是避免造成误解。HTML5规范的目标是完全、彻底地给出定义，特别是对Web应用。所以也难怪，整个规范超过了900页！

基于多种改进过的、强大的错误处理方案，HTML5具备了良好的错误处理机制。非常有现实意义的一点是，HTML5提倡重大错误的平缓恢复，再次把最终用户的利益放在了第一位。比如，如果页面中有错误的话，在以前可能会影响整个页面的显示，而HTML5不会出现这种情况，取而代之的是以标准方式显示"broken"标记，这要归功于HTML5中精确定义的错误恢复机制。

1.4.4 通用访问

这个原则可以分成三个概念。

- ❑ 可访问性：出于对残障用户的考虑，HTML5与WAI（Web Accessibility Initiative，Web可访问性倡议）和ARIA（Accessible Rich Internet Applicaions，可访问的富Internet应用）做到了紧密结合，WAI-ARIA中以屏幕阅读器为基础的元素已经被添加到HTML中。
- ❑ 媒体中立：如果可能的话，HTML5的功能在所有不同的设备和平台上应该都能正常运行。
- ❑ 支持所有语种：例如，新的<ruby>元素支持在东亚页面排版中会用到的Ruby注释。

1.5 无插件范式

过去，很多功能只能通过插件或者复杂的hack（本地绘图API、本地socket等）来实现，但在HTML5中提供了对这些功能的原生支持。

插件的方式存在很多问题：

- ❑ 插件安装可能失败；
- ❑ 插件可以被禁用或屏蔽（例如Apple的iPad就不支持Flash插件）；
- ❑ 插件自身会成为被攻击的对象；
- ❑ 插件不容易与HTML文档的其他部分集成（因为插件边界、剪裁和透明度问题）。

虽然一些插件的安装率很高,但在控制严格的公司内部网络环境中经常会被封锁。此外,由于插件经常还会给用户带来烦人的广告,一些用户也会选择屏蔽此类插件。这样的话,一旦用户禁用了插件,就意味着依赖该插件显示的内容也无法表现出来了。

在已经设计好的页面中,要想把插件显示的内容与页面上其他元素集成也比较困难,因为会引起剪裁和透明度等问题。插件使用的是自带的渲染模型,与普通Web页面所使用的不一样,所以当弹出菜单或者其他可视化元素与插件重叠时,会特别麻烦。此时,HTML5却可以站出来,挥舞着它的原生功能魔棒,对这类问题笑而不语,它可以直接用CSS和JavaScript的方式控制页面布局。实际上这是HTML5的最大亮点,显示了先前任何HTML版本都不具备的强大能力。HTML5不仅仅是提供新元素支持新功能,更重要的是添加了对脚本和布局之间的原生交互能力,基于此,我们可以实现以前不能实现的效果。

以HTML5中的canvas元素为例,有很多非常底层的事情以前是没办法做到的(比如在HTML4的页面中就难画出对角线),而有了canvas就可以很轻易地实现了。更为重要的是新API释放出来的潜能,以及通过寥寥几行CSS代码就能完成布局的能力。基于HTML5的各类API的优秀设计,我们可以轻松地对它们进行组合应用。比如,从video元素中抓取的帧可以显示在canvas里面,用户单击canvas即可播放这帧对应的视频文件。这只是一个使用原生方法实现插件功能的示例。其实,当工作不再基于黑盒后,开发反而会变得更简单。HTML5的不同功能组合应用为Web开发注入了一股强大的新生力量,这也是我们为什么决定写一本关于HTML5编程的书,而不单单是介绍那些新元素的原因。

HTML5 包括什么,不包括什么

那么,HTML5到底包括些什么?仔细阅读过规范的读者,可能会发现本书中讲解的很多功能其实在规范中是没有的。例如,Geolocation和Web Workers就不在规范中。那为什么还要将它们纳入本书的讨论范围呢?炒作?当然不是!

很多HTML5的研究成果(如Web Storage和 Canvas 2D)起初都是HTML5规范的一部分,后来移出来列入了单独的规范中,这么做是为了让HTML5规范更好地突出重点。在成为官方规范之前,先单列出来进行讨论和编辑不失为一个好办法。这样的话,即使存在争议,也不会影响到整个规范。

在讨论某个功能的时候,特定领域的专家可通过邮件列表的方式共同探讨,不会因为喋喋不休而引起激辩。业界仍然倾向于把原始功能集都视为HTML5,其中包括Geolocation。这样的话,HTML5不仅涵盖了核心的标记元素,同时也可以包括很多很酷的新API。写这本书的时候,下面这些功能也属于HTML5:

- ❑ Canvas(2D和3D)
- ❑ Cross-document消息传送
- ❑ Geolocation
- ❑ Audio和Video
- ❑ Forms

- ❏ MathML
- ❏ Microdata
- ❏ Server-Sent Events
- ❏ Scalable Vector Graphics (SVG)
- ❏ WebSocket API及协议
- ❏ Web Origin Concept
- ❏ Web Storage
- ❏ 索引数据库
- ❏ 应用缓存（离线Web应用）
- ❏ Web Workers
- ❏ 拖放
- ❏ XMLHttpRequest Level 2

可以看到本书中所讨论到的API大多都在上面的列表中。为什么选择这些API呢？我们挑选的都是基本成熟的功能，也就是说这些功能已经得到了不止一种浏览器的支持，其他功能（不太成熟的）可能只在个别浏览器的某个beta版中可用，或者基本上只是个概念。

对于我们要讨论的HTML5功能，本书将提供各种浏览器的最新支持情况。不过，不管现在支持情况如何，不久的将来肯定会变，因为HTML5发展的速度非常快。不用担心，我们会推荐一些非常好的在线资源，用以查看当前（以及将来）浏览器的支持情况。www.caniuse.com网站按照浏览器的版本提供了详尽的HTML5功能支持情况。若用户通过浏览器访问www.html5test.com的话，该网站会直接显示用户浏览器对HTML5规范的支持情况。

此外，本书的重点不是讨论使用某种模拟或者变通的方法让HTML5程序能够运行在旧浏览器上，而是着重关注HTML5规范本身，以及它的使用方法。也就是说，在本书中我们针对所讨论的每个API都会提供一些示例代码，开发人员可以直接拿来检测其可用性。因为检测用户代理的方式经常不可靠，所以我们使用特性检测。当然，还可以使用Modernizr —— 一个JavaScript库，它提供了非常先进的HTML5和CSS3检测功能。我们强烈推荐使用Modernizr，因为它是检测浏览器是否支持某些特性的最佳工具。

对于HTML多说几句

"大家好，我是Frank[①]，我喜欢画画。

我见过的第一个HTML canvas演示是一款简单的绘图程序，用户界面模仿的是微软的画图程序。尽管那落后于数字绘图几十年，并且当时只有个别浏览器支持，不过它却让我对其表现能力充满了期待。

当我开始数字绘图的时候，一般都使用安装在本地的桌面软件。不可否认，有些软件相当不错，但它们不具备Web应用的迷人特性。简而言之，这些软件都是离线的。想要共享数字作

---

① Frank，本书作者之一。——译者注

品，必须先从软件中将图像导出，然后上传至Web。但是在Web的实时画布上协作讨论的话就不存在这种问题了。HTML5应用可以省掉现在数字绘图流程中的导出环节，将整个创作过程都转移到线上，直至作品完成。

不能用HTML5实现的应用已经变得越来越少了。对于文本，Web已然成为双向沟通的理想媒介。通过全Web的方式处理文本的应用程序比比皆是，而类似绘图、视频编辑、3D建模等图形类程序才刚刚起步。

现在，我们已经开发出了许多功能强大的单机软件，用以创建和欣赏图片、音乐、电影等。更进一步，我们可以将这些软件移植到Web这个功能强大、无处不在的在线平台上。"

——Frank

1.6　HTML5 的新功能

在讨论HTML5编程之前，让我们快速预览一下HTML5的新功能。

1.6.1　新的 DOCTYPE 和字符集

首先，根据HTML5设计准则的第3条——化繁为简，Web页面的DOCTYPE被极大地简化了。以下面这段HTML4 DOCTYPE代码为例进行对比：

```
<!DOCTYPE HTML PUBLIC "-//W3C//DTD HTML 4.01 Transitional//EN"↵
  "http://www.w3.org/TR/html4/loose.dtd">
```

谁能记得住？所以在新建页面的时候，我们往往只能通过复制粘贴的方式添加这么长的DOCTYPE，同时脑子里还不确定复制的对不对。HTML5干净利索地解决了这个问题：

```
<!DOCTYPE html>
```

现在的DOCTYPE好记多了。跟DOCTYPE一样，字符集的声明也被简化了。过去是这样的：

```
<meta http-equiv="Content-Type" content="text/html; charset=utf-8">
```

现在成了：

```
<meta charset="utf-8">
```

使用新的DOCTYPE后，浏览器默认以标准模式（standards mode）显示页面。例如，用Firefox打开一个HTML5页面，然后单击"工具➤页面信息"（Tools➤Page Info），会看到图1-1所示的画面。示例页面是以标准模式显示的。

使用HTML5的DOCTYPE会触发浏览器以标准兼容模式显示页面。众所周知，Web页面有多种显示模式，比如怪异模式（Quirks）、近标准模式（Almost Standards）以及标准模式（Standards）。其中标准模式也被称为非怪异模式（no-quirks）。浏览器会根据DOCTYPE识别该使用哪种模式，以及使用什么规则来验证页面。在怪异模式下，浏览器会尽量不中断页面显示，即使没有完全通过验证也会将其显示出来。HTML5引入了新的标记元素和其他机制（随后会详细讨论），因此如果坚持使用已废弃的元素，那么页面将无法通过验证。

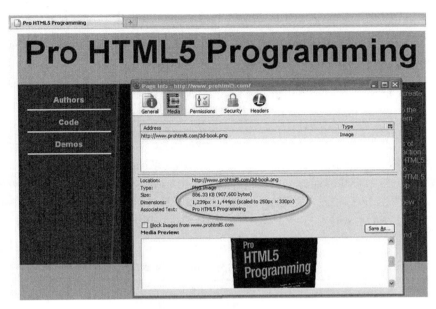

图1-1　标准兼容模式下显示的页面

1.6.2　新元素和旧元素

HTML5引入了很多新的标记元素，根据内容类型的不同，这些元素被分成了7大类。见表1-1。

表1-1　HTML5的内容类型

内容类型	描　　述
内嵌	向文档中添加其他类型的内容，例如audio、video、canvas和iframe等
流	在文档和应用的body中使用的元素，例如form、h1和small等
标题	段落标题，例如h1、h2和hgroup等
交互	与用户交互的内容，例如音频和视频控件、button和textarea等
元数据	通常出现在页面的head中，设置页面其他部分的表现和行为，例如script、style和title等
短语	文本和文本标记元素，例如mark、kbd、sub和sup等
片段	用于定义文档中片段的元素，例如article、aside和title等

上述所有类型的元素都可以通过CSS来设定样式。此外，虽然其中一些元素，如canvas、audio和video，在使用时往往需要其他API来配合，以实现细粒度控制，但它们同样可以直接使用。我们在后续章节中详细讨论这类元素API。

限于篇幅，本书讨论的内容无法涵盖所有新元素，不过片段类元素是全新的，我们会在下一节讨论，而canvas、audio和video作为HTML5新增的元素也会在后续章节中详细讨论。

同样地，对于旧的标签元素，网上的资料已经很多了，我们不会把所有旧的标签元素都罗列出来。不过需要注意的是，HTML5中移除了很多在行内设样式的标记元素，如big、center、font和basefont等，以鼓励开发人员使用CSS。

1.6.3　语义化标记

片段类的内容类型包含许多HTML5元素。HTML5定义了一种新的语义化标记来描述元素的内容。虽然语义化标记不会让你马上感受到有什么好处，但是它可以简化HTML页面设计，并且将来搜索引擎在抓取和索引网页的时候，也绝对会利用到这些元素的优势。

前面我们说过，HTML5的宗旨之一就是存在即合理。Google分析了上百万的页面，从中发现了DIV标签的通用ID名称重复量很大。例如，很多开发人员喜欢使用DIV id="footer"来标记页脚内容，所以HTML5引入了一组新的片段类元素，在目前主流的浏览器中已经可以用了。表1-2列出了新增的语义化标记元素。

表1-2　HTML5中新的片段类元素

元 素 名	描　　述
header	标记头部区域的内容（用于整个页面或页面中的一块区域）
footer	标记脚部区域的内容（用于整个页面或页面中的一块区域）
section	Web页面中的一块区域
article	独立的文章内容
aside	相关内容或者引文
nav	导航类辅助内容

上面所有的元素都能用CSS设定样式。之前说到了HTML5效率优先的设计理念，它推崇表现和内容的分离，所以在HTML5的实际编程中，开发人员必须使用CSS来定义样式。代码清单1-1是一个HTML5页面的概貌，其中使用了新的DOCTYPE、字符集和语义化标记元素——新的片段类元素。示例代码对应的源码在code/intro文件夹中。

代码清单1-1　HTML5示例页面

```
<!DOCTYPE html>
<html>

<head>
  <meta charset="utf-8" >
  <title>HTML5</title>
  <link rel="stylesheet" href="html5.css">
</head>

<body>
  <header>
    <h1>Header</h1>
    <h2>Subtitle</h2>
    <h4>HTML5 Rocks!</h4>
```

```
    </header>

    <div id="container">
        <nav>
          <h3>Nav</h3>
          <a href="http://www.example.com">Link 1</a>
          <a href="http://www.example.com">Link 2</a>
          <a href="http://www.example.com">Link 3</a>
        </nav>
          <section>
          <article>
            <header>
              <h1>Article Header</h1>
            </header>
            <p>Lorem ipsum dolor HTML5 nunc aut nunquam sit amet, consectetur adipiscing
elit. Vivamus at
                        est eros, vel fringilla urna.</p>
            <p>Per inceptos himenaeos. Quisque feugiat, justo at vehicula pellentesque,
turpis
                        lorem dictum nunc.</p>
            <footer>
              <h2>Article Footer</h2>
            </footer>
          </article>
          <article>
            <header>
              <h1>Article Header</h1>
            </header>
            <p>HTML5: "Lorem ipsum dolor nunc aut nunquam sit amet, consectetur
                        adipiscing elit. Vivamus at est eros, vel fringilla urna. Pellentesque
odio</p>
            <footer>
              <h2>Article Footer</h2>
            </footer>
          </article>
          </section>
          <aside>
            <h3>Aside</h3>
            <p>HTML5: "Lorem ipsum dolor nunc aut nunquam sit amet, consectetur adipiscing
                        elit. Vivamus at est eros, vel fringilla urna. Pellentesque odio
rhoncus</p>
          </aside>
          <footer>
            <h2>Footer</h2>
          </footer>
    </div>
</body>
</html>
```

　　没有样式的页面看起来有些枯燥乏味。代码清单1-2是一些可以用来设置内容样式的CSS代码。需要注意的是，这份样式表使用了CSS3的一些新特性，比如圆角（border-radius）和旋转变换（transform:rotate();）。CSS3同HTML5一样也正在开发过程中，并且为了便于浏览器逐步支持，也采用了模块化的方式发布子规范，例如变换（transformation）、动画（animation）和过渡（transition）分别对应不同的子规范。

　　CSS3的规范很可能还会变动，CSS3中的功能也处于实验期，因此为了避免命名空间冲突，这些功能都会加上浏览器厂商的前缀。要显示圆角、渐变（gradients）、阴影（shadows）和变形（transformations）的话，需要在声明的部分加上前缀：-moz-（Mozilla浏览器）、o-（Opera浏览器）和-webkit-（Safari和Chrome等基于WebKit核心的浏览器）。

代码清单1-2 HTML5页面对应的CSS文件

```
body {
        background-color:#CCCCCC;
        font-family:Geneva,Arial,Helvetica,sans-serif;
        margin: 0px auto;
        max-width:900px;
        border:solid;
        border-color:#FFFFFF;
}

header {
        background-color: #F47D31;
        display:block;
        color:#FFFFFF;
        text-align:center;
}

header h2 {
        margin: 0px;
}

h1 {
        font-size: 72px;
        margin: 0px;
}

h2 {
        font-size: 24px;
        margin: 0px;
        text-align:center;
        color: #F47D31;
}

h3 {
        font-size: 18px;
        margin: 0px;
        text-align:center;
        color: #F47D31;
}

h4 {
        color: #F47D31;
        background-color: #fff;
        -webkit-box-shadow: 2px 2px 20px #888;
        -webkit-transform: rotate(-45deg);
        -moz-box-shadow: 2px 2px 20px #888;
        -moz-transform: rotate(-45deg);
        position: absolute;
        padding: 0px 150px;
        top: 50px;
        left: -120px;
        text-align:center;
```

```
}

nav {
        display:block;
        width:25%;
        float:left;
}

nav a:link, nav a:visited {
        display: block;
        border-bottom: 3px solid #fff;
        padding: 10px;
        text-decoration: none;
        font-weight: bold;

        margin: 5px;
}

nav a:hover {
        color: white;
        background-color: #F47D31;
}

nav h3 {
        margin: 15px;
        color: white;
}

#container {
        background-color: #888;
}

section {
        display:block;
        width:50%;
        float:left;
}

article {
        background-color: #eee;
        display:block;
        margin: 10px;
        padding: 10px;
        -webkit-border-radius: 10px;
        -moz-border-radius: 10px;
        border-radius: 10px;
        -webkit-box-shadow: 2px 2px 20px #888;
        -webkit-transform: rotate(-10deg);
        -moz-box-shadow: 2px 2px 20px #888;
        -moz-transform: rotate(-10deg);
}

article header {
        -webkit-border-radius: 10px;
        -moz-border-radius: 10px;
        border-radius: 10px;
        padding: 5px;

}
```

```
article footer {
        -webkit-border-radius: 10px;
        -moz-border-radius: 10px;
        border-radius: 10px;
        padding: 5px;
}
article h1 {
        font-size: 18px;
}


aside {
        display:block;
        width:25%;
        float:left;
}




aside h3 {
        margin: 15px;
        color: white;
}

aside p {
        margin: 15px;
        color: white;
        font-weight: bold;
        font-style: italic;
}


footer {
        clear: both;
        display: block;
        background-color: #F47D31;
        color:#FFFFFF;
        text-align:center;
        padding: 15px;
}

footer h2 {
        font-size: 14px;
        color: white;
}


/* links */
a {
        color: #F47D31;
}

a:hover {
        text-decoration: underline;
}
```

　　图1-2是代码清单1-1中的页面应用了CSS（包括部分CSS3）之后的显示效果。其实并不能把这个页面当成所谓的典型HTML5页面。因为计划赶不上变化，这个示例使用了很多新标签只是

为了演示而已。

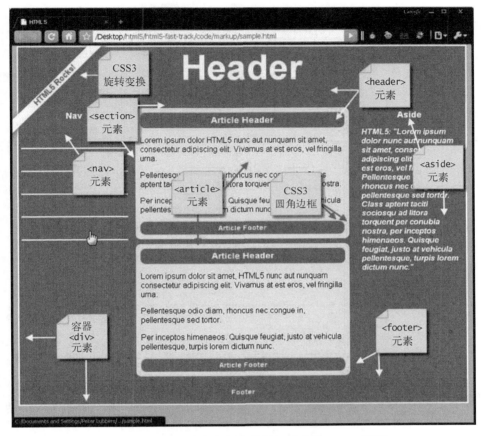

图1-2　使用了所有新的语义化标记元素的HTML5页面

最后需要说明的是，看起来好像浏览器是因为识别了新的元素，所以显示出了对应的内容。其实不然，事实上这些元素很可能是先被重命名为了foo或者bar，然后再应用样式，最后才显示出来的（当然，对于搜索引擎优化来说没有任何好处）。IE是个特例，因为IE需要将这些元素都作为DOM的一部分，所以要想在IE中看到这些元素，必须用编程的方式把它们插入DOM中，然后再以块元素（block element）的形式显示出来。能实现此功能的脚本是html5shiv，很容易获得该脚本（http://code.google.com/p/html5shiv/）。

1.6.4　使用 Selectors API 简化选取操作

除了语义化元素外，HTML5还引入了一种用于查找页面DOM元素的快捷方式。表1-3列出了在HTML5出现之前，用来在页面中查找特定元素的函数。

表1-3   以前用来查找元素的JavaScript方法

函　　数	描　　述	示　　例
getElementById()	根据指定的id特性值查找并返回元素	`<div id="foo">` `getElementById("foo");`
getElementsByName()	返回所有name特性为指定值的元素	`<input type="text" name="foo">` `getElementsByName("foo");`
getElementsByTagName()	返回所有标签名称与指定值相匹配的元素	`<input type="text">` `getElementsByTagName("input");`

有了新的Selectors API之后，可以用更精确的方式来指定希望获取的元素，而不必再用标准DOM的方式循环遍历。Selectors API与现在CSS中使用的选择规则一样，通过它我们可以查找页面中的一个或多个元素。例如，CSS已经可以基于嵌套（nesting）、兄弟节点（sibling）和子模式（child pattern）进行元素选择。CSS的最新版除添加了更多对伪类(pseudo-classe)的支持（例如判断一个对象是否被启用、禁用或者被选择等），还支持对属性和层次的随意组合叠加。使用表1-4中的函数就能按照CSS规则来选取DOM中的元素。

表1-4   新QuerySelector方法

函　　数	描　　述	示　　例	结　　果
querySelector()	根据指定的选择规则，返回在页面中找到的第一个匹配元素	querySelector ("input.error");	返回第一个CSS类名为"error"的文本输入框
querySelectorAll()	根据指定规则返回页面中所有相匹配的元素	querySelectorAll ("#results td");	返回id值为results的元素下所有的单元格

可以为Selectors API函数同时指定多个选择规则，例如：

```
// 选择文档中类名为highClass或lowClass的第一个元素
Var x = document.querySelector(".highClass",".lowClass");
```

对于querySelector()来说，选择的是满足规则中任意条件的第一个元素。对于query-Selector-All()来说，页面中的元素只要满足规则中的任何一个条件，都会被返回。多条规则是用逗号分隔的。

以前在页面上跟踪用户操作很困难，但新的Selectors API提供了更为便捷的方法。比如，页面上有一个表格，我们想获取鼠标当前在哪个单元格上。从代码清单1-3中可以看到使用Selectors API实现有多简单。这份源代码也可以从code/intro路径下找到。

代码清单1-3   使用Selector API

```
<!DOCTYPE html>
<html>
```

```html
<head>
  <meta charset="utf-8" />
  <title>Query Selector Demo</title>

  <style type="text/css">
    td {
      border-style: solid;
      border-width: 1px;
      font-size: 300%;
    }

    td:hover {
      background-color: cyan;
    }

    #hoverResult {
      color: green;
      font-size: 200%;
    }
  </style>
</head>

<body>
  <section>
    <!-- create a table with a 3 by 3 cell display -->
    <table>
      <tr>
        <td>A1</td> <td>A2</td> <td>A3</td>
      </tr>
      <tr>
        <td>B1</td> <td>B2</td> <td>B3</td>
      </tr>
      <tr>
        <td>C1</td> <td>C2</td> <td>C3</td>
      </tr>
    </table>

    <div>Focus the button, hover over the table cells, and hit Enter to identify them
using querySelector('td:hover').</div>
    <button type="button" id="findHover" autofocus>Find 'td:hover' target</button>
    <div id="hoverResult"></div>

    <script type="text/javascript">
      document.getElementById("findHover").onclick = function() {
        // 找出页面中的单元格
        var hovered = document.querySelector("td:hover");
        if (hovered)
          document.getElementById("hoverResult").innerHTML = hovered.innerHTML;
      }
    </script>
  </section>

</body>
</html>
```

从以上示例可以看到，仅用一行代码即可找到用户鼠标下面的元素：

```
var hovered = document.querySelector("td:hover");
```

提示　Selectors API不仅仅只是方便，在遍历DOM的时候，Selectors API通常会比以前的子节点搜索API更快。为了实现快速样式表，浏览器对选择器匹配进行了高度优化。

不难理解为什么W3C中的Selectors API标准规范会从CSS规范中单独分离出来，从上面的代码也可以看出来，Selectors API在样式应用以外同样大有作为。虽然本书不会深入讲解Selectors API的全部细节，但是对于希望优化DOM操作方式的Web开发人员来说，建议使用新的Selectors API以便快速查询应用架构。

1.6.5　JavaScript 日志和调试

JavaScript日志和浏览器内调试从技术上讲虽然不属于HTML5的功能，但在过去的几年里，相关工具的发展出现了质的飞跃。第一个可以用来分析Web页面及其所运行脚本的强大工具是一款名为Firebug的Firefox插件。

现在，相同的功能在其他浏览器的内嵌开发工具中也可以找到：Safari的Web Inspector、Google的Chrome开发者工具（Developer Tools）、IE的开发者工具（Developer Tools），以及Opera的Dragonfly。图1-3是Google的Chrome开发者工具截图，显示了大量与当前Web页面相关的信息（使用快捷键Ctrl+Shift+J可以看到），包括调试控制台、资源视图、脚本视图等。

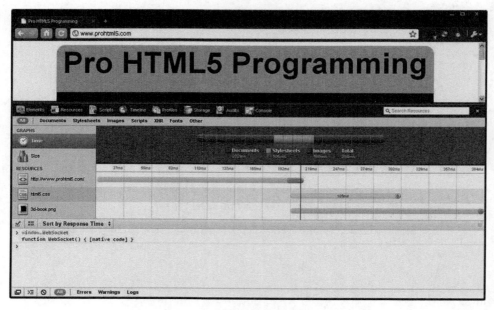

图1-3　Chrome的开发者工具视图

很多调试工具支持设置断点来暂停代码执行、分析程序状态以及查看变量的当前值。`console.log` API已经成为JavaScript开发人员记录日志的事实标准。为了便于开发人员查看记录到控制台的信息，很多浏览器提供了分栏窗格的视图。`console.log` API要比`alert()`好用很多，因为它不会阻塞脚本的执行。

1.6.6 window.JSON

JSON是一种相对来说比较新并且正在日益流行的数据交换格式。作为JavsScript语法的一个子集，它将数据表示为对象字面量。由于其语法简单和在JavaScript编程中与生俱来的兼容性，JSON变成了HTML5应用内部数据交换的事实标准。典型的JSON API包含两个函数，`parse()`和`stringify()`（分别用于将字符串序列化成DOM对象和将DOM对象转换成字符串）。

如果在旧的浏览器中使用JSON，需要JavaScript库（有些可以从http://json.org找到）。在JavaScript中执行解析和序列化效率往往不高，所以为了提高执行速度，现在新的浏览器原生扩展了对JSON的支持，可以直接通过JavaScript来调用JSON了。这种本地化的JSON对象被纳入了ECMAScript 5标准，成为了下一代JavaScript语言的一部分。它也是ECMAScript 5标准中首批被浏览器支持的功能之一。所有新的浏览器都支持window.JSON，将来JSON必将大量应用于HTML5应用中。

1.6.7 DOM Level 3

事件处理是目前Web应用开发中最令人头疼的部分之一。除了IE以外，绝大多数浏览器都支持处理事件和元素的标准API。早期IE实现的是与最终标准不同的事件模型，而IE9将会支持DOM Level 2和DOM Level 3的特性。如此，在所有支持HTML5的浏览器中，我们终于可以使用相同的代码来实现DOM操作和事件处理了，包括非常重要的`addEventListener()`和`dispatchEvent()`方法。

1.6.8 Monkeys、Squirrelfish 和其他 JavaScript 引擎

最新一轮的浏览器创新不仅仅是增加了新的标签和API。最重要的变化之一是主流浏览器中JavaScript/ECMAScript引擎飞快的升级。新的API提供了很多上一代浏览器无法实现的功能，因而脚本引擎整体执行效率的提升，不论对现有的，还是使用了最新HTML5特性的Web应用都有好处。还记得浏览器在显示复杂图像、处理数据或者编辑长篇文章时，明显变得迟钝的情景吗？再好好想一想。

最近几年，浏览器厂商争相比拼，看谁能开发出更快的JavaScript引擎。过去的JavaScript纯粹是被解释执行，而最新的引擎则直接将脚本编译成原生机器代码，相比2005年前后的浏览器，速度的提升已经不在一个数量级上了。

大约从2006年Adobe将其JIT编译引擎和代号为Tamarin的ECMAScript虚拟机捐赠给Mozilla基金会开始，竞争的序幕就拉开了。尽管新版的Mozilla中Tamarin技术已经所剩无几，但Tamarin的捐赠促进了各家浏览器对新脚本引擎的研发，而这些引擎的名字就如同他们声称的性能一样有意思，如表1-5所示。

表1-5   Web浏览器的JavaScript引擎

浏览器引擎	引擎名称	备　注
Apple Safari	Nitro（也被称作 Squirrel Fish Extreme）	Safari 4中发布，在Safari 5中提升性能，包括字节码优化和上下文线程的本地编译器
Google Chrome	V8	自从Chrome 2开始，使用了新一代垃圾回收机制，可确保内存高度可扩展而不会发生中断
Microsoft Internet Explorer	Chakra	注重于后台编译和高效的类型系统，速度比IE8快10倍
Mozilla Firefox	JägerMonkey	从3.5版本优化而来，结合了快速解释和源自追踪树（trace tree）的本地编译
Opera	Carakan	它采用了基于寄存器的字节码和选择性本地编译的方式，声称效率比10.50版本提升了75%

　　总之，得益于浏览器厂商间的良性竞争，JavaScript的执行性能越来越接近于本地桌面应用程序。

关于HTML再多说两句

　　"我的名字叫Peter[①]，说起竞争和疯狂的速度，我非常喜欢跑步。

　　马拉松是一项伟大的运动，从中可以发现伟大的人。当跑到百公里赛或者165公里长跑的最后阶段时，你真的可以通过一种新的方式来认识一些志同道合的人。因为在这个时候，人们放下了自己的架子，为真正伟大友谊的诞生提供了机会。可以肯定，竞争的因素仍然存在，但更重要的是那份深切的情谊。哦，我有点儿跑题了。

　　有的比赛我没有时间参加（比如在写这本HTML5的书的时候），但我想知道比赛中我的朋友们表现如何，于是通常会上比赛网站去看。当然了，网站中的'实时跟踪'功能往往不那么可靠。

　　几年前，我偶然间遇到一家为欧洲赛事建立的网站，这个网站的思路是完全正确的。他们为跑在前面的运动员安装了GPS定位器，然后在地图上显示出来（本书中我们将使用Geolocation和WebSocket来模拟实现）。尽管事实上执行起来比较麻烦（为了看到最新的数据，用户必须频繁单击'刷新'），但是我从中仍然看到了难以置信的潜力。

　　现在，仅仅过了几年，HTML5便通过API的方式为我们提供了建立这类实时比赛网站所需要的工具，例如位置服务应用所需的Geolocation，以及用来支持实时更新的WebSocket。在我看来，毋庸置疑，HTML5冲破了终点线成为了赢家！"

——Peter

---

① Peter，本书作者之一。——译者注

1.7 小结

本章概述了HTML5的重要特性。

我们讨论了HTML5的开发历史和即将迎来的几个重要时间点，还讲述了HTML5时代的四个新设计准则：兼容性、实用性、互通性和通用访问性。每项设计准则都打开了一扇大门，同时也宣告了已经过时的惯例和约定的消亡。接着，我们介绍了HTML5令人意想不到的新的无插件范式，回答了每个人都挂在嘴边的问题——HTML5规范到底包括什么，不包括什么，还回顾了HTML5的新特性，例如新的DOCTYPE和字符集声明，许多新的标记元素等，最后我们讨论了JavaScript引擎的竞争。

下一章起，我们开始探索HTML5编程，旅途的起点是Canvas API。

第 2 章

Canvas API

2

在本章中，我们将探索如何使用HTML5的Canvas API。Canvas API很酷，可以通过它来动态生成和展示图形、图表、图像以及动画。本章将使用渲染API（rendering API）的基本功能来创建一幅可以放大缩小并自适应浏览器环境的图。还会演示如何基于用户输入来动态创建图像，生成热点图。当然，我们也会提醒你在使用HTML5 Canvas时需要注意的问题，并且分享解决这些问题的方法。

本章只涉及了最基本的图形知识，因此，你大可不必担心学不会而跳过本章。来吧，让我们一起来感受HTML5中这个强大的特性吧。

2.1 HTML5 Canvas 概述

关于HTML5 Canvas API完全可以写一本书（还不会是一本很薄的书）。由于只有一章的篇幅，所以我们将讨论API中那些我们认为是最常用的功能。

2.1.1 历史

Canvas的概念最初是由苹果公司提出的，用于在Mac OS X WebKit中创建控制板部件（dashboard widget）。在Canvas出现之前，开发人员若要在浏览器中使用绘图API，只能使用Adobe的Flash和SVG（Scalable Vector Graphics，可伸缩矢量图形）插件，或者只有IE才支持的VML（Vector Markup Language，矢量标记语言），以及其他一些稀奇古怪的JavaScript技巧。

假设我们要在没有canvas元素的条件下绘制一条对角线——听起来似乎很简单，但实际上如果没有一套二维绘图API的话，这会是一项相当复杂的工作。HTML5 Canvas能够提供这样的功能，对浏览器端来说此功能非常有用，因此Canvas被纳入了HTML5规范。

起初，苹果公司曾暗示可能会为WHATWG（Web Hypertext Application Technology Working Group，Web超文本应用技术工作组）草案中的Canvas规范申请知识产权，这在当时引起了一些Web标准化追随者的关注。不过，苹果公司最终还是按照W3C的免版税专利权许可条款公开了其专利。

SVG和Canvas对比

"Canvas本质上是一个位图画布，其上绘制的图形是不可缩放的，不能像SVG图像那样可以被放大缩小。此外，用Canvas绘制出来的对象不属于页面DOM结构或者任何命名空间——

这点被认为是一个缺陷。SVG图像却可以在不同的分辨率下流畅地缩放,并且支持单击检测(能检测到鼠标单击了图像上的哪个点)。

　　既然如此,为什么WHATWG的HTML5规范不使用SVG呢?尽管Canvas有明显的不足,但HTML Canvas API有两方面优势可以弥补:首先,不需要将所绘制图像中的每个图元当做对象存储,因此执行性能非常好;其次,在其他编程语言现有的优秀二维绘图API的基础上实现Canvas API相对来说比较简单。毕竟,二鸟在林不如一鸟在手。"

——Peter

2.1.2　canvas 是什么

　　在网页上使用canvas元素时,它会创建一块矩形区域。默认情况下该矩形区域宽为300像素,高为150像素,但也可以自定义具体的大小或者设置canvas元素的其他特性。代码清单2-1是可放到HTML页面中的最基本的canvas元素。

代码清单2-1　基本的canvas元素

```
<canvas></canvas>
```

　　在页面中加入了canvas元素后,我们便可以通过JavaScript来自由地控制它。可以在其中添加图片、线条以及文字,也可以在里面绘图,甚至还可以加入高级动画。

　　大多数主流操作系统和框架支持的二维绘制操作,HTML5 Canvas API都支持。如果你在近年来曾经有过二维图像编程的经验,那么会对HTML5 Canvas API感觉非常顺手,因为这个API就是参照既有系统设计的。如果没有这方面经验,则会发现与这么多年来一直使用的图片加CSS开发Web图形的方式比起来,Canvas的渲染系统有多么强大。

　　使用canvas编程,首先要获取其上下文(context)。接着在上下文中执行动作,最后将这些动作应用到上下文中。可以将canvas的这种编辑方式想象成为数据库事务:开发人员先发起一个事务,然后执行某些操作,最后提交事务。

2.1.3　canvas 坐标

　　如图2-1所示,canvas中的坐标是从左上角开始的,x轴沿着水平方向(按像素)向右延伸,y轴沿垂直方向向下延伸。左上角坐标为$x = 0$,$y = 0$的点称作原点。

2.1.4　什么情况下不用 canvas

　　尽管canvas元素功能非常强大,用处也很多,但在某些情况下,如果其他元素已经够用了,就不应该再使用canvas元素。例如,用canvas元素在HTML页面中动态绘制所有不同的标题,就不如直接使用标题样式标签(H1、H2等),它们所实现的效果是一样的。

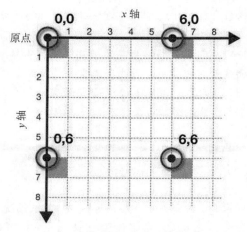

图2-1   canvas中的*x*、*y*坐标

2.1.5   替代内容

访问页面的时候，如果浏览器不支持canvas元素，或者不支持HTML5 Canvas API中的某些特性，那么开发人员最好提供一份替代代码。例如，开发人员可以通过一张替代图片或者一些说明性的文字告诉访问者，使用最新的浏览器可以获得更佳的浏览效果。代码清单2-2展示了如何在canvas中指定替代文本，当浏览器不支持canvas的时候会显示这些替代内容。

代码清单2-2   在canvas元素中使用替代内容

```
<canvas>
  Update your browser to enjoy canvas!
</canvas>
```

除了上面代码中的文本外，同样还可以使用图片，不论是文本还是图片都会在浏览器不支持canvas元素的情况下显示出来。

canvas元素的可访问性怎么样

"提供替代图像或替代文本引出了可访问性这个话题——很遗憾，这是HTML5 Canvas规范中明显的缺陷。例如，没有一种原生方法能够自动为已插入到canvas中的图片生成用于替换的文字说明。同样，也没有原生方法可以生成替代文字以匹配由Canvas Text API动态生成的文字。在写本书的时候，暂时还没有其他方法可以处理canvas中动态生成的内容，不过已经有工作组开始着手这方面的设计了。让我们一起期待吧。"

——Peter

关于如何处理可替代且可访问的Canvas内容，HTML5设计者的当前提议之一是使用前述的备用内容部分。不过，为了让Canvas的备用内容对屏幕阅读器和其他可访问性工具也有用处，它要能够支持键盘导航，即便是在浏览器支持Canvas且可正常显示的情况下也是如此。尽管一些现代浏览器已经支持这项功能，但你不应该依赖于浏览器来支持用户的特殊需求。现阶段，我们推荐使用页面上的独立部分来展示Canvas的替代内容。还有一个额外的因素，许多用户可能喜欢使用替代的控件或者期望一种更好的展示方式，以便他们可以快速理解和操纵页面或应用。

Canvas API的未来迭代中，可能会包含与Canvas显示相关的可聚焦的子区域以及它们之间的交互控制。但是，如果你的图像显示需要显著的交互行为，那么可以考虑使用SVG代替Canvas API。SVG也能用于绘制，而且它整合了浏览器的DOM。

2.1.6 CSS 和 canvas

同大多数HTML元素一样，canvas元素也可以通过应用CSS的方式来增加边框，设置内边距、外边距等，而且一些CSS属性还可以被canvas内的元素继承。比如字体样式，在canvas内添加的文字，其样式默认同canvas元素本身是一样的。

此外，在canvas中为context设置属性同样要遵从CSS语法。例如，对context应用颜色和字体样式，跟在任何HTML和CSS文档中使用的语法完全一样。

2.1.7 浏览器对 HTML5 Canvas 的支持情况

随着IE9的到来，所有浏览器厂商现在都提供了对HTML5 Canvas的支持，而且它已被大多数用户所掌握。这是Web开发史上一个重要的里程碑，它使得2D绘图在现代网络上蓬勃发展。

尽管旧版本IE占有的市场份额正在逐渐缩小，但在使用Canvas API之前，我们还是应该首先检测当前浏览器是否支持HTML5 Canvas。2.2.1节将展示如何编程检测浏览器支持情况。

2.2 使用 HTML5 Canvas API

本节将深入探讨HTML5 Canvas API。为此，我们将使用各种HTML5 Canvas API创建一幅类似于LOGO的图像，图像是森林场景，有树，还有适合长跑比赛的美丽跑道。虽然这个示例从平面设计的角度来看毫无竞争力，但却可以合理演示HTML5 Canvas的各种功能。

2.2.1 检测浏览器支持情况

在创建HTML5 canvas元素之前，首先要确保浏览器能够支持它。如果不支持，你就要为那些古董级浏览器提供一些替代文字。代码清单2-3就是检测浏览器支持情况的一种方法。

代码清单2-3 检测浏览器支持情况

```
try {
  document.createElement("canvas").getContext("2d");
  document.getElementById("support").innerHTML =
    "HTML5 Canvas is supported in your browser.";
```

```
} catch (e) {
  document.getElementById("support").innerHTML = "HTML5 Canvas is not supported ↵
                                          in your browser.";
}
```

上面的代码试图创建一个canvas对象，并且获取其上下文。如果发生错误，则可以捕获错误，进而得知该浏览器不支持canvas。页面中预先放入了ID为support的元素，通过以适当的信息更新该元素的内容，可以反映出浏览器的支持情况。

以上示例代码能判断浏览器是否支持canvas元素，但不会判断具体支持canvas的哪些特性。写本书的时候，示例中使用的API已经很稳定并且各浏览器也都提供了很好的支持，所以通常不必担心这个问题。

此外，希望开发人员能够像代码清单2-3一样为canvas元素提供备用显示内容。

2.2.2   在页面中加入 canvas

在HTML页面中插入canvas元素非常直观。代码清单2-4就是一段可以被插入到HTML页面中的canvas代码。

代码清单2-4   canvas元素

```
<canvas height="200" width="200"></canvas>
```

以上代码会在页面上显示出一块200×200像素的"隐藏"区域。假如要为其增加一个边框，可以像代码清单2-5中的代码一样，用标准CSS边框属性来设置。

代码清单2-5   带实心边框的canvas元素

```
<canvas id="diagonal" style="border: 1px solid;" width="200" height="200">
</canvas>
```

注意，上面的代码中增加了一个值为"diagonal"的ID特性，这么做的意义在于以后的开发过程中可以通过ID来快速找到该canvas元素。对于任何canvas对象来说，ID特性都是特别重要的，因为对canvas元素的所有操作都是通过脚本代码控制的，没有ID的话，想要找到要操作的canvas元素会很难。

代码清单2-5在浏览器中的执行效果如图2-2所示。

图2-2   HTML页面中的简单canvas元素

看起来好像没什么，但是就像那些艺术家说的，一张白纸可以画出最新最美的图画。现在，就让我们在这张"白纸"上作画吧。前面说过，在没有HTML5 Canvas的情况下，很难在页面上绘制一条对角线。现在我们来看看，有了Canvas以后，同样的事情会有多么简单。从代码清单2-6中可以看到，基于上面绘制的画布，仅仅使用几行代码就可以画出一条对角线。

代码清单2-6　在canvas中绘制一条对角线

```
<script>
  function drawDiagonal() {
    // 取得canvas元素及其绘图上下文
    var canvas = document.getElementById('diagonal');
    var context = canvas.getContext('2d');

    // 用绝对坐标来创建一条路径
    context.beginPath();
    context.moveTo(70, 140);
    context.lineTo(140, 70);

    // 将这条线绘制到canvas上
    context.stroke();
  }

  window.addEventListener("load", drawDiagonal, true);
</script>
```

仔细看一下上面这段绘制对角线的JavaScript代码。虽然简单，它却展示出了使用HTML5 Canvas API的重要流程。

首先通过引用特定的canvas ID值来获取对canvas对象的访问权。这段代码中ID就是diagonal。接着定义一个context变量，调用canvas对象的getContext方法，并传入希望使用的canvas类型。代码清单中通过传入"2d"来获取一个二维上下文，这也是到目前为止唯一可用的上下文。

> **注意**　大部分工作已经由Canvas上下文的3D版本完成。经过浏览器厂商和Khronos工作组的共同努力，WebGL规范在2011年年初发布了1.0版本。WebGL所基于的概念和设计与流行的OpenGL库是相同的，它为HTML5和JavaScript提供相似的API。如果你想在支持WebGL的浏览器中创建3D绘图上下文，只需将字符串"webgl"作为getContext函数的参数传入即可。作为结果返回的上下文包含一套全新的绘图API，其详尽和复杂程度足够再写一本书来专门描述它。虽然一些浏览器厂商目前正致力于实现对WebGL的支持，但并非所有的浏览器厂商都已开始行动。不过，Web上3D渲染的潜力相当引人注目，我们期待着在未来几年里浏览器厂商能够快速提升其支持力度。欲了解更多信息，可以查阅Khronos工作组网站上关于WebGL的描述（http://www.khronos.org/webgl）。本书的最后一章会略微深入地探讨WebGL。

接下来，基于这个上下文执行画线的操作。在代码清单中，调用了三个方法——beginPath、moveTo和lineTo，传入了这条线的起点和终点的坐标。

方法moveTo和lineTo实际上并不画线，而是在结束canvas操作的时候，通过调用

context.stroke()方法完成线条的绘制。图2-3显示了绘制结果。

图2-3　canvas中的对角线

　　成功了！虽然从这条简单的线段怎么也想象不到最新最美的图画，不过与以前的拉伸图像、怪异的CSS和DOM对象以及其他怪异的实现形式相比，使用基本的HTML技术在任意两点间绘制一条线段已经是非常大的进步了。从现在开始，就把那些怪异的做法永远忘掉吧。

　　从上面的代码清单中可以看出，canvas中所有的操作都是通过上下文对象来完成的。在以后的canvas编程中也一样，因为所有涉及视觉输出效果的功能都只能通过上下文对象而不是画布对象来使用。这种设计使canvas拥有了良好的可扩展性，基于从其中抽象出的上下文类型，canvas将来可以支持多种绘制模型。虽然本章经常提到对canvas采取什么样的操作，但读者应该明白，我们实际操作的是画布所提供的上下文对象。

　　如前面示例演示的那样，对上下文的很多操作都不会立即反映到页面上。beginPath、moveTo以及lineTo这些函数都不会直接修改canvas的展示结果。canvas中很多用于设置样式和外观的函数也同样不会直接修改显示结果。只有当对路径应用绘制（stroke）或填充（fill）方法时，结果才会显示出来。否则，只有在显示图像、显示文本或者绘制、填充和清除矩形框的时候，canvas才会马上更新。

2.2.3　变换

　　现在我们探讨一下在canvas上绘制图像的另一种方式——使用变换（transformation）。接下来的代码清单显示结果跟上面是一样的，只是绘制对角线的代码不一样。这个简单示例可能会让你误认为使用变换增加了不必要的复杂性。事实并非如此，其实变换是实现复杂canvas操作的最好方式。在后面的示例中将会看到，我们使用了大量的变换，而这对熟悉HTML5 Canvas API的复杂功能是至关重要的。

　　也许了解变换最简单的方法（至少这种方法不涉及大量的数学公式，也不需手足并用地去解释）就是把它当成是介于开发人员发出的指令和canvas显示结果之间的一个修正层（modification layer）。不管在开发中是否使用变换，修正层始终都是存在的。

　　修正——在绘制系统中的说法是变换——在应用的时候可以被顺序应用、组合或者随意修改。每个绘制操作的结果显示在canvas上之前都要经过修正层去做修正。虽然这么做增加了额外的复杂性，但却为绘制系统添加了更为强大的功能，可以像目前主流图像编辑工具那样支持实时图像处理，所以API中这部分内容的复杂性是必要的。

不在代码中调用变换函数并不意味着可以提升canvas的性能。canvas在执行的时候，变换会被呈现引擎隐式调用，这与开发人员是否直接调用无关。在接触最基本的绘制操作之前，提前了解系统背后的原理至关重要。

关于可重用代码有一条重要的建议：一般绘制都应从原点（坐标系中的0,0点）开始，应用变换（缩放、平移、旋转等），然后不断修改代码直至达到希望的效果。如图2-4所示。

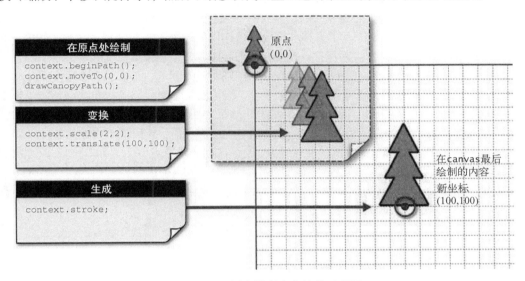

图2-4 基于原点绘制和变换的示意图

代码清单2-7展示了如何使用最简单变换方法——translate函数。

代码清单2-7 用变换的方式在canvas上绘制对角线

```
<script>
  function drawDiagonal() {
    var canvas = document.getElementById('diagonal');
    var context = canvas.getContext('2d');

    // 保存当前绘图状态
    context.save();

    // 向右下方移动绘图上下文
    context.translate(70, 140);

    // 以原点为起点，绘制与前面相同的线段
    context.beginPath();
    context.moveTo(0, 0);
    context.lineTo(70, -70);
    context.stroke();
```

```
    // 恢复原有的绘图状态
    context.restore();
}

window.addEventListener("load", drawDiagonal, true);
</script>
```

我们详细研究一下上面这段通过平移方式绘制对角线的JavaScript代码。

(1) 首先，通过ID找到并访问canvas对象。（ID是diagonal。）

(2) 接着通过调用canvas对象的getContext函数获取上下文对象。

(3) 接下来，保存尚未修改的context，这样即使进行了绘制和变换操作，也可以恢复到初始状态。如果不保存，那么在进行了平移和缩放等操作以后，其影响会带到后续的操作中，而这不一定是我们所希望的。在变换前保存context状态可以方便以后恢复。

(4) 下一步是在context中调用translate函数。通过这个操作，当平移行为发生的时候，我们提供的变换坐标会被加到结果坐标（对角线）上，结果就是将要绘制的对角线移动到了新的位置上。不过，对角线呈现在canvas上是在绘制操作结束之后。

(5) 应用平移后，就可以使用普通的绘制操作来画对角线了。代码清单中调用了三个函数来绘制对角线——beginPath、moveTo以及lineTo。绘制的起点是原点(0,0)，而非坐标点(70,140)。

(6) 在线条勾画出来之后，可以通过调用context. stroke()函数将其显示在canvas上。

(7) 最后，恢复context至原始状态，这样后续的canvas操作就不会被刚才的平移操作影响了。图2-5显示了用这段代码绘制的对角线。

图2-5   canvas上平移过的对角线

虽然新绘制的对角线看起来跟前面的一模一样，但这次绘制使用了强大的变换功能。学习完本章接下来的内容，就会明白变换的强大之处。

2.2.4   路径

关于绘制线条，我们还能提供很多有创意的方法。不过，现在应该进一步学习稍复杂点的图形：路径。HTML5 Canvas API中的路径代表你希望呈现的任何形状。本章对角线示例就是一条路径，你可能已经注意到了，代码中调用beginPath就说明是要开始绘制路径了。实际上，路径可以要多复杂有多复杂：多条线、曲线段，甚至是子路径。如果想在canvas上绘制任意形状，那么你需要重点关注路径API。

按照惯例，不论开始绘制何种图形，第一个需要调用的就是beginPath。这个简单的函数不带任何参数，它用来通知canvas将要开始绘制一个新的图形了。对于canvas来说，beginPath函数最大的用处是canvas需要据此来计算图形的内部和外部范围，以便完成后续的描边和填充。

路径会跟踪当前坐标，默认值是原点。canvas本身也跟踪当前坐标，不过可以通过绘制代码来修改。

调用了beginPath之后，就可以使用context的各种方法来绘制想要的形状了。到目前为止，我们已经用到了几个简单的context路径函数。

❑ moveTo(x,y)：不绘制，只是将当前位置移动到新的目标坐标(x,y)。

❑ lineTo(x,y)：不仅将当前位置移动到新的目标坐标(x,y)，而且在两个坐标之间画一条直线。

简而言之，上面两个函数的区别在于：moveTo就像是提起画笔，移动到新位置，而lineTo告诉canvas用画笔从纸上的旧坐标画条直线到新坐标。不过，再次提醒一下，不管调用它们哪一个，都不会真正画出图形，因为我们还没有调用stroke或者fill函数。目前，我们只是在定义路径的位置，以便后面绘制时使用。

下一个特殊的路径函数叫做closePath。这个函数的行为同lineTo很像，唯一的差别在于closePath会将路径的起始坐标自动作为目标坐标。closePath还会通知canvas当前绘制的图形已经闭合或者形成了完全封闭的区域，这对将来的填充和描边都非常有用。

此时，可以在已有的路径中继续创建其他的子路径，或者随时调用beginPath重新绘制新路径并完全清除之前的所有路径。

跟了解所有复杂系统一样，最好的方式还是实践。现在，我们先不管那些线条的例子，使用HTML5 Canvas API开始创建一个新场景——带有长跑跑道的树林。权且把这个图案当成是我们长跑比赛的标志吧。同其他的画图方式一样，我们将从基本元素开始。在这幅图中松树的树冠最简单。代码清单2-8演示了如何在canvas上绘制一颗松树的树冠。

代码清单2-8　用于绘制树冠轮廓的函数

```
function createCanopyPath(context) {
    // 绘制树冠
    context.beginPath();

    context.moveTo(-25, -50);
    context.lineTo(-10, -80);
    context.lineTo(-20, -80);
    context.lineTo(-5, -110);
    context.lineTo(-15, -110);

    // 树的顶点
    context.lineTo(0, -140);

    context.lineTo(15, -110);
    context.lineTo(5, -110);
    context.lineTo(20, -80);
    context.lineTo(10, -80);
```

```
context.lineTo(25, -50);

// 连接起点，闭合路径
context.closePath();
}
```

从上面的代码中可以看到，我们用到的仍然是前面用过的移动和画线命令，只不过调用次数多了一些。这些线条表现的是树冠的轮廓，最后我们闭合了路径。我们为这棵树的底部留出了足够的空间，后面几节将在这里的空白处画上树干。代码清单2-9演示如何使用树冠绘制函数将树的简单轮廓呈现到canvas上。

代码清单2-9　在canvas上画树的函数

```
function drawTrails() {
    var canvas = document.getElementById('trails');
    var context = canvas.getContext('2d');

    context.save();
    context.translate(130, 250);
    // 创建表现树冠的路径
    createCanopyPath(context);

    // 绘制当前路径
    context.stroke();
    context.restore();
}
```

这段代码中所有的调用想必大家已经很熟悉了。先获取canvas的上下文对象，保存以便后续使用，将当前位置变换到新位置，画树冠，绘制到canvas上，最后恢复上下文的初始状态。图2-6展示了我们的绘画技艺，一条简单的闭合路径表现了树冠。以后我们会详细扩展这段代码，现在算是一个好的开始。

图2-6　表现树冠的简单路径

2.2.5　描边样式

如果开发人员只能绘制直线，而且只能使用黑色，HTML5 Canvas API就不会如此强大和流行。下面我们就使用描边样式让树冠看起来更像是树。代码清单2-10展示了一些基本命令，其功能是通过修改context的属性，让绘制的图形更好看。

代码清单2-10　使用描边样式

```
// 加宽线条
context.lineWidth = 4;

// 平滑路径的接合点
context.lineJoin = 'round';

// 将颜色改成棕色
context.strokeStyle = '#663300';

// 最后，绘制树冠
context.stroke();
```

设置上面的这些属性可以改变以后将要绘制的图形外观，这个外观起码可以保持到我们将context恢复到上一个状态。

首先，我们将线条宽度加粗到4像素。

其次，我们将lineJoin属性设置为round，这是修改当前形状中线段的连接方式，让拐角变得更圆滑；也可以把lineJoin属性设置成bevel或者miter（相应的context.miterLimit值也需要调整）来变换拐角样式。

最后，通过strokeStyle属性改变了线条的颜色。在这个例子中，我们使用了CSS值来设置颜色，不过在后面几节中，我们将看到strokeStyle的值还可以用于生成特殊效果的图案或者渐变色。

还有一个没有用到的属性——lineCap，可以把它的值设置为butt、square或者round，以此来指定线条末端的样式。哦，示例中的线是闭合的，没有端点。图2-7就是我们加工过的树冠，与之前扁平的黑线相比，现在是一条更粗、更平滑的棕色线条。

图2-7　为树冠应用了描边样式

2.2.6　填充样式

正如你所期望的那样，能影响canvas的图形外观的并非只有描边，另一个常用于修改图形的方法是指定如何填充其路径和子路径。从代码清单2-11中可以看到，用宜人的绿色填充树冠有多么简单。

代码清单2-11　使用填充样式

```
// 将填充色设置为绿色并填充树冠
context.fillStyle = '#339900';
context.fill();
```

首先，我们将fillStyle属性设置成合适的颜色。（在后面，我们将看到还可以使用渐变色或者图案填充。）然后，只要调用context的fill函数就可以让canvas对当前图形中所有的闭合路径内部的像素点进行填充。结果如图2-8所示。

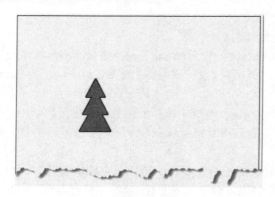

图2-8　填充后的树冠

由于我们是先描边后填充，因此填充会覆盖一部分描边路径。我们示例中的路径是4像素宽，这个宽度是沿路径线居中对齐的，而填充是把路径轮廓内部所有像素全部填充，所以会覆盖描边路径的一半。如果希望看到完整的描边路径，可以在绘制路径（调用context.stroke()）之前填充（调用context.fill()）。

2.2.7　填充矩形区域

每棵树都有一个强壮的树干。我们在原始图形中为树干预留了足够的空间。从代码清单2-12中可以看到，通过fillRect函数可以画出树干。

代码清单2-12　调用方便的fillRect函数

```
// 将填充色设为棕色
context.fillStyle = '#663300';

// 填充用作树干的矩形区域
context.fillRect(-5, -50, 10, 50);
```

在上面的代码中，再次将棕色作为填充颜色。不过跟上次不一样的是，我们不用`lineTo`功能显式画树干的边角，而是使用`fillRect`一步到位画出整个树干。调用`fillRect`并设置*x*、*y*两个位置参数和宽度、高度两个大小参数，随后，Canvas会马上使用当前的样式进行填充。

虽然示例中没有用到，但与之相关的函数还有`strokeRect`和`clearRect`。`strokeRect`的作用是基于给出的位置和坐标画出矩形的轮廓，`clearRect`的作用是清除矩形区域内的所有内容并将它恢复到初始状态，即透明色。

canvas动画

"在HTML5 Canvas API中，canvas的清除矩形功能是创建动画和游戏的核心功能。通过反复绘制和清除canvas片段，就可能实现动画效果，互联网上有很多这样的例子。但是，如果希望创建运行起来比较流畅的动画，就需要使用剪裁（clipping）[1]功能了，有可能还需要二次缓存canvas，以便最小化由于频繁的清除动作而导致的画面闪烁。尽管动画不是本书的重点，但你还是可以查阅2.3.2节，其中介绍了一些利用HTML5为页面添加动画效果的提示。"

——Brian[2]

图2-9显示的是基于树冠图形添加的、一次填充的树干。

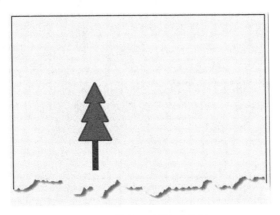

图2-9　带有矩形树干的树

2.2.8　绘制曲线

这个世界，特别是自然界，并不是只有直线和矩形。canvas提供了一系列绘制曲线的函数。我们将用最简单的曲线函数——二次曲线，来绘制我们的林荫小路。代码清单2-13演示了如何添

---

[1] 剪裁（clipping）：本节没有介绍剪裁功能，此功能常用于创建动画，作者本意是希望读者能够自己探索相关的知识领域。——译者注

[2] Brian，本书的作者之一。——译者注

加两条二次曲线。

代码清单2-13　绘制曲线

```
// 保存canvas的状态并绘制路径
context.save();

context.translate(-10, 350);
context.beginPath();

// 第一条曲线向右上方弯曲
context.moveTo(0, 0);
context.quadraticCurveTo(170, -50, 260, -190);

// 第二条曲线向右下方弯曲
context.quadraticCurveTo(310, -250, 410,-250);

// 使用棕色的粗线条来绘制路径
context.strokeStyle = '#663300';
context.lineWidth = 20;
context.stroke();

// 恢复之前的canvas状态
context.restore();
```

跟以前一样，第一步要做的事情是保存当前canvas的context状态，因为我们即将变换坐标系并修改轮廓设置。要画林荫小路，首先要把坐标恢复到修正层的原点，向右上角画一条曲线。

从图2-10中可以看到，quadraticCurveTo函数绘制曲线的起点是当前坐标，带有两组 (x, y) 参数。第二组是指曲线的终点。第一组代表控制点（control point）。所谓的控制点位于曲线的旁边（不是曲线之上），其作用相当于对曲线产生一个拉力。通过调整控制点的位置，就可以改变曲线的曲率。在右上方再画一条一样的曲线，以形成一条路。然后，像之前描边树冠一样把这条路绘制到canvas上（只是线条更粗了）。

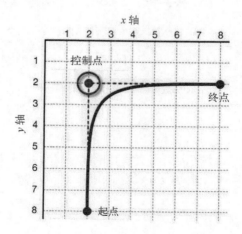

图2-10　曲线的起点、终点和控制点

HTML5 Canvas API的其他曲线功能还涉及bezierCurveTo、arcTo和arc函数。这些函数通过多种控制点（如半径、角度等）让曲线更具可塑性。图2-11显示了绘制在canvas上的两条曲线，看起来就像是穿过树林的小路一样。

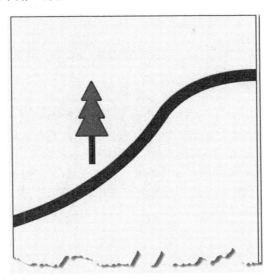

图2-11　组成小路的曲线

2.2.9　在 canvas 中插入图片

在canvas中显示图片非常简单。可以通过修正层为图片添加印章、拉伸图片或者修改图片等，并且图片通常会成为canvas上的焦点。用HTML5 Canvas API内置的几个简单命令可以轻松地为canvas添加图片内容。

不过，图片增加了canvas操作的复杂度：必须等到图片完全加载后才能对其进行操作。浏览器通常会在页面脚本执行的同时异步加载图片。如果试图在图片未完全加载之前就将其呈现到canvas上，那么canvas将不会显示任何图片。因此，开发人员要特别注意，在呈现之前，应确保图片已经加载完毕。

我们的示例将加载一张树皮纹理的图片作为树干以供canvas使用。为保证在呈现之前图片已完全加载，我们提供了回调，即仅当图像加载完成时才执行后续代码，如代码清单2-14所示。

代码清单2-14　加载图像

```
// 加载图片bark.jpg
var bark = new Image();
bark.src = "bark.jpg";

// 图片加载完成后，将其显示在canvas上
bark.onload = function () {
```

```
    drawTrails();
    }
```

从上面的代码中可以看到，我们为bark.jpg图片添加了onload处理函数，以保证仅在图像加载完成时才调用主drawTrails函数。这样做可以保证后续的调用能够把图片正常显示出来，如代码清单2-15所示。

代码清单2-15　在canvas上显示图像

```
// 用背景图案填充作为树干的矩形
//   the filled rectangle was before
context.drawImage(bark, -5, -50, 10, 50);
```

在这段代码里，我们用纹理贴图替换了之前调用fillRect函数的填充来作为新的树干。尽管替换的动作很小，但canvas上显示出来的树干更有质感。注意，在drawImage函数中，除了图片本身外，还指定了x、y、width和height参数。这些参数会对贴图进行调整以适应预定的10 × 50像素树干区域。我们还可以把原图的尺寸传进来，以便在裁切区域内对图片进行更多控制。

在图2-12中可以看到，同之前用矩形填充的方式相比，树干的变化不大。

图2-12　使用了树干贴图的树

2.2.10　渐变

对树干还是不满意？其实我也是。我们使用另一种可以让树干变得稍微好看点的绘制方法：渐变。渐变是指在颜色集上使用逐步抽样算法，并将结果应用于描边样式和填充样式中。使用渐变需要三个步骤：

(1) 创建渐变对象；

(2) 为渐变对象设置颜色，指明过渡方式；

(3) 在 **context** 上为填充样式或者描边样式设置渐变。

可以将渐变看做是颜色沿着一条线进行缓慢地变化。例如，如果为渐变对象提供了A、B两个点，不论是绘制还是填充，只要从A移动到B，都会带来颜色的变化。

要设置显示哪种颜色，在渐变对象上使用addColorStop函数即可。这个函数允许指定两个参数：颜色和偏移量。颜色参数是指开发人员希望在偏移位置描边或填充时所使用的颜色。偏移量是一个0.0到1.0之间的数值，代表沿着渐变线渐变的距离有多远。

假如要建立一个从点(0,0)到点(0,100)的渐变，并指定在0.0偏移位置使用白色，在1.0偏移位置使用黑色。当使用绘制或者填充的动作从(0,0)画到(0,100)后，就可以看到颜色从白色（起始位置）渐渐转变成了黑色（终止位置）。

除了可以变换成其他颜色外，还可以为颜色设置alpha值（例如透明），并且alpha值也是可以变化的。为了达到这样的效果，需要使用颜色值的另一种表示方法，例如内置alpha组件的CSS **rgba**函数。

下面我们通过示例来详细了解如何使用两个渐变来填充（相应的函数为 **fillRect** ）矩形区域，并形成最终的树干，见代码清单2-16。

代码清单2-16 使用渐变

```
// 创建用作树干纹理的三阶水平渐变
var trunkGradient = context.createLinearGradient(-5, -50, 5, -50);

// 树干的左侧边缘是一般程度的棕色
trunkGradient.addColorStop(0, '#663300');

// 树干中间偏左的位置颜色要淡一些
trunkGradient.addColorStop(0.4, '#996600');

// 树干右侧边缘的颜色要深一些
trunkGradient.addColorStop(1, '#552200');

// 使用渐变色填充树干
context.fillStyle = trunkGradient;
context.fillRect(-5, -50, 10, 50);

// 接下来，创建垂直渐变，以用作树冠在树干上投影
var canopyShadow = context.createLinearGradient(0, -50, 0, 0);

// 投影渐变的起点是透明度设为50%的黑色
canopyShadow.addColorStop(0, 'rgba(0, 0, 0, 0.5)');

// 方向垂直向下，渐变色在很短的距离内迅速渐变至完全透明，这段
// 长度之外的树干上没有投影
canopyShadow.addColorStop(0.2, 'rgba(0, 0, 0, 0.0)');

// 在树干上填充投影渐变
context.fillStyle = canopyShadow;
context.fillRect(-5, -50, 10, 50);
```

如图2-13所示，使用了两个渐变后，最终绘制出来的树干有了平滑的光照效果。现在，树干看起来更平滑，同时树干上也有了轻微的阴影效果。我们把这幅图保存起来吧。

图2-13   有渐变树干的树

除了我们刚才用到的线性渐变以外，HTML5 Canvas API还支持放射性渐变，所谓放射性渐变就是颜色会介于两个指定圆间的锥形区域平滑变化。放射性渐变和线性渐变使用的颜色终止点是一样的，不过参数如代码清单2-17所示。

代码清单2-17   使用放射性渐变的示例

```
createRadialGradient(x0, y0, r0, x1, y1, r1)
```

代码中，前三个参数代表以(x0,y0)为圆心，r0为半径的圆，后三个参数代表以(x1,y1)为圆心，r1为半径的另一个圆。渐变会在两个圆中间的区域出现。

2.2.11   背景图

直接绘制图像有很多用处，但在某些情况下，像CSS那样使用图片作为背景也非常有用。我们已经了解了如何使用加粗的颜色描边和填充。在描边和填充的时候，HTML5 Canvas API还支持图片平铺。

现在我们把林荫小路变得崎岖一点。这次不再对曲线跑道进行描边，而是使用背景图片填充的方法。为了达到预想的效果，我们将已经作废的树干图片（我们已经有了"渐变"树干）替换成砾石图片。我们将调用**createPattern**函数来替代之前的**drawImage**函数，如代码清单2-18所示。

代码清单2-18　使用背景图片

```
// 加载砾石背景图
var gravel = new Image();
gravel.src = "gravel.jpg";
gravel.onload = function () {
    drawTrails();
}


// 用背景图替代棕色粗线条
context.strokeStyle = context.createPattern(gravel, 'repeat');
context.lineWidth = 20;
context.stroke();
```

从上面的代码中可以看到，绘制的时候还是使用stroke()函数，只不过这次我们先设置了context上的strokeStyle属性，把调用context.createPattern的返回值赋给该属性。再次强调一下，图片必须提前加载完毕，以便canvas执行后续操作。context.createPattern的第二个参数是重复性标记，可以在表2-1中选择合适的值。

表2-1　重复性参数

平铺方式	意　义
repeat	（默认值）图片会在两个方向平铺
repeat-x	横向平铺
repeat-y	纵向平铺
no-repeat	图片只显示一次，不平铺

图2-14显示了应用背景图片方式画出的小路。

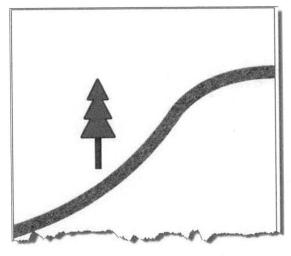

图2-14　使用平铺图片作为背景的小路

2.2.12   缩放 canvas 对象

树林里怎么可能只有一棵树呢？现在我们来解决这个问题。为简单起见，我们计划把示例代码中用于绘制树的操作独立出来，当做一个单独的例程，称为drawTree，见代码清单2-19。

```
// 创建树对象绘制函数，以便重用
function drawTree(context) {
  var trunkGradient = context.createLinearGradient(-5, -50, 5, -50);
  trunkGradient.addColorStop(0, '#663300');
  trunkGradient.addColorStop(0.4, '#996600');
  trunkGradient.addColorStop(1, '#552200');
  context.fillStyle = trunkGradient;
  context.fillRect(-5, -50, 10, 50);

  var canopyShadow = context.createLinearGradient(0, -50, 0, 0);
  canopyShadow.addColorStop(0, 'rgba(0, 0, 0, 0.5)');
  canopyShadow.addColorStop(0.2, 'rgba(0, 0, 0, 0.0)');
  context.fillStyle = canopyShadow;
  context.fillRect(-5, -50, 10, 50);

  createCanopyPath(context);

  context.lineWidth = 4;
  context.lineJoin = 'round';
  context.strokeStyle = '#663300';
  context.stroke();

  context.fillStyle = '#339900';
  context.fill();
}
```

可以看到，drawTree函数包括了之前绘制树冠、树干和树干渐变的所有代码。为了在新的位置画出大一点的树，我们将使用另一种变换方式——缩放函数context.scale，如代码清单2-20所示。

```
// 在(130,250)的位置绘制第一棵树
context.save();
context.translate(130, 250);
drawTree(context);
context.restore();

// 在(260,500)的位置绘制第二棵树
context.save();
context.translate(260, 500);

// 将第二棵树的宽高分别放大至原来的2倍
context.scale(2, 2);
drawTree(context);
context.restore();
```

scale函数带有两个参数来分别代表在*x*、*y*两个维度的值。每个参数在canvas显示图像的时候，向其传递在本方向轴上图像要放大（或者缩小）的量。如果*x*值为2，就代表所绘制图像中全

部元素都会变成两倍宽，如果y值为0.5，绘制出来的图像全部元素都会变成之前的一半高。使用这些函数，就可以很方便地在canvas上创建出新的树，如图2-15所示。

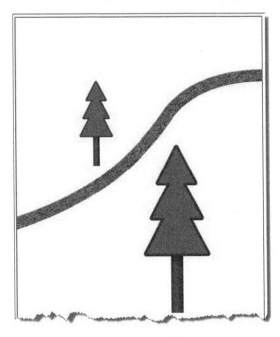

图2-15　放大后的树

始终在原点执行图形和路径的变换操作

"示例中演示了为什么要在原点执行图形和路径的变换操作，执行完后再统一平移。理由就是缩放（scale）和旋转（rotate）等变换操作都是针对原点进行的。

如果对一个不在原点的图形进行旋转变换，那么rotate变换函数会将图形绕着原点旋转而不是在原地旋转。与之类似，如果进行缩放操作时没有将图形放置到合适的坐标上，那么所有路径坐标都会被同时缩放。取决于缩放比例的大小，新的坐标可能会全部超出canvas范围，进而给开发人员带来困惑，为什么我的缩放操作会把图像删了？"

——Brian

2.2.13　Canvas 变换

变换操作并不限于缩放和平移，我们可以使用函数context.rotate(angle)来旋转图像，甚至可以直接修改底层变换矩阵以完成一些高级操作，如剪裁图像的绘制路径。如果想旋转图像，只需执行代码清单2-21所示的一系列操作即可。

代码清单2-21   旋转图像

```
context.save();

// 旋转角度参数以弧度为单位
context.rotate(1.57);
context.drawImage(myImage, 0, 0, 100, 100);

context.restore();
```

在代码清单2-22中，我们将演示如何对路径坐标进行随意变换，以从根本上改变现有树的路径显示，并最终创建一个阴影效果。

代码清单2-22   一种变换的使用方法

```
// 创建用于填充树干的三阶水平渐变色
// 保存canvas的当前状态
context.save();


// X值随着Y值的增加而增加，借助拉伸变换，
// 可以创建一棵用作阴影的倾斜的树
// 应用了变换以后，
// 所有坐标都与矩阵相乘
context.transform(1, 0,-0.5, 1, 0, 0);

// 在Y轴方向，将阴影的高度压缩为原来的60%
context.scale(1, 0.6);

// 使用透明度为20%的黑色填充树干
context.fillStyle = 'rgba(0, 0, 0, 0.2)';
context.fillRect(-5, -50, 10, 50);

// 使用已有的阴影效果重新绘制树
createCanopyPath(context);
context.fill();

// 恢复之前的canvas状态
context.restore();
```

你可以像上面那样直接修改context变换矩阵，前提是要熟悉二维绘图系统中的矩阵变换。分析这种变换背后的数学含义，可以看出我们通过调整与Y轴值相对应的参数改变了X轴的值，这样做目的是为了拉伸出一棵灰色的树做阴影。接下来，我们按照60%的比例将剪裁出的树缩小到了合适的尺寸。

注意，剪裁过的"阴影"树会先被显示出来，这样一来，真正的树就会按照Z轴顺序（canvas中对象的重叠顺序）显示在阴影的上面。此外，树影的填充用到了CSS的RGBA特性，通过特性我们将透明度值设为正常情况下的20%。至此，带有半透明效果的树影就做好了。将其应用于已经缩放过的树上，效果如图2-16所示。

图2-16 带有变换阴影的树

2.2.14 Canvas 文本

在作品即将完成之际，我们要在图像的上部添加一个别致的标题，以此来向大家演示HTML5 Canvas API强大的文本功能。需要特别注意的是，操作canvas文本的方式与操作其他路径对象的方式相同：可以描绘文本轮廓和填充文本内部；同时，所有能够应用于其他图形的变换和样式都能用于文本。

context对象的文本绘制功能由两个函数组成：

❑ fillText(text,x, y,maxwidth)

❑ strokeText(text,x,y,maxwidth)

两个函数的参数完全相同，必选参数包括文本参数以及用于指定文本位置的坐标参数。maxwidth是可选参数，用于限制字体大小，它会将文本字体强制收缩到指定尺寸。此外，还有一个measureText函数可供使用，该函数会返回一个度量对象，其中包含了在当前context环境下指定文本的实际显示宽度。

为了保证文本在各浏览器下都能正常显示，Canvas API为context提供了类似于CSS的属性，以此来保证实际显示效果的高度可配置。如表2-2所示。

表2-2 文本呈现相关的context属性

属 性	值	备 注
font	CSS字体字符串	例如：italic Arial，scans-serif
textAlign	start、end、left、right、center	默认是start
textBaseline	top、hanging、middle、alphabetic、ideographic、bottom	默认是alphabetic

对上面这些context属性赋值能够改变context，而访问context属性可以查询到其当前值。在代码清单2-23中，我们首先创建了一段使用Impact字体的大字号文本，然后使用已有的树皮图片作为背景进行填充。为了将文本置于canvas的上方并居中，我们定义了最大宽度和center（居中）对齐方式。

代码清单2-23   使用canvas文本

```
// 在canvas上绘制标题文本
context.save();

// 字号为60px，字体为impact
context.font = "60px impact";

// 将文本填充为棕色
context.fillStyle = '#996600';
// 将文本设为居中对齐
context.textAlign = 'center';

// 在canvas顶部中央的位置，
// 以大字体的形式显示文本
context.fillText('Happy Trails!', 200, 60, 400);
context.restore();
```

结果如图2-17所示，林间小路的美景马上就增添了几分欢快的味道。

图2-17   使用背景图片填充的文本

2.2.15   应用阴影

最后，我们将使用内置的Canvas Shadow API为文本添加模糊阴影效果。虽然我们能够通过HTML5 Canvas API将阴影效果应用于之前执行的任何操作中，但与很多图形效果的应用类似，阴影效果的使用也要把握好"度"。

可以通过几种全局context属性来控制阴影，见表2-3。

表2-3 阴影属性

属　　性	值	备　　注
shadowColor	任何CSS中的颜色值	可以使用透明度（alpha）
ShadowOffsetX	像素值	值为正数，向右移动阴影；值为负数，向左移动阴影
shadowOffsetY	像素值	值为正数，向下移动阴影；值为负数，向上移动阴影
shadowBlur	高斯模糊值	值越大，阴影边缘越模糊

shadowColor或者其他任意一项属性的值被赋为非默认值时，路径、文本和图片上的阴影效果就会被触发。代码清单2-24显示了如何为文本添加阴影效果。

代码清单2-24　应用阴影效果

```
// 设置文字阴影的颜色为黑色，透明度为20%
context.shadowColor = 'rgba(0, 0, 0, 0.2)';

// 将阴影向右移动15px，向上移动10px
context.shadowOffsetX = 15;
context.shadowOffsetY = -10;

// 轻微模糊阴影
context.shadowBlur = 2;
```

执行上述代码后，canvas渲染器会自动应用阴影效果，直到恢复canvas状态或者重置阴影属性。添加阴影后的效果如图2-18所示。

图2-18　有阴影效果的标题

如你所见，由CSS生成的阴影只有位置上的变化，而无法与变换生成的阴影（树影）保持同步。为了一致起见，在canvas上绘制阴影时，应该尽量只用一种方法。

2.2.16　像素数据

Canvas API最有用的特性之一是允许开发人员直接访问canvas底层像素数据。这种数据访问是双向的：一方面，可以以数值数组形式获取像素数据；另一方面，可以修改数组的值以将其应用于canvas。实际上，放弃本章之前讨论的渲染调用，也可以通过直接调用像素数据的相关方法来控制canvas。这要归功于context API内置的三个函数。

第一个是context.getImageData(sx, sy, sw, sh)。这个函数返回当前canvas状态并以数值数组的方式显示。具体来说，返回的对象包括三个属性。

- ❑ width：每行有多少个像素。
- ❑ height：每列有多少个像素。
- ❑ data：一维数组，存有从canvas获取的每个像素的RGBA值。该数组为每个像素保存了四个值——红、绿、蓝和alpha透明度。每个值都在0到255之间。因此，canvas上的每个像素在这个数组中就变成了四个整数值。数组的填充顺序是从左到右，从上到下（也就是先第一行再第二行，依此类推），如图2-19所示。

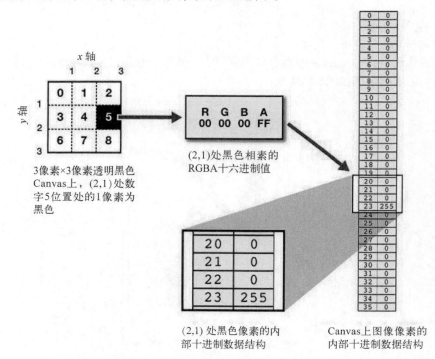

图2-19　像素数据及其内部数据结构

　　getImageData函数有四个参数，该函数只返回这四个参数所限定的区域内的数据。只有被x、y、width和height四个参数框定的矩形区域内的canvas上的像素才会被取到，因此要想获取所有像素数据，就需要这样传入参数：getImageData(0, 0, canvas.width, canvas.height)。

　　因为每个像素由四个图像数据表示，所以要计算指定的像素点对应的值是什么就有点头疼。不要紧，下面有公式。

　　在给定了width和height的canvas上，在坐标(x ,y)上的像素的构成如下。

- ❑ 红色部分：((width * y) + x) * 4
- ❑ 绿色部分：((width * y) + x) * 4 + 1
- ❑ 蓝色部分：((width * y) + x) * 4 + 2
- ❑ 透明度部分：((width * y) + x) * 4 + 3

　　一旦可以通过像素数据的方式访问对象，就可以通过数学方式轻松修改数组中的像素值，因为这些值都是从0到255的简单数字。修改了任何像素的红、绿、蓝和alpha值之后，可以通过第二个函数来更新canvas上的显示，那就是context.putImageData(imagedata, dx, dy)。

　　putImageData允许开发人员传入一组图像数据，其格式与最初从canvas上获取来的是一样的。这个函数使用起来非常方便，因为可以直接用从canvas上获取数据加以修改然后返回。一旦这个函数被调用，所有新传入的图像数据值就会立即在canvas上更新显示出来。dx和dy参数可以用来指定偏移量，如果使用，则该函数就会跳到指定的canvas位置去更新显示传进来的像素数据。

　　最后，如果想预先生成一组空的canvas数据，则可调用context.createImageData(sw, sh)，这个函数可以创建一组图像数据并绑定在canvas对象上。这组数据可以像先前那样处理，只是在获取canves数据时，这组图像数据不一定会反映canvas的当前状态。

　　还有一种方法可用于从Canvas中获取数据：canvas.toDataUrl API。借助它，能够通过编程来获取Canvas上当前呈现的数据，获得的数据以文本格式存在，这种格式是一种标准的数据表示方法，浏览器能将其解析成图像。

　　data URL是一个包含了图像数据（如PNG）的字符串，浏览器会像显示普通图像文件一样显示图像数据。下面的例子很好地阐述了data URL的格式：

```
data:image/png;base64, WCAYAAABkY9jZxn…
```

　　本例表明格式的开始是字符串data:，接着是MIME类型（如image/png），随后是标志位，它表示数据是否使用base64格式编码，最后的文本则表示图像数据本身。

　　不必为格式问题犯愁，因为生成格式不需要你亲自出马。这里的重点在于通过一个简单的调用，就能够获取Canvas的内容，进而将其转换成data URL格式。调用canvas.toDataURL(type)时，可以传入开发人员期望的由Canvas数据生成的图像类型作为参数，如image/png(默认)或image/jpeg。返回的data URL可以作为页面中image元素的源，或者用在CSS样式中，如代码清单2-25所示。

代码清单2-25   利用Canvas数据创建Image元素

```
var myCanvas = document.getElementById("myCanvas");

// 在Canvas上进行绘制

// 获取data URL格式的Canvas数据
var canvasData = myCanvas.toDataURL();

// 将数据赋值给新的image对象的src属性
var img = new Image();
img.src = canvasData;
```

获得data URL后可以不马上使用它。你甚至可以将其先存储在浏览器的localStorage中备用。本书后面的章节将会介绍HTML5 Web Storage。

2.2.17   Canvas 的安全机制

上面讨论了直接操纵像素数据的方法，在这里有必要重点提醒一下，大多数开发者都会合法使用像素数据操作。尽管如此，还是会有人出于某些邪恶的目的利用这种从canvas直接获取并且修改数据的能力。出于这个原因，origin-clean canvas的概念应运而生，换句话说，如果canvas中的图片并非来自包含它的页面所在的域，页面中的脚本将不能取得其中的数据。

如图2-20所示，如果来自http://www.example.com的页面包含canvas元素，那么页面中的代码完全有可能在canvas里面呈现来自http://www.remote.com的图片。毕竟在任何Web页面中显示其他远程网站的图片都是完全可接受的。

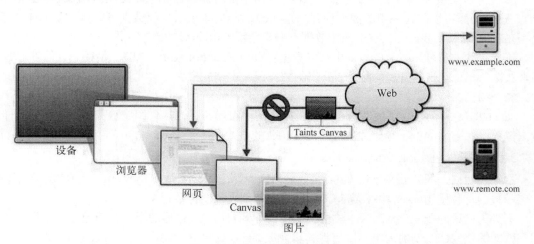

图2-20   本地和远程图像来源

然而，在没有Canvas API以前，无法使用编程的方式获取下载图片的像素信息。来自其他网站的私有图片可以显示在本地，但无法被读取或者复制。如果允许脚本读取本地之外的图像数据，那么整个网络中的用户照片以及其他敏感的在线图片文档将被"无限制地共享"。

为了避免如此，在getImageData函数被调用的时候，如果canvas中的图像来自其他域，就会抛出安全异常。这样的话，只要不获取显示着其他域中图片的canvas的数据，那么就可以随意呈现这些远程图片。在开发的过程中要注意这个限制条件，使用安全的渲染方式。

2.3 使用 HTML5 Canvas 创建应用

使用Canvas API可以创建许多种应用：图形、图表、图片编辑等，然而最奇妙的一个应用是修改或者覆盖已有内容。最流行的覆盖图被称为热点图。虽然热点图听起来是度量温度的意思，不过这里的热度可以用于任何可测量的活动。地图上活跃程度高的部分使用暖色标记（例如红色、黄色或白色），活跃程度低的部分不显示颜色变化，或者显示浅浅的黑色或灰色。

举个例子，热点图可以用在城市地图上来标记交通路况，或者在世界地图上显示风暴的活动情况。在HTML5中这些应用都非常容易实现，只需要将canvas叠放在地图上显示即可。实际上就是用canvas覆盖地图，然后再基于相应的活动数据绘制出不同的热度级别。

现在，我们使用已经学过的Canvas API知识来绘制一个简单的热点图。这个示例中，热度数据不是来源于外部，而是来源于我们的鼠标在地图上的移动情况。鼠标移动到某个区域，会使这个区域的"热度"增加。将鼠标放在特定区域不动会让该区域"温度"迅速增长至极限。为了示范，我们将在一个"难以名状"的地图上进行热点图的覆盖演示（见图2-21）。

热点图

图2-21 热点图应用

上面看到的是热点图应用的最终效果，下面我们深入分析实现代码。和往常一样，你可以在线查看或下载示例的源代码。

这份源码中，我们从HTML元素开始分析。为了演示效果，这个HTML中只包含了标题（Heatmap）、画布和按钮（Reset，用来复位热点图）。canvas上显示的背景图片文件是mapbg.jpg，通过代码清单2-26中的CSS代码应用到canvas中。

代码清单2-26　热点图的canvas元素

```
<style type="text/css">
  #heatmap {
      background-image: url("mapbg.jpg");
  }
</style>

<h2>Heatmap </h2>
<canvas id="heatmap" class="clear" style="border: 1px solid ; " height="300"
 width="300"> </canvas>
<button id="resetButton">Reset</button>
```

我们还声明了一些变量，然后对其进行了初始化，以备后用。

```
var points = {};
var SCALE = 3;
var x = -1;
var y = -1;
```

接下来，为了支持全局绘制操作，我们将为canvas设置一个高透明值，并且设置为混合模式，让新的绘制操作点亮底层的像素而不是替换它们。

然后，如代码清单2-27所示，我们会设置addToPoint函数，在鼠标移动的时候或者每隔1/10 s的时间调用它以改变显示效果。

代码清单2-27　loadDemo函数

```
function loadDemo() {
  document.getElementById("resetButton").onclick = reset;

  canvas = document.getElementById("heatmap");
  context = canvas.getContext('2d');
  context.globalAlpha = 0.2;
  context.globalCompositeOperation = "lighter"

  function sample() {
    if (x != -1) {
      addToPoint(x,y)
    }
    setTimeout(sample, 100);
  }

  canvas.onmousemove = function(e) {
    x = e.clientX - e.target.offsetLeft;
    y = e.clientY - e.target.offsetTop;
    addToPoint(x,y)
  }

  sample();
}
```

使用canvas的clearRect函数，就可以让用户在单击Reset按钮的时候，将整个canvas区域清空并重置回原始状态（见代码清单2-28）。

代码清单2-28　reset函数

```
function reset() {
  points = {};
  context.clearRect(0,0,300,300);
  x = -1;
  y = -1;
}
```

接下来我们建立一张颜色查找表，以便在canvas上执行绘制操作的时候使用。代码清单2-29中列出了颜色亮度由低到高的范围，不同的颜色值会被用来代表各种不同的热度。intensity的值越大，返回的颜色越亮。

代码清单2-29　getColor函数

```
function getColor(intensity) {
  var colors = ["#072933", "#2E4045", "#8C593B", "#B2814E", "#FAC268", "#FAD237"];
  return colors[Math.floor(intensity/2)];
}
```

不管什么时候，只要鼠标移过或者悬停在canvas的某个区域，就会有一个点被绘制出来。鼠标在特定区域中停留的时间越长，这个点就越大（同时越亮）。像代码清单2-30中所示，使用context.arc函数根据特定的半径值绘制圆，通过传到getColor函数中的半径值来判断，半径越大画出的圆越亮、颜色越热。

代码清单2-30　drawPoint函数

```
function drawPoint(x, y, radius) {
  context.fillStyle = getColor(radius);
  radius = Math.sqrt(radius)*6;

  context.beginPath();
  context.arc(x, y, radius, 0, Math.PI*2, true)

  context.closePath();
  context.fill();
}
```

在addToPoint函数中（每次鼠标移动或者悬停的时候都会调用这个函数），canvas特定点上的热度值会升高并保存下来。代码清单2-31中显示了最高的热度值是10。给定像素点的当前热度值一旦被检测到，那么相应的像素以及相关的热度、半径值就会被传递到drawPoint函数中。

代码清单2-31　addToPoint函数

```
function addToPoint(x, y) {
  x = Math.floor(x/SCALE);
  y = Math.floor(y/SCALE);

  if (!points[[x,y]]) {
    points[[x,y]] = 1;
  } else if (points[[x,y]]==10) {
    return
  } else {
    points[[x,y]]++;
```

```
  }
  drawPoint(x*SCALE,y*SCALE, points[[x,y]]);
}
```

最后，还注册了一个**loadDemo**函数，用来在窗口加载完毕的时候调用。

```
window.addEventListener("load", loadDemo, true);
```

总而言之，这些100行左右的代码可以向大家证明：使用HTML5 Canvas API，在短短的时间内，不用任何插件或者外部技术就可以实现非常高级的功能。另外，我们身边的各种数据源又是无穷无尽的，既然将它们可视化如此简单方便，那我们还等什么呢？

2.3.1　进阶功能之全页玻璃窗

在前面的示例中，我们看到了如何把canvas应用于图片上。其实，我们还可以把canvas应用于整个浏览器窗口或者其中的一部分之上——这种技术通常被称作"玻璃窗"（glass pane）。在Web页面中放置玻璃窗后，我们可以做很多之前意想不到的事情。

例如，可以编写函数来获取页面中所有DOM元素的绝对位置，然后创建循序渐进的帮助功能，从而引导Web应用的用户，一步一步地教他们学会操作。

另外，可以借助canvas玻璃窗并利用鼠标事件让用户在Web页面上绘制反馈。不过，使用此功能时，请记住以下三点。

需要将canvas的CSS属性**position**设置为**absolute**，并且指定**canvas**的位置、宽度和高度。如果没有明确的宽度和高度值，那么canvas将保持默认尺寸——0像素。

别忘了将canvas的CSS属性**z-index**的值设置得大一些，使其能够盖在所有显示内容的上面。如果canvas被其他内容覆盖在最下面，就毫无用武之地了。

设置canvas玻璃窗会阻塞后续的事件访问，因此需要提醒开发人员，不需要时要记得"关窗"。

2.3.2　进阶功能之为 Canvas 动画计时

本章前面提到过一种常见的做法：为Canvas上的元素添加动画元素。它主要用于游戏、过渡效果，或者仅仅是为了替换现有网页中的GIF动画图片。对于不包含JavaScript的区域，可以放心地实施动画更新。

今天，大多数开发人员使用经典的**setTimeout**和**setInterval**调用来实现网页或应用中的变化。这两个调用允许你预设一个若干毫秒后执行的回调函数，在回调函数中执行操作进而改变页面。不过，使用这种方法有一些显而易见的问题。

❏ 作为开发人员，你需要猜测在未来多少毫秒后执行下一次更新。与过往相比，现代网络运行所基于的设备种类繁多，从高性能桌面设备到移动电话，很难知道每种设备的推荐帧频。即使猜到了帧频，仍要面对页面资源竞争和机器负载的问题。

❏ 用户浏览多个窗口或标签页的情况比以前更为常见，甚至在移动设备上也是如此。如果使用setTimeout和setInterval来实现页面更新，即便页面在后台运行，仍然会持续更新。在用户看不到页面的情况下运行脚本，会让用户觉得你的Web应用非常浪费手机电量。

作为替代方案，目前许多浏览器为window对象提供了requestAnimationFrame函数。这个函数以一个回调函数为参数，在浏览器认为更新动画时机已到时，回调函数就会被调用。

下面是关于跑道场景的另一个示例（代码清单2-32），它带有天然暴风雨动画效果，此效果表示取消即将举行的比赛。代码基于前一个示例，重复部分这里没有给出。

代码清单2-32　基本的动画帧请求

```
// 为我们的雨天纹理效果创建一个image对象
var rain = new Image();
rain.src = "rain.png";
rain.onload = function () {
  // 从单帧请求开始创建动画
  // rain变量加载完成后执行
  window.requestAnimFrame(loopAnimation, canvas);
}

// 省略示例的重复代码……

// 将针对不同浏览器的该函数的不同版本
// 以别名的方式合并成单个函数, 合并后的函数
// 可以兼容所有浏览器
window.requestAnimFrame = (function(){
  return  window.requestAnimationFrame       ||
          window.webkitRequestAnimationFrame ||
          window.mozRequestAnimationFrame    ||
          window.oRequestAnimationFrame      ||
          window.msRequestAnimationFrame     ||
          // 如果不存在上述函数, 则使用旧的
          // setTimeout技术
          function(/* function */ callback, /* DOMElement */ element){
            window.setTimeout(callback, 1000 / 60);
          };
})();

// 我们会在下面这个函数中更新Canvas的内容
function drawAFrame() {
  var context = canvas.getContext('2d');

  // 用经过的时间指导画面变化,
  // 在Canvas上进行绘制, 以表示变化
  context.save();

  // 先绘出已经存在的跑道图片
  drawTrails();
  // 将Canvas变暗以示阴沉的天空
  // 让天色大部分时间阴沉, 创建出闪电的动画效果
  if (Math.random() > .01) {
    context.globalAlpha = 0.65;
    context.fillStyle = '#000000';
    context.fillRect(0, 0, 400, 600);
    context.globalAlpha = 1.0;
  }

  // 然后根据当前时间进行调整, 绘制雨天图像
  var now = Date.now();
  context.fillStyle = context.createPattern(rain, 'repeat');
```

```
// 我们将以不同的比率绘制两张变换过的雨天图像来展示暴雨和大雪
// 填充的矩形会比Canvas展示区域的尺寸大，并且基于时间进行重新定位
context.save();
context.translate(-256 + (0.1 * now) % 256, -256 + (0.5 * now) % 256);
context.fillRect(0, 0, 400 + 256, 600 + 256);
context.restore();

// 第二个矩形以不同的比率进行
// 变换以展示暴雨
context.save();
context.translate(-256 + (0.08 * now) % 256, -256 + (0.2 * now) % 256);
context.fillRect(0, 0, 400 + 256, 600 + 256);
context.restore();

// 绘制说明文本
context.font = '32px san-serif';
context.textAlign = 'center';
context.fillStyle = '#990000';
context.fillText('Event canceled due to weather!', 200, 550, 400);
context.restore();
}

// 当浏览器准备好为我们的应用呈现另一帧时，
// 该函数会被调用
function loopAnimation(currentTime) {
   // 在Canvas上绘制动画的1帧

   // 当前帧绘制完成后，让浏览器安排下一帧何时显示
   window.requestAnimFrame(loopAnimation, canvas);
}
```

更新绘图后，我们将看到添加了动画效果的雨落在了跑道图上（见图2-22）。

图2-22   带有雨水动画效果的Canvas静态快照

由浏览器来决定以何种频度调用动画帧回调函数。在后台运行的页面，其调用频度会降低，浏览器可能会剪掉对提供给requestAnimationFrame函数调用的元素（本示例中是canvas）的渲染，以优化绘图资源。虽然无法保证帧频，但不用再为不同环境下安排时序了。

其实这项技术并不局限于Canvas API。借助requestAnimationFrame，可以让页面上任意位置的内容或CSS发生改变。让网页上的内容发生移动还有其他的方式（如CSS动画），但是如果要使用脚本达到改变的效果，则可以使用requestAnimationFrame函数。

2.4　小结

到目前为止，我们看到了HTML5 Canvas API提供的强大功能，利用它可以直接修改Web应用的外观，而不必再像以前那样借助于各种第三方技术。HTML5 Canvas API还可以通过自由组合图像、渐变和复杂路径等方式来创建你能想到的几乎所有效果。需要注意的是，绘制工作通常应以原点为起点，在展现图像之前要先完成加载，而在使用外部来源的图片时则要留心。如果能学会驾驭canvas，那么你就能在网页上创建出前所未见的应用。

第 3 章

SVG

本章将为你介绍HTML5的另一项图形功能：SVG（Scalable Vector Graphics，可缩放矢量图形），一种二维图形表示语言。

3.1 SVG 概述

本节介绍HTML5浏览器所支持的标准矢量图形。但是首先来回顾两个图形概念：栅格图形和矢量图形。

在栅格图形中，图像由一组二维像素网格表示。HTML5的Canvas 2d API就是一款栅格图形API。通过Canvas API绘制图形，其实是更新canvas的像素。PNG和JPEG是两种栅格图形的格式。PNG和JPEG图像中的数据也同样代表着像素。

矢量图形则大相径庭。在矢量图形中，图像由数学描述的几何形状表示。矢量图像包括使用高级几何图形（比如线和形状）绘制图像所需的全部信息。顾名思义，SVG是矢量图形的一种。同HTML一样，SVG是一种文件格式，有自己的API。SVG同DOM API结合形成了一种矢量图形API。尽管可以将PNG等栅格图形嵌入到SVG中，但从根本上讲，SVG是一种矢量格式。

3.1.1 历史

SVG的出现有些年头了。SVG 1.0在2001年的W3C推荐会上发布。SVG起初通过插件的方式供浏览器使用。其后不久，浏览器添加了对SVG图像的原生支持。

HTML中的内联（inline）SVG发展历史相对较短。SVG的本质特征是它基于XML。HTML的语法有别于XML，不能简单地将XML语法嵌入到HTML文档中。针对SVG有些特殊的规则。HTML5出现之前，可以在HTML页面上的<img>元素中嵌入SVG或者链接到自包含的.svg文档。HTML5引入了内联SVG，从此，SVG元素可以直接出现在HTML标记中。尽管HTML的语法规则远没有XML那样严格，你可以不对属性加引号，可以不区分大小写等，但在适当的时候，仍需要使用自闭合标签。下面是一个示例，只用简短的标记语句就能在HTML文档中嵌入圆形：

```
<svg height=100 width=100><circle cx=50 cy=50 r=50 /></svg>
```

3.1.2 理解 SVG

图3-1显示的HTML5文档是我们在第2章中通过Canvas API绘制的Happy Trails! 图像。联系本章标题，你很可能已经猜到，这个版本是由SVG绘制的。借助SVG，我们可以实现很多同Canvas API类似的绘制操作。绝大多数情况下，绘制的效果是一样的。但事实上，存在着一些重要且不可见的差异。首先，SVG绘制的文本可选，而利用Canvas则做不到！在Canvas元素上绘制文本的时候，字符会以像素方式固定到上面。文本成为了图像的一部分，除非重新绘制Canvas绘图区域，否则无法改变文本内容。正因为如此，Canvas上面的文本无法被搜索引擎获取，而SVG上的文本却是可搜索的。例如，Google会对Web上SVG内容中的文本进行索引。

图3-1　Happy Trails! 的SVG版本

SVG同HTML密切相关。你可以选择使用标记来定义SVG文档的内容。HTML是用来定义页面结构的声明性语言，而SVG是用来创建视觉结构的语言。通过DOM API，你可以与SVG和HTML进行交互。SVG文档是元素构成的树状结构，同HTML一样，它支持脚本操作和添加样式。还可以向SVG元素附加事件处理函数。例如，你可以绑定click事件处理器，使SVG上的按钮或形状成为可单击的区域。对于构建使用鼠标进行输入的交互式应用而言，这是必要的。

此外，在浏览器的开发工具中能够查看和编辑SVG结构。如图3-2所示，内联 SVG直接嵌入到了HTML DOM中。你可以在运行时监控和修改其结构，还可以深入SVG查看其源码，而不像图片那样，只能看到网格结构的像素值。

在图3-2中，高亮的文本元素包含如下代码：

```
< text y="60" x="200" font-family="impact" font-size="60px"
  fill="#996600" text-anchor="middle">
    Happy Trails
</text>
```

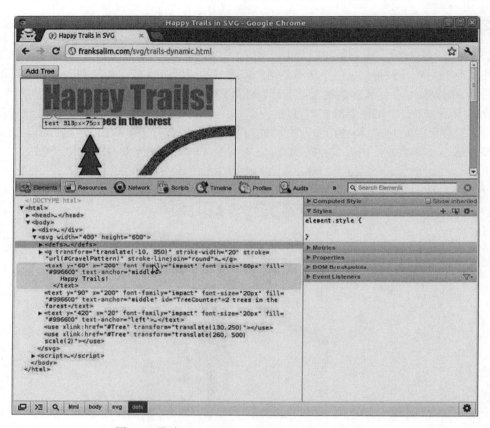

图3-2   通过Chrome Web Inspector查看SVG元素

在开发环境中，我们可以添加、删除以及编辑SVG元素。修改的结果会立即显示在页面上。非常便于调测。

保留模式图形

Frank说："图形API设计方面存在两个派系。如Canvas那样的即时模式（immediate-mode）图形提供了绘图接口。由API接口调用引起的绘制行为会即时发生，即时模式因此得名。与即时模式相对应的另一种模式是保留模式（retained-mode）。在保留模式图形中，有一个与场景中的视觉对象对应的模型，它会随着时间的推移而保留下来。可以使用API操作场景图形，当其改变时，图形引擎会重绘场景。SVG是一种保留模式图形，其场景图形就是文档。用于操作SVG的API是W3C DOM API。

有些JavaScript库在Canvas之上构建了保留模式API。有些还提供精灵（sprite）、输入处理和层。你可能会选用一个这样的库，但别忘了，这些功能只是SVG中的一小部分原生功能。"

3.1.3　可缩放图形

放大、旋转或者用其他手段变换SVG内容的时候，渲染程序会立即重绘所有构成图像的线条。缩放SVG不会导致其质量下降。SVG文档在呈现时会保留构成它的矢量信息。这与像素图形截然不同，放大Canvas和图像这样的像素图形后，图像会变得模糊。其原因在于图像由像素组成，且只能在更高分辨率下重新采样。基础信息——构成图像的路径和图形——在图像完成绘制后便丢失了（见图3-3）。

图3-3　SVG图像和Canvas图像放大5倍后的特写镜头

3.1.4　使用 SVG 创建 2D 图形

再来看图3-1的Happy Trails！图像。这幅SVG图像中每处可见部分都有一些对应的标签。整套SVG语言非常庞大，无法在本章中介绍其全部的细节。不过，为了一瞥SVG的海量词汇，下面罗列出了绘制Happy Trails所用的一些功能：

- ❏ 形状
- ❏ 路径
- ❏ 变换
- ❏ 图案和渐变
- ❏ 可重用的内容
- ❏ 文本

我们将逐一讨论这些功能，并最终将其组合成完整场景。不过在此之前，先来看一下如何添加SVG到页面中。

3.1.5　在页面中添加 SVG

添加内联SVG到HTML页面中如同添加其他元素一样简单。

包括借助<img>元素在内，存在多种在Web上使用SVG的方式。我们将在HTML中使用内联SVG，因为它可以集成到HTML文档中。之后，我们便可以在此基础上编写无缝结合了HTML、

JavaScript和SVG的交互式应用（见代码清单3-1）。

代码清单3-1   包含红色矩形的SVG

```
<!doctype html>
<svg width="200" height="200">
</svg>
```

SVG添加完毕！无需XML的`namespace`属性。现在，在`svg`标签的开始标记和结束标记之间，我们可以添加一些形状和其他视觉对象。如果想把SVG内容分离到独立的.svg文件中，需做出如下改动：

```
<svg width="400" height="600" xmlns="http://www.w3.org/2000/svg"
    xmlns:xlink="http://www.w3.org/1999/xlink">
</svg>
```

现在这是一份有效的XML文档，带有合适的`namespace`属性。可以使用各种各样的图像查看器和编辑器打开此文档。此外，还可以从HTML中以静态图像的方式引用SVG文件，所使用的代码类似于：`<img src="example.svg">`。这种方式的弊端在于SVG文档无法像内联SVG内容那样集成到DOM中。结果是你无法编写与SVG元素进行交互的脚本。

3.1.6   简单的形状

SVG语言包含了基本的形状元素，如矩形、圆形和椭圆。形状元素的尺寸和位置被定义成了属性。矩形的属性有`width`和`height`。圆形有一个表示半径的r属性。它们都应用CSS语法表示距离，因此距离单位包括了px、point、em等。代码清单3-2是一段集成了内联SVG的简短的HTML文档。代码描述了一个长100像素、宽80像素的带有红色边框的灰色矩形，显示效果如图3-4所示。

图3-4   HTML文档中的SVG矩形

代码清单3-2   包含红边灰底矩形的SVG

```
<!doctype html>
<svg width="200" height="200">
  <rect x="10" y="20" width="100" height="80" stroke="red" fill="#ccc" />
</svg>
```

SVG绘制形状对象时是按对象在文档中出现的顺序进行的。如果我们在画完矩形之后再画圆，那么圆形会显示在矩形之上。我们为圆形设置了8像素宽的描边样式，无填充样式（见代码清单3-3），如此一来，圆形变得引人注目，如图3-5所示。

代码清单3-3 矩形和圆形

```
<!doctype html>
<svg width="200" height="200">
  <rect x="10" y="20" width="100" height="80" stroke="red" fill="#ccc" />
  <circle cx="120" cy="80" r="40" stroke="#00f" fill="none" stroke-width="8" />
</svg>
```

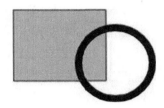

图3-5 矩形和圆形

注意，x和y属性定义的是矩形左上角的位置。而对于圆形来说，具有cx和cy属性，分别代表圆心的x和y值。SVG使用的坐标系统与Canvas API相同。svg元素的左上角位置的坐标是(0,0)。关于Canvas坐标系统的详细介绍参见第2章。

3.1.7 变换 SVG 元素

SVG中有些组织元素，可用于将多个元素结合起来，使它们作为一个整体进行变换或链接。<g>元素代表"组"（group）。组可以用来结合多个相关的元素。组内成员可由通用ID来引用。此外，组也可以作为一个整体进行变换。如果你为组添加了变换属性（transform attribute），那么组中所有内容都会进行变换。变换属性包含了旋转（见代码清单3-4和图3-6）、变形、缩放和斜切。除了变换属性，你还可以如同Canvas API中那样，指定一个变换矩阵。

代码清单3-4 旋转组中的矩形和圆形

```
<svg width="200" height="200">
  <g transform="translate(60,0) rotate(30) scale(0.75)" id="ShapeGroup">
    <rect x="10" y="20" width="100" height="80" stroke="red" fill="#ccc" />
    <circle cx="120" cy="80" r="40" stroke="#00f" fill="none" stroke-width="8" />
  </g>
</svg>
```

图3-6 旋转组

3.1.8   复用内容

SVG中的 `<defs>` 元素用于定义留待将来使用的内容。SVG中的 `<use>` 元素用于链接到 `<defs>` 元素定义的内容。借助这两个元素，你可以多次复用同一内容，消除冗余，如代码清单 3-5所示。图3-7显示了一个执行过3次位置变换和缩放的组。组的id值为ShapeGroup，组内包含一个矩形和一个圆形。实际的矩形和圆形只在 `<defs>` 元素中定义了一次。定义的组本身不可见。取而代之的是3个链接到形状组的 `<use>` 元素，正因为如此，才会在页面上渲染出三个矩形和三个圆形（见图3-5）。

代码清单3-5   三次使用同一个组

```
<svg width="200" height="200">
  <defs>
    <g id="ShapeGroup">
      <rect x="10" y="20" width="100" height="80" stroke="red" fill="#ccc" />
      <circle cx="120" cy="80" r="40" stroke="#00f" fill="none" stroke-width="8" />
    </g>
  </defs>

  <use xlink:href="#ShapeGroup" transform="translate(60,0) scale(0.5)"/>
  <use xlink:href="#ShapeGroup" transform="translate(120,80) scale(0.4)"/>
  <use xlink:href="#ShapeGroup" transform="translate(20,60) scale(0.25)"/>
</svg>
```

3.1.9   图案和渐变

图3-7所示的圆形和矩形只有简单的填充样式和描边样式。可以用包括渐变和图案在内的更复杂的样式来美化对象（见代码清单3-6）。渐变分为线性渐变和放射性渐变。图案可以由像素图形或者其他SVG元素组成。图3-8显示了具有线性渐变效果的矩形和具有砂砾纹理图案的圆形。砂砾纹理来自一张JPEG图片，JPEG图片则是由SVG的 `image` 元素链接引入的。

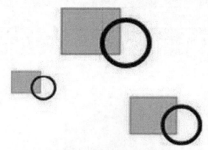

图3-7   3个use元素引用了相同的组

代码清单3-6   为矩形和圆形添加纹理

```
<!doctype html>
<svg width="200" height="200">
  <defs>
```

```
<pattern id="GravelPattern" patternUnits="userSpaceOnUse"
      x="0" y="0" width="100" height="67" viewBox="0 0 100 67">
  <image x="0" y="0" width="100" height="67" xlink:href="gravel.jpg"></image>
</pattern>

<linearGradient id="RedBlackGradient">
    <stop offset="0%" stop-color="#000"></stop>
    <stop offset="100%" stop-color="#f00"></stop>
</linearGradient>
</defs>

<rect x="10" y="20" width="100" height="80"
    stroke="red"
    fill="url(#RedBlackGradient)" />
<circle cx="120" cy="80" r="40" stroke="#00f"
    stroke-width="8"
    fill="url(#GravelPattern)" />
</svg>
```

图3-8　渐变填充的矩形和图案填充的圆形

3.1.10　SVG 路径

　　SVG不仅包含简单的形状，还包含自由形态的路径。path元素有一个d属性。d代表数据（data）。在d属性的值中，你能够指定一系列的路径绘制命令。每条命令都可能带有坐标参数。一些命令的含义为：M代表移至（moveto），L代表划线至（lineto），Q代表二次曲线，Z代表闭合路径。如果你能回想起Canvas API，并非巧合。代码清单3-7使用路径元素绘制了一个闭合的树冠形状，绘制动作通过一系列L命令完成。

代码清单3-7　SVG路径定义的树冠

```
<path d="M-25, -50
        L-10, -80
        L-20, -80
        L-5, -110
        L-15, -110
        L0, -140
        L15, -110
        L5, -110
        L20, -80
        L10, -80
        L25, -50
        Z" id="Canopy"></path>
```

要填充路径可以用Z命令闭合路径，同时设置填充（fill）属性，正如之前绘制矩形那样。

图3-9显示了如何通过结合闭合描边路径及闭合填充路径来绘制一棵树。

图3-9 描边路径、填充路径以及二者结合

与之类似,我们可以用两条二次曲线创建开放路径,以此来生成图像中的小路。我们甚至可以为其设置纹理。注意代码清单3-8中的**stroke-linejoin**属性,其作用是让两条二次曲线的接合处变圆滑。图3-10显示了以开放路径绘制的登山道。

代码清单3-8 SVG路径定义的蜿蜒小路

```
<g transform="translate(-10, 350)" stroke-width="20" stroke="url(#GravelPattern)" stroke-
linejoin="round">
    <path d="M0,0 Q170,-50 260, -190 Q310, -250 410,-250" fill="none"></path>
</g>
```

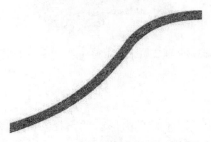

图3-10 包含两条二次曲线的开放路径

3.1.11 使用 SVG 文本

SVG也支持文本。浏览器里,SVG中的文本是可选择的,如图3-11所示。如果选用SVG文本,浏览器和搜索引擎能够支持用户搜索SVG text元素中的文本。这对可用性和可访问性有很大益处。

Select this text!

图3-11 选中SVG文本

SVG文本的属性类似于HTML里的CSS样式规则。代码清单3-9显示了带有**font-weight**属性和**font-family**属性的text元素。与CSS中一样,**font-family**属性的值既可以是单个字体名(如"sans-serif"),也可以是后备字体名列表(如"Droid Sans, sans-serif"),列表中的字体顺序由你自行指定。

代码清单3-9 SVG文本

```
<svg width="600" height="200">
  <text
    x="10" y="80"
    font-family="Droid Sans"
    stroke="#00f"
    fill="#0ff"
    font-size="40px"
    font-weight="bold">
    Select this text!
  </text>
</svg>
```

3

3.1.12 组合场景

我们将之前绘制的元素组合起来，形成happy trails的图像。其中的文本自然是text元素。树干由两个矩形组成。树冠是两条路径。树的投影使用与树相同的几何图形，填充灰色，并通过变换将其向右下倾斜。贯穿图像的蜿蜒小路是另外一个使用了图像纹理图案的路径。此外，还需要编写一点CSS来为场景添加轮廓。

代码清单3-10是trails-static.html的完整代码。

代码清单3-10 trails-static.html的完整代码

```
<title>Happy Trails in SVG</title>

<style>
  svg {
      border: 1px solid black;
  }
</style>

<svg width="400" height="600">

  <defs>
      <pattern id="GravelPattern" patternUnits="userSpaceOnUse" x="0" y="0" width="100"
height="67" viewBox="0 0 100 67">
      <image x=0 y=0 width=100 height=67 xlink:href="gravel.jpg" />
      </pattern>
      <linearGradient id="TrunkGradient">
      <stop offset="0%" stop-color="#663300" />
      <stop offset="40%" stop-color="#996600" />
      <stop offset="100%" stop-color="#552200" />
      </linearGradient>

      <rect x="-5" y="-50" width=10 height=50 id="Trunk" />
      <path d="M-25, -50
              L-10, -80
              L-20, -80
              L-5, -110
              L-15, -110
              L0, -140
              L15, -110
              L5, -110
              L20, -80
```

```
                L10, -80
                L25, -50
                Z"
        id="Canopy"
        />
        <linearGradient id="CanopyShadow" x=0 y=0 x2=0 y2=100%>
        <stop offset="0%" stop-color="#000" stop-opacity=".5" />
        <stop offset="20%" stop-color="#000" stop-opacity="0" />
        </linearGradient>
        <g id="Tree">
        <use xlink:href="#Trunk" fill="url(#TrunkGradient)" />
        <use xlink:href="#Trunk" fill="url(#CanopyShadow)" />
        <use xlink:href="#Canopy" fill="none" stroke="#663300"
        stroke-linejoin="round" stroke-width="4px" />
        <use xlink:href="#Canopy" fill="#339900" stroke="none" />
        </g>

        <g id="TreeShadow">
        <use xlink:href="#Trunk" fill="#000" />
        <use xlink:href="#Canopy" fill="000" stroke="none" />
        </g>
</defs>


<g transform="translate(-10, 350)"
        stroke-width="20"
        stroke="url(#GravelPattern)"
        stroke-linejoin="round">
        <path d="M0,0 Q170,-50 260, -190 Q310, -250 410,-250"
        fill="none" />
</g>

<text y=60 x=200
        font-family="impact"
        font-size="60px"
        fill="#996600"
        text-anchor="middle" >
        Happy Trails!
</text>

<use xlink:href="#TreeShadow"
        transform="translate(130, 250) scale(1, .6) skewX(-18)"
        opacity="0.4" />
<use xlink:href="#Tree" transform="translate(130,250)" />

<use xlink:href="#TreeShadow"
        transform="translate(260, 500) scale(2, 1.2) skewX(-18)"
        opacity="0.4" />

<use xlink:href="#Tree" transform="translate(260, 500) scale(2)" />
</svg>
```

3.2 使用 SVG 创建交互式应用

　　本节将在静态示例基础上进行扩展。添加HTML和JavaScript来让文档具备交互性。相对于使用Canvas API而言，我们将会利用SVG的优势，用更少的代码创建交互式应用。

3.2.1 添加树

在交互应用中,只需要一个简单的按钮元素。按钮的单击事件处理器会在600像素×400像素的SVG区域中的随机位置种上一棵新树。新树的尺寸也会在50%到150%之间随机缩放。每棵新树实际上都是一个<use>元素,它引用了包含多条路径的"Tree"组。代码调用doucment.create-ElementNS()来创建带有命名空间的<use>元素。<use>元素的xlink:href属性会链接到之前定义的Tree组。最后,将新元素添加到SVG元素树中(见代码清单3-11)。

代码清单3-11 添加树的函数

```
document.getElementById("AddTreeButton").onclick = function() {
  var x = Math.floor(Math.random() * 400);
  var y = Math.floor(Math.random() * 600);
  var scale = Math.random() + .5;
  var translate = "translate(" +x+ "," +y+ ") ";

  var tree = document.createElementNS("http://www.w3.org/2000/svg", "use");
  tree.setAttributeNS("http://www.w3.org/1999/xlink", "xlink:href", "#Tree");
  tree.setAttribute("transform", translate + "scale(" + scale + ")");
  document.querySelector("svg").appendChild(tree);
  updateTrees();
}
```

元素按其在DOM中出现的顺序来呈现。上面的函数将树当做新的子节点添加到SVG元素子节点列表的末尾。这意味着新树会覆盖到旧树之上。

函数最后调用了updateTrees(),随后我们将看到此函数。

3.2.2 添加 updateTrees 函数

文档最初加载以及每次添加或者删除树时,会执行updateTrees函数。它负责更新文本,以显示森林中有多少棵树。同时还为每棵树绑定了单击事件处理器(见代码清单3-12)。

代码清单3-12 updateTrees函数

```
function updateTrees() {
  var list = document.querySelectorAll("use");
  var treeCount = 0;
  for (var i=0; i<list.length; i++) {
    if(list[i].getAttribute("xlink:href")=="#Tree") {
      treeCount++;
      list[i].onclick = removeTree;
    }
  }
  var counter = document.getElementById("TreeCounter");
  counter.textContent = treeCount + " trees in the forest";
}
```

需要特别注意的一点是,JavaScript代码不保存树的数量状态。每次更新时,代码会从实时文档中选择和过滤所有树,以获取最新的树的数量。

3.2.3   添加 removeTree 函数

现在，我们添加一个函数，用于在单击树的时候将其移除（见代码清单3-13）。

代码清单3-13   removeTree函数

```
function removeTree(e) {
  var elt = e.target;
  if (elt.correspondingUseElement) {
    elt = elt.correspondingUseElement;
  }
  elt.parentNode.removeChild(elt);
  updateTrees();
}
```

首先我们需要判断单击事件的目标。由于DOM实现存在差异，事件目标可以是tree组，也可以是链接到tree组的use元素。不论哪种方式，函数都会简单地从DOM中移除对应元素，并调用updateTrees()函数。

如果移除的树位于另一棵树之上，则无需重绘低层的内容。这也是使用保留模式API开发的好处之一。你只需操作与树对应的元素，浏览器会负责绘制好所需的像素点。类似地，当更新用于显示最新树数量的文本时，文本显示在树下面。如果你想要将文本显示在树上面，则需要在添加文本元素之前将树添加到文档中。

3.2.4   添加 CSS 样式

为使交互易于被用户发现，我们将添加一些CSS，修改鼠标指针移动到树上的显示效果：

```
g[id=Tree]:hover  {
    opacity: 0.9;
    cursor: crosshair;
}
```

只要你的鼠标移到id属性值为"Tree"的元素上，元素就会变得半透明，同时鼠标指针变成十字形。

整个SVG元素的1像素宽的黑色边框也在CSS中定义。

```
svg {
  border: 1px solid black;
}
```

大功告成! 现在，你已经用HTML5内联SVG完成了一个交互式应用（见图3-12）。

图3-12   添加了几棵树之后的最终文档

3.2.5   最终代码

为完整起见，代码清单3-14给出了trails-dynamic.html文件的完整代码。它包含了全部的示例SVG代码，涵盖了静态版本和交互脚本。

代码清单3-14 trails-dynamic.html的全部代码

```html
<!doctype html>
<title>Happy Trails in SVG</title>

<style>
  svg {
    border: 1px solid black;
  }
  g[id=Tree]:hover  {
    opacity: 0.9;
    cursor: crosshair;
  }
</style>

<div>
  <button id="AddTreeButton">Add Tree</button>
</div>

<svg width="400" height="600">

  <defs>
    <pattern id="GravelPattern" patternUnits="userSpaceOnUse" x="0" y="0" width="100"
height="67" viewBox="0 0 100 67">
      <image x=0 y=0 width=100 height=67 xlink:href="gravel.jpg" />
    </pattern>
    <linearGradient id="TrunkGradient">
      <stop offset="0%" stop-color="#663300" />
      <stop offset="40%" stop-color="#996600" />
      <stop offset="100%" stop-color="#552200" />
    </linearGradient>

    <rect x="-5" y="-50" width=10 height=50 id="Trunk" />
    <path d="M-25, -50
          L-10, -80
          L-20, -80
          L-5, -110
          L-15, -110
          L0, -140
          L15, -110
          L5, -110
          L20, -80
          L10, -80
          L25, -50
          Z"
      id="Canopy"
    />
    <linearGradient id="CanopyShadow" x=0 y=0 x2=0 y2=100%>
      <stop offset="0%" stop-color="#000" stop-opacity=".5" />
      <stop offset="20%" stop-color="#000" stop-opacity="0" />
    </linearGradient>
    <g id="Tree">
      <use xlink:href="#Trunk" fill="url(#TrunkGradient)" />
      <use xlink:href="#Trunk" fill="url(#CanopyShadow)" />
      <use xlink:href="#Canopy" fill="none" stroke="#663300"
        stroke-linejoin="round" stroke-width="4px" />
      <use xlink:href="#Canopy" fill="#339900" stroke="none" />
    </g>
  </defs>
```

3

```
    <g transform="translate(-10, 350)"
       stroke-width="20"
       stroke="url(#GravelPattern)"
       stroke-linejoin="round">
         <path d="M0,0 Q170,-50 260, -190 Q310, -250 410,-250"
            fill="none" />
    </g>
    <text y=60 x=200
      font-family="impact"
      font-size="60px"
      fill="#996600"
      text-anchor="middle" >
      Happy Trails!
    </text>
    <text y=90 x=200
      font-family="impact"
      font-size="20px"
      fill="#996600"
      text-anchor="middle" id="TreeCounter">
    </text>

    <text y=420 x=20
      font-family="impact"
      font-size="20px"
      fill="#996600"
      text-anchor="left">
    <tspan>You can remove a</tspan>
    <tspan y=440 x=20>tree by clicking on it.</tspan>
    </text>

    <use xlink:href="#Tree" transform="translate(130,250)" />
    <use xlink:href="#Tree" transform="translate(260, 500) scale(2)" />
</svg>

<script>
  function removeTree(e) {
    var elt = e.target;
    if (elt.correspondingUseElement) {
      elt = elt.correspondingUseElement;
    }
    elt.parentNode.removeChild(elt);
    updateTrees();
  }

  document.getElementById("AddTreeButton").onclick = function() {
    var x = Math.floor(Math.random() * 400);
    var y = Math.floor(Math.random() * 600);
    var scale = Math.random() + .5;
    var translate = "translate(" +x+ "," +y+ ") ";

    var tree = document.createElementNS("http://www.w3.org/2000/svg", "use");
    tree.setAttributeNS("http://www.w3.org/1999/xlink", "xlink:href", "#Tree");
    tree.setAttribute("transform", translate + "scale(" + scale + ")");
    document.querySelector("svg").appendChild(tree);
    updateTrees();
  }

  function updateTrees() {
    var list = document.querySelectorAll("use");
```

```
    var treeCount = 0;
    for (var i=0; i<list.length; i++) {
      if(list[i].getAttribute("xlink:href")=="#Tree") {
        treeCount++;
        list[i].onclick = removeTree;
      }
    }
    var counter = document.getElementById("TreeCounter");
    counter.textContent = treeCount + " trees in the forest";
  }

  updateTrees();
</script>
```

SVG工具

Frank说："由于长期以来SVG都是矢量图形的标准格式，所以在SVG图像处理方面有很多有用的工具。甚至有一个在浏览器中运行的名为SVG-edit的开源编辑器。你可以将其嵌入自己的应用中！桌面工具方面，Adobe Illustrator和Inkscape是两款强大的矢量图形应用程序，二者既能导入也能导出SVG。我发现Inkscape在新建图形方面非常有用（见图3-13）。

SVG工具适合处理独立的.svg文件，而非嵌入到HTML中的SVG，因此你可能需要在两种格式之间进行转换。"

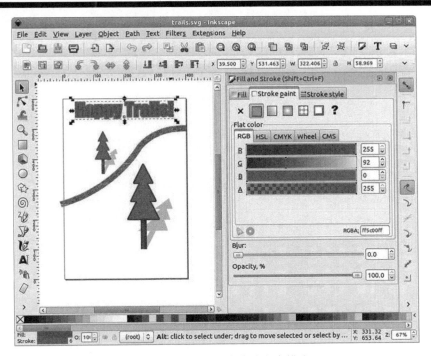

图3-13　在Inkscape中修改文本描边

3.3   小结

本章介绍了在HTML5中SVG在创建二维图形交互应用方面的强大功能。

首先,我们介绍了一幅场景,其绘制是通过嵌入到HTML5文档中的SVG完成的。我们了解了用于绘图的元素和属性。学习了如何定义和复用内容、组合和变换元素以及如何绘制图形、路径和文本。

最后,我们在SVG文档中添加了JavaScript代码以实现交互式应用。我们使用CSS、DOM操作和事件,充分利用SVG的特性,生成了一个实时文档。

现在,我们已经知道SVG如何把矢量图形引入HTML5。接下来,我们将学习为应用带来更丰富媒体的视听元素。

第 4 章

音频和视频

本章，我们将探索HTML5的两个重要元素——audio和video，并演示如何利用它们创建引人注目的应用。audio和video元素的出现让HTML5的媒体应用多了新选择，开发人员不必使用插件就能播放音频和视频。对于这两个元素，HTML5规范提供了通用、完整、可脚本化控制的API。

首先，我们会讨论音频（audio）和视频（video）的容器文件和编解码器，以及为什么支持这些编解码器。接着将分析没有支持哪些常用的编解码器，这种缺陷也是使用这两个媒体元素的最大弊端。不过，我们也会讨论将来有可能怎样解决这个问题。此外，我们还会演示HTML5 Audio和Video[1]的一种切换机制，通过该机制，可以让浏览器在所列媒体文档中挑选最合适的文件类型进行播放。

然后，我们会演示如何通过API编程的方式来控制页面中的音频和视频。最后，我们会探讨HTML5 Audio和Video在实际中的应用。

4.1 HTML5 Audio 和 Video 概述

本节，我们要讨论与HTML5 audio元素和video元素相关的两个关键概念：容器（container）和编解码器（codec）。

4.1.1 视频容器

不论是音频文件还是视频文件，实际上都只是一个容器文件，这点类似于压缩了一组文件的ZIP文件。从图4-1可以看出来，视频文件（视频容器）包含了音频轨道、视频轨道和其他一些元数据。视频播放的时候，音频轨道和视频轨道是绑定在一起的。元数据部分包含了该视频的封面、标题、子标题、字幕等相关信息。

主流视频容器支持如下视频格式：

❑ Audio Video Interleave (.avi)

❑ Flash Video (.flv)

❑ MPEG 4 (.mp4)

---

[1] 本章中，HTML5 Audio和Video表示HTML5 Audio和Video规范的简写，该规范中最核心的内容就是audio元素和video元素，以及与之相关的控制机制。——译者注

❑ Matroska (.mkv)

❑ Ogg (.ogv)

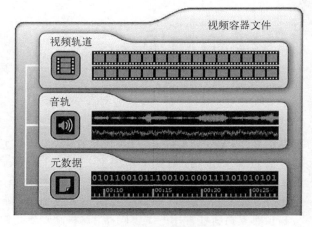

图4-1   视频容器概貌

4.1.2   音频和视频编解码器

音频和视频的编码/解码器是一组算法，用来对一段特定音频或视频流进行解码和编码，以便音频和视频能够播放。原始的媒体文件体积非常大，假如不对其编码，那么构成一段视频和音频的数据可能会非常庞大，以至于在因特网上传播需耗费无法忍受的时间。若没有解码器的话，接收方就不能把编码过的数据重组为原始的媒体数据。编解码器可以读懂特定的容器格式，并且对其中的音频轨道和视频轨道解码。

下面是一些音频编解码器：

❑ AAC

❑ MPEG-3

❑ Ogg Vorbis

下面是一些视频编解码器：

❑ H.264

❑ VP8

❑ Ogg Theora

编解码器的战争和暂时停战

有一些编解码器受专利保护，有一些则是免费的。例如Vorbis音频编解码器和Theora视频编解码器可以免费使用，而要想使用MPEG-4和H.264的话就需要支付相关费用了。

最初，HTML5规范本来打算指定编解码器，但实施起来困难重重。比如Ogg Theora，有的厂商考虑到他们已有的硬件或软件不支持，所以不希望HTML5规范中包含Ogg Theora。例如Apple的iPhone使用的硬件解码器就是H.264而不是Theora。另一方面，免费系统若采用要支付专利费用的编解码器将不可避免地影响其下游分销业务。而专有编解码器的性能指标又是采用免费编解码器的浏览器厂商需要考虑的一个重要因素。这种情况导致了现在的僵局，没有任何一种编解码器可以被所有浏览器厂商接受并在其产品中提供支持。

目前，HTML5规范放弃了对编解码器的要求，不过未来很有可能重新考虑。现在，开发人员能做的只能是熟悉各种浏览器的支持情况，针对不同的浏览器环境对媒体文件进行重编码（你可能已经这么做了）。

我们非常希望随着时间的推移，不同编解码器的支持程度越来越高并最终汇集成统一版本，这样可以简化将来对通用媒体类型的选择。当然，也有可能某个编解码器逐渐强大起来并最终成为领域内的事实标准。此外，HTML5的媒体标签内建了一套机制来挑选最适合在浏览器中播放的内容类型，进而实现不同的环境下媒体类型的简单切换。

WebM来了

"2010年5月，Google发布了WebM视频格式。现在主流的Web媒体都比较模糊，作为新的音频和视频格式，WebM旨在改善这种现状，让Web视频清晰化。WebM的后缀名是.webm，是基于Matroska修改的封装格式，视频使用VP8编码，音频使用Ogg Vorbis编码。Google以不受限许可的方式发布了WebM的规范和软件，包括源码和专利权。WebM是一种高清视频格式，对二次开发者和发布者均免费，它代表了编解码器的重大进步。"

——Frank[1]

4.1.3　HTML5 Audio 和 Video 的限制

有些功能是HTML5规范所不支持的，如下所示。

- ❏ 流式音频和视频。因为目前HTML5视频规范中还没有比特率切换标准，所以对视频的支持只限于加载的全部媒体文件，但是将来一旦流媒体格式被HTML5支持，则肯定会有相关的设计规范。
- ❏ HTML5的媒体受到HTTP跨源（cross-origin）资源共享的限制。关于跨源资源共享的更多信息，请参考第5章。
- ❏ 全屏视频无法通过脚本控制。从安全性角度来看，让脚本元素控制全屏操作是不合适的。不过，如果要让用户在全屏方式下播放视频，浏览器可以提供其他控制手段。

4.1.4　audio 元素和 video 元素的浏览器支持情况

鉴于浏览器对编解码器的支持并不统一，仅仅知道哪些浏览器支持新的audio元素和video元素是不够的，还要知道浏览器支持哪种编解码器。表4-1列出了在写作本书时，各浏览器的编解码器支持情况。

---

① Frank，本书作者之一。——译者注

表4-1   audio元素和video元素的浏览器支持情况

浏 览 器	支持的编解码器和容器
Chrome	Theora和Vorbis、Ogg容器 VP8和Vorbis、WebM格式 H.264和AAC、MPEG 4容器
Firefox	Theora和Vorbis、Ogg容器 VP8和Vorbis、WebM格式
Internet Explorer	H.264和AAC、MPEG 4容器
Opera	Theora和Vorbis、Ogg容器 VP8 和 Vorbis、WebM格式
Safari	H.264和AAC、MPEG 4容器

另外需要注意的是，Google声称它将停止支持MP4格式，但目前尚未发生。此外，Google提供了一个插件，它可用于在IE 9中播放WebM格式的文件。使用前先检测浏览器是否支持audio元素和video元素是明智之举。4.2.1节将会演示如何通过编程的方式检测浏览器的支持情况。

4.2   使用 HTML5 Audio 和 Video API

本节，我们会探讨如何在Web应用中使用HTML5 Audio和Video。在页面中播放视频的典型方式是使用Flash、QuickTime或者Windows Media插件向HTML中嵌入视频，相对这种方式，使用HTML5的媒体标签有两大好处，可以极大地方便用户和开发人员。

❑ 作为浏览器原生支持的功能，新的audio元素和video元素无需安装。尽管有的插件安装率很高，但是在控制比较严格的公司环境下往往被屏蔽。因为有的插件绑定广告，所以很多用户选择了禁用此类插件，于是在摆脱广告干扰的同时也丢弃了其媒体播放的能力。插件也是安全问题的一个来源。此外，插件很难与页面其他内容集成，往往在设计好的页面中导致剪裁、透明度等问题。由于插件使用的是独立的渲染模型，与基本的Web页面使用的不同，所以在开发的过程中，如果遇到弹出式菜单或者其他需要跨越插件边界显示重叠元素的时候，开发人员就会面临很大的困难。

❑ 媒体元素向Web页面提供了通用、集成和可脚本化控制的API。对于开发人员来说，使用新的媒体元素之后，可以轻易地使用脚本来控制和播放内容，本章后面会有很多相关的示例。

使用媒体标签最大的缺点在于缺少通用编解码器支持。这个我们已经在前面讨论过了，但是我们希望编解码器的支持情况越来越好，随着时间的推移能够最终统一起来，到时候通用媒体类型就能轻松实现并且流行起来了。此外，媒体标签内建了一套机制来挑选最适合在浏览器中播放的内容类型，关于这点，我们将在本章随后的部分进行详细讨论。

4.2.1　浏览器支持性检测

检测浏览器是否支持audio元素或video元素最简单的方式是用脚本动态创建它，然后检测特定函数是否存在：

```
var hasVideo = !!(document.createElement('video').canPlayType);
```

这段脚本会动态创建一个video元素，然后检查canPlayType()函数是否存在。通过"!!"运算符将结果转换成布尔值，就可以反映出视频对象是否已创建成功。

如果检测结果是浏览器不支持audio或video元素的话，则需要针对这些老的浏览器触发另外一套脚本来向页面中引入媒体标签，虽然同样可以用脚本控制媒体，但使用的是诸如Flash等其他播放技术了。

另外，可以在audio元素或video元素中放入备选内容，如果浏览器不支持该元素，这些备选内容就会显示在元素对应的位置。可以把以Flash插件方式播放同样视频的代码作为备选内容。如果仅仅只想显示一条文本形式提示信息替代本应显示的内容，那就简单了，在audio元素或video元素中按下面这样插入信息即可，如代码清单4-1所示。

代码清单4-1　简单的video元素

```
<video src="video.webm" controls>
  Your browser does not support HTML5 video.
</video>
```

如果是要为不支持HTML5媒体的浏览器提供可选方式来显示视频，可以使用相同的方法，将以插件方式播放视频的代码作为备选内容，放在相同的位置即可，如代码清单4-2所示。

代码清单4-2　将Flash作为后备的video元素

```
<video src="video.webm" controls>
  <object data="videoplayer.swf" type="application/x-shockwave-flash">
    <param name="movie" value="video.swf"/>
  </object>
  Your browser does not support HTML5 video.
</video>
```

在video元素中嵌入显示Flash视频的object元素之后，如果浏览器支持HTML5视频，那么HTML5 视频会优先显示，Flash视频作后备。不过在HTML5被广泛支持之前，可能需要提供多种视频格式。

4.2.2　可访问性

让每位访客都能使用你的Web应用程序不仅是一件正确的事，还是一种非常不错的实践。在某些情况下，法律强制要求如此！对于视力或听力不好的用户，Web应用程序应该能够呈现替代内容以满足他们的需要。记住，位于video和audio元素内部的替代内容只有在浏览器不支持video元素和audio元素的情况下才会显示，因此，在浏览器支持HTML5媒体但用户由于视听障碍无法观看时，它们并不会显示。

视频可访问性新出现的标准是WebVTT（Web Video Text Tracks），即以前人们熟知的WebSRT（Web SubRip Text）格式。在写作本书的过程中，它才刚刚开始出现在一些浏览器的早期版本中。WebVTT使用简单的文本文件（*.vtt），该文件的第一行必须以单词WEBVTT开头。vtt文件必须以text/vtt的MIME类型标记。代码清单4-3列出了vtt示例文件的内容。

代码清单4-3　WebVTT文件

```
WEBVTT

1
00:00:01,000 --> 00:00:03,000
What do you think about HTML5 Video and WebVTT?...

2
00:00:04,000 --> 00:00:08,000
I think it's great. I can't wait for all the browsers to support it!
```

为在video元素内使用vtt文件，需要像下面的示例那样，添加指向vtt文件的track元素。

```
<video src="video.webm" controls>
  <track label="English" kind="subtitles" srclang="en" src="subtitles_en.vtt" default>
  Your browser does not support HTML5 video.
</video>
```

可以添加多个track元素。代码清单4-4显示如何使用指向vtt文件的track元素来支持对话字幕（subtitle）的英语版本及荷兰语版本。

代码清单4-4　在video元素中使用指向多个vtt文件的track元素

```
<video src="video.ogg" controls>
  <track label="English" kind="subtitles" srclang="en" src="subtitles_en.vtt">
  <track label="Dutch" kind="subtitles" srclang="nl" src="subtitles_nl.vtt">
  Your browser does not support HTML5 video.
</video>
```

WebVTT标准支持的不仅仅是对话字幕。它还支持对特别设计的屏幕文字（caption）和线索（cue）[①]（关于文本如何呈现的说明）进行设置。完整的WebVTT语法已超出了本书的范围。要想了解更多详细信息，可参见WHATWG规范，网址是www.whatwg.org/specs/web-apps/current-work/webvtt.html。

4.2.3　理解媒体元素

得益于出色的设计思路，HTML5中的audio元素和video元素有很多相同之处。两者都支持的操作有播放、暂停、静音/消除静音、加载等，因此通用的动作被从video和audio元素中剥离出来并放到了媒体（media）元素部分。接下来我们就从这些共同点出发，来了解媒体元素。

1. 基本操作：声明媒体元素

为了举例说明，我们会用audio元素来演示HTML5媒体元素的通用动作。本章的示例涉及大

---

① 原文此处用到了subtitle和caption两个单词。在视频内容中，subtile和caption都有字幕的意思，但subtitle是指对话性质的字幕，而caption则是指如音乐响起这样的描述性字幕。——译者注

量的媒体文件，这些素材会在随书的示例支持文件中找到。

在下面的示例中（示例文件是audio.html），我们创建了一个音频播放页面，播放的是舒缓、安详，可让公众自由播放的巴赫的《空气》，如代码清单4-5所示。

代码清单4-5 包含Audio元素的HTML页面

```html
<!DOCTYPE html>
<html>
  <title>HTML5 Audio </title>
  <audio controls src="johann_sebastian_bach_air.ogg">
          An audio clip from Johann Sebastian Bach.
  </audio>
</html>
```

这段代码假定HTML文档和音频文件（johann_sebastian_bach_air.ogg）的位置是在同一路径下。图4-2是在支持audio元素的浏览器中的页面显示效果。从图中可以看到一个带有播放按钮的播放控制条。单击播放按钮，就可以播放音频文件。

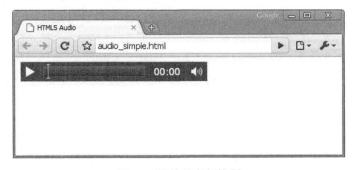

图4-2 简单的音频控制

代码中的controls特性告诉浏览器显示通用的用户控件，包括开始、停止、跳播以及音量控制。如果不指定controls特性，用户将无法播放页面上的音频。

audio元素之间的内容，是为不支持audio元素的浏览器准备的替换内容，如果用户用的是老版本浏览器，页面上就会显示这些文本信息。替换内容不局限于文本信息，还可以换成Flash播放器等视频播放插件，或者直接给出媒体文件的链接地址。

2. 使用source元素

最后，介绍最重要的特性：src。最简单的情况下，src特性直接指向媒体文件就可以了。但是，万一浏览器不支持相关容器或者编解码器呢（比如Ogg和Vorbis）？这就需要用到备用声明了。备用声明（如代码清单4-6所示）中可以包含多种来源，浏览器可以从这么多的来源中进行选择（见示例audio_mul- tisource.html）：

代码清单4-6 包含多个Source元素的Audio元素

```html
<audio controls>
    <source src="johann_sebastian_bach_air.ogg">
    <source src="johann_sebastian_bach_air.mp3">
```

```
    An audio clip from Johann Sebastian Bach.
</audio>
```

从上面的代码可以看到，在audio元素中，我们使用两个新的source元素替换了先前的src特性。这样可以让浏览器根据自身播放能力自动选择，挑选最佳的来源进行播放。对于来源，浏览器会按照声明顺序判断，如果支持的不止一种，那么浏览器会选择支持的第一个来源。

提示 注意来源列表的排放顺序，要按照用户体验由高到低或者服务器消耗由低到高列出。

在支持audio元素的浏览器中运行上述代码，页面的显示结果与添加可选来源列表之前没有任何变化。但是如果浏览器不支持Ogg Vorbis格式，而是支持MP3格式，那上面的代码就起作用了。这种声明模型的妙处在于当开发人员在与媒体文件进行交互操作的时候，不需要考虑实际上调用的是哪个容器和编解码器。浏览器给开发人员提供操作媒体文件的统一接口，这与所选择播放的文件来源无关。

此外，还有一种暗示浏览器应该使用哪个媒体来源的方式。我们知道一个媒体容器可能会支持多种类型的编解码器，因而就不难理解声明的源文件的扩展名可能会让浏览器误以为自己支持或不支持某种类型了。如果type特性中指定的类型与源文件不匹配，浏览器可能就会拒绝播放。指定类型的方式就是为source元素添加type特性。如果我们明确知道浏览器支持某种类型，将它写明显然更明智。否则，最好是省略type特性，让浏览器自己检测编码方式如代码清单4-7（位于示例文件audio_type.html中）中。此外还需要注意的是，WebM格式只支持一种音频编解码器和一种视频编解码器。也就是说只要看到.webm扩展名或者video/webm的内容类型，就可以知道来源的全部情况了。如果浏览器支持WebM，那么就可以播放所有.webm文件，代码如下（示例代码文件为audio_type.html）：

代码清单4-7　在Audio元素中包含类型和解码器信息

```
<audio controls>
    <source src="johann_sebastian_bach_air.ogg" type="audio/ogg; codecs=vorbis">
    <source src="johann_sebastian_bach_air.mp3" type="audio/mpeg">
    An audio clip from Johann Sebastian Bach.
</audio>
```

从上面的代码中可以看到，容器和编解码器都可以在type特性中声明。代码中的值分别代表Ogg Vorbis和MP3。所有的支持列表见RFC 4218，RFC 4218是由IETF（Internet Engineering Task Force，Internet工程任务组）维护的一套文档。表4-2中列出了一些常用组合。

表4-2　媒体类型和特性值

类　　型	特　性　值
在Ogg容器中的Theora视频和Vorbis音频	type='video/ogg; codecs="theora, vorbis"'
在Ogg容器中的Vorbis音频	type='audio/ogg; codecs=vorbis'
在Matroska容器中的WebM视频	type='video/webm; codecs="vp8, vorbis"'

（续）

类　型	特　性　值
在MP4容器中的simple baseline H.264视频和low complexity AAC音频	type='video/mp4; codecs="avc1.42E01E, mp4a.40.2"'
在MP4容器中的MPEG-4 简单视频和简单 AAC音频	type='video/mp4; codecs="mp4v.20.8, mp4a.40.2"'

3. 媒体的控制

从前面的示例中我们看到，在audio元素或video元素中指定controls特性即可在页面上以默认方式进行播放控制。正像你想的那样，如果不加这个特性，那么在播放的时候就不会显示控制界面。假如播放的是音频，那么页面上任何信息都不会出现，因为音频元素的唯一可视化信息就是它对应的控制界面。假如播放的是视频，那么视频内容会照常显示。即使不添加controls特性也不能影响页面正常显示。有一种方法可以让没有controls特性的音频或视频正常播放，那就是在audio元素或video元素中设置另一个特性：autoplay（见代码清单4-8和audio_no_control.html示例文件）：

代码清单4-8　使用自动播放特性

```
<audio autoplay>
    <source src="johann_sebastian_bach_air.ogg" type="audio/ogg; codecs=vorbis">
    <source src="johann_sebastian_bach_air.mp3" type="audio/mpeg">
    An audio clip from Johann Sebastian Bach.
</audio>
```

通过设置autoplay特性，不需要任何用户交互，音频或视频文件就会在加载完成后自动播放（注意，并不是每种设备都支持自动播放，iOS就不支持）。不过大部分用户对这种方式会比较反感，所以应慎用autoplay特性。在无任何提示的情况下，播放一段音频通常有两种用途，第一种是用来制造背景氛围，第二种是强制用户接收广告。这种方式的问题在于会干扰用户本机播放的其他音频，尤其会给依赖屏幕阅读功能进行Web内容导航的用户带来不便。另外要注意，某些设备（如iPad）会阻止autoplay属性触发自动播放，甚至还会阻止自动播放媒体文件（例如，由页面load事件触发的自动播放）。

如果内置的控件不适应用户界面的布局，或者希望使用默认控件中没有的条件或者动作来控制音频或视频文件，那么可以借助一些内置的JavaScript函数和特性。表4-3列出了一些常用的函数。

表4-3　常用的控制函数

函　数	动　作
load()	加载音频/视频文件，为播放做准备。通常情况下不必调用，除非是动态生成的元素。用来在播放前预加载
play()	加载（有必要的话）并播放音频/视频文件。除非音频/视频已经暂停在其他位置了，否则默认从开头播放
pause()	暂停处于播放状态的音频/视频文件
canPlayType(type)	测试video元素是否支持给定MIME类型的文件

　　canPlayType(type)函数有一个特殊的用途：向动态创建的video元素中传入某段视频的MIME类型后，仅仅通过一行脚本语句即可获得当前浏览器对相关视频类型的支持情况。例如，下面的代码可以快速判断当前浏览器是否支持播放fooType类型的视频，而无需在浏览器窗口中显示任何内容：

```
var supportsFooVideo = !!(document.createElement('video').canPlayType('fooType'));
```

　　注意，函数会返回非二进制的"null"、"maybe"或"probably"，在最好的情况下返回probably。表4-4列出了媒体元素中的部分只读特性。

表4-4　只读的媒体特性

只读特性	值
duration	整个媒体文件的播放时长，以s为单位。如果无法获取时长，则返回NaN
paused	如果媒体文件当前被暂停，则返回true。如果还未开始播放，默认返回true
ended	如果媒体文件已经播放完毕，则返回true
startTime	返回最早的播放起始时间，一般是0.0，除非是缓冲过的媒体文件，并且一部分内容已经不在缓冲区
error	在发生了错误的情况下返回的错误代码
currentSrc	以字符串形式返回当前正在播放或已加载的文件。对应于浏览器在source元素中选择的文件

　　表4-5列出了可被脚本修改并直接影响播放的部分媒体元素特性。它们的作用类似于函数。

表4-5　可用脚本控制的特性值

特　性	值
autoplay	将媒体文件设置为创建后自动播放，或者查询是否已设置为autoplay
loop	如果媒体文件播放完毕后能重新播放则返回true，或者将媒体文件设置为循环播放（或者不循环播放）
currentTime	以s为单位返回从开始播放到现在所用的时间。在播放过程中，设置currentTime来进行搜索，并定位到媒体文件的特定位置
controls	显示或隐藏用户控制界面，或者查询用户控制界面当前是否可见
volume	在0.0到1.0之间设置音频音量的相对值，或者查询当前音量相对值
muted	为音频文件设置静音或者消除静音，或者检测当前是否为静音
autobuffer	通知播放器在媒体文件开始播放前，是否进行缓冲加载。如果媒体文件已设置为autoplay，则忽略此特性

　　开发人员可以基于上述功能和特性自行开发媒体播放用户界面，进而实现对浏览器支持的音频和视频的控制。

4.2.4 使用 audio 元素

如果你已经了解了audio元素和video元素的共享特性,那就基本认识了audio元素所能提供的功能。我们直接看一个简单的示例,它演示了如何通过脚本来控制audio元素。

激活audio元素

如果需要在用户交互界面上播放一段音频,同时不想被时间轴和控制界面影响页面显示效果,则可创建一个隐藏的audio元素——不设置controls特性,或将其设置为false——然后用自行开发的控制界面控制音频的播放。参考代码清单4-9中的简单代码,代码文件为audioCue.html:

代码清单4-9　添加play按钮控制音频

```html
<!DOCTYPE html>
<html>
  <link rel="stylesheet" href="styles.css">
  <title>Audio cue</title>

  <audio id="clickSound">
    <source src="johann_sebastian_bach_air.ogg">
    <source src="johann_sebastian_bach_air.mp3">
  </audio>

  <button id="toggle" onclick="toggleSound()">Play</button>

  <script type="text/javascript">
    function toggleSound() {
        var music = document.getElementById("clickSound");
        var toggle = document.getElementById("toggle");

        if (music.paused) {
          music.play();
          toggle.innerHTML = "Pause";
        }
        else {
          music.pause();
          toggle.innerHTML ="Play";
        }
    }
  </script>
</html>
```

我们再次用audio元素播放了巴赫的那首曲子。不过在示例中,我们隐藏了用户控制界面,也没有将其设置为加载后自动播放,而是创建了一个具有切换功能的按钮,以脚本的方式控制音频的播放:

```html
<button id="toggle" onclick="toggleSound()">Play</button>
```

按钮在初始化时会提示用户单击它以播放音频。每次单击时,都会触发toggleSound()函数。在toggleSound()函数中,我们首次访问了DOM中的audio元素和button元素:

```javascript
if (music.paused) {
    music.play();
    toggle.innerHTML = "Pause";
}
```

通过访问audio元素的paused特性，可以检测到用户是否已经暂停播放。如果音频还没开始播放，那么paused特性默认为true，这种情况会在用户第一次单击按钮的时候遇到。此时，需要调用play()函数来播放音频，同时修改按钮上的文字，告诉用户再次单击就会暂停：

```
else {
    music.pause();
    toggle.innerHTML ="Play";
}
```

相反，如果音频没有暂停（仍在播放），我们会使用pause()函数将它暂停，然后变换按钮上的文字，让用户知道下次单击的时候音频将继续播放。挺容易，不是吗？这是HTML5 媒体元素的关键：建立简单的显示和控制机制支持多种媒体类型，以淘汰媒体播放插件。简单是HTML5媒体元素最大的优点。

4.2.5　使用 video 元素

我们已经讨论了很多简单的应用。后面的示例中，我们将尝试提高一些复杂度。HTML5 video元素同audio元素非常类似，只是比audio元素多了一些特性，详见表4-6。

表4-6　video元素的额外特性

特　　性	值
poster	在视频加载完成之前，代表视频内容的图片的URL地址，可以想象一下"电影海报"。该特性不仅可读，而且可以修改，以便更换图片
width、height	读取或设置显示尺寸。如果设置的宽度与视频本身大小不匹配，可能导致居中显示，上下或左右可能出现黑色条状区域
videoWidth、videoHeight	返回视频的固有或自适应的宽度和高度。只读

video元素还有一个audio元素不支持的关键特性：可被HTML5 Canvas的函数调用（更多关于HTML5 Canvas的内容见第2章）。

1. 创建视频时序查看器

在下面这个稍显复杂的示例中，我们将演示如何抓取video元素中的帧并显示在动态canvas上。为了演示这个功能，我们将创建一个简单的视频时序查看器。当视频播放时，定期从视频中抓取图像帧并绘制到旁边的canvas上，当用户单击canvas上显示的任何一帧时，所播放的视频会跳转到相应的时间点。只需寥寥几行代码即可创建时序查看器，它支持用户在较长的视频中随意跳转。

示例中选用的视频是20世纪中期电影院的优惠广告，一起来感受一下吧（见图4-3）。

图4-3　视频时序查看器

2. 添加video元素和canvas元素

先用一段简单的代码来显示视频：

```
<video id="movies" autoplay oncanplay="startVideo()" onended="stopTimeline()"
autobuffer="true" width="400px" height="300px">
    <source src="Intermission-Walk-in.ogv">
    <source src="Intermission-Walk-in_512kb.mp4">
</video>
```

其中大多数标记与audio元素的示例代码中类似，不再赘述。我们着重讨论不同的地方。很明显<audio>元素替换成了<video>元素，并且<source>元素分别指向Ogg和MPEG的视频以供浏览器选择。

video元素声明了autoplay特性，这样一来，页面加载完成后，视频马上会被自动播放。此外还增加了两个事件处理函数。当视频加载完毕，准备开始播放的时候，会触发oncanplay函数来执行我们预设的动作。类似地，当视频播放完后，会触发onended函数以停止帧的创建。

接下来我们将创建id为timeline的canvas，之后会以固定的时间间隔在上面绘制视频帧。

```
<canvas id="timeline" width="400px" height="300px">
```

3. 添加变量

接下来我们要为示例编写脚本代码，在脚本中声明一些有助于调整示例的变量，同时增强代码可读性。

```
// 抓取帧的时间间隔：单位是ms
var updateInterval = 5000;
// 时序中帧的尺寸
var frameWidth = 100;
var frameHeight = 75;

// 时序的总帧数
var frameRows = 4;
var frameColumns = 4;
var frameGrid = frameRows * frameColumns;
```

updateInterval用来控制抓取帧的频率——代码中是每5 s一次。frameWidth和frameHeight两个参数用来指定在canvas中展示的视频帧的大小。类似地，frameRows、frameColumns以及

frameGrid三个参数决定了在时序中总共显示多少帧。

```
// 当前帧
var frameCount = 0;

// 播放完后取消计时器
var intervalId;

var videoStarted = false;
```

为了跟踪当前播放的是哪一帧，我们引入了frameCount变量。frameCount变量可被示例中的所有函数调用。（出于演示目的，示例视频每隔5 s会取出一帧。）intervalId用来停止控制抓取帧的计时器。最后，我们还添加了videoStarted标志以确保每个示例只创建一个计时器。

4. 添加updateFrame函数

整个示例的核心功能是抓取视频帧并绘制到canvas上，它是视频与canvas相结合的部分，其代码如下：

```
// 把帧绘制到画布上
function updateFrame() {
    var video = document.getElementById("movies");
    var timeline = document.getElementById("timeline");

    var ctx = timeline.getContext("2d");

    // 根据帧数计算出当前播放位置
    // 然后以视频为输入参数
    // 绘制图像
    var framePosition = frameCount % frameGrid;
    var frameX = (framePosition % frameColumns) * frameWidth;
    var frameY = (Math.floor(framePosition / frameRows)) * frameHeight;
    ctx.drawImage(video, 0, 0, 400, 300, frameX, frameY, frameWidth, frameHeight);

    frameCount++;
}
```

在第2章我们已经了解到，在操作canvas前，首先需要做的就是获取canvas的二维上下文对象：

```
var ctx = timeline.getContext("2d");
```

因为我们希望按从左到右、从上到下的顺序填充canvas网格，所以需要精确计算从视频中截取的每帧应该对应到哪个canvas网格中。根据每帧的宽度和高度，可以计算出它们的起始绘制坐标(X, Y)：

```
var framePosition = frameCount % frameGrid;
var frameX = (framePosition % frameColumns) * frameWidth;
var frameY = (Math.floor(framePosition / frameRows)) * frameHeight;
```

最后是将图像绘制到canvas上的关键函数调用。在第2章的示例中，我们已经使用过位置和缩放参数，但这里我们向drawImage()函数中传入的不是图像，而是视频对象：

```
ctx.drawImage(video, 0, 0, 400, 300, frameX, frameY, frameWidth, frameHeight);
```

canvas的绘图程序可以将视频源当做图像或者图案进行处理，这样开发人员就可以方便地修改视频并将其重新显示在其他位置。

提示 当canvas使用视频作为绘制来源时，画出来的只是当前播放的帧。canvas的显示图像不会
随着视频的播放而动态更新，如果希望更新显示内容，需要在视频播放期间重新绘制图像。

---

5. 添加startVideo函数

最后，更新frameCount，这表示我们开始在时序查看器上绘制新的视频截图。现在示例只
剩下一个功能要实现，那就是定时更新时序查看器上的帧：

```
function startVideo() {

    // 只在视频第一次播放时
    // 设置计时器
    if (videoStarted)
        return;

        videoStarted = true;

        // 计算初始帧，然后以规定时间间隔
        // 创建其他帧
        updateFrame();

    intervalId = setInterval(updateFrame, updateInterval);
```

别忘了，一旦视频加载并可以播放就会触发startVideo()函数。因此，我们首先要保证每
次页面加载都仅触发一次startVideo()，除非视频重新播放。

```
    // 只在视频第一次播放时
    // 设置计时器
    if (videoStarted)
        return;

        videoStarted = true;
```

视频开始播放后，我们将抓取第一帧，接着会启用间隔计时器来定期调用updateFrame()函
数。所谓间隔计时器是以指定时间间隔不断重复的计时器。示例中的结果是每5s抓取一个新截图：

```
    // 计算初始帧，然后定期
    // 创建其他帧
    updateFrame();
    intervalId = setInterval(updateFrame, updateInterval);
```

6. 处理用户输入

用户单击时序查看器上的某一帧时，系统该怎么处理？下面我们就来回答这个问题：

```
    // 创建事件处理函数，用来在用户
    // 单击某帧后定位视频
    var timeline = document.getElementById("timeline");
    timeline.onclick = function(evt) {
        var offX = evt.layerX - timeline.offsetLeft;
        var offY = evt.layerY - timeline.offsetTop;

        // 计算以零为基准索引的网格中
        // 哪帧被单击
        var clickedFrame = Math.floor(offY / frameHeight) * frameRows;
        clickedFrame += Math.floor(offX / frameWidth);
```

```
// 视频开始后已经播放到多少帧
var seekedFrame = (((Math.floor(frameCount / frameGrid)) *
                              frameGrid) + clickedFrame);

// 如果用户单击的帧在当前帧之前，
// 则假定是上一轮的帧
if (clickedFrame > (frameCount % 16))
    seekedFrame -= frameGrid;

    // 不允许跳出当前视频
    if (seekedFrame < 0)
        return;
```

代码稍显复杂。我们获取了id为timeline的canvas，并对其设置了用于处理用户单击的函数。该函数通过单击事件来确定用户单击位置的*X*和*Y*坐标：

```
var timeline = document.getElementById("timeline");
timeline.onclick = function(evt) {
    var offX = evt.layerX - timeline.offsetLeft;
    var offY = evt.layerY - timeline.offsetTop;
```

然后，我们利用帧的尺寸计算出用户单击的是16个帧中的哪一个：

```
// 计算以零为基准索引的网格中
// 哪帧被单击
var clickedFrame = Math.floor(offY / frameHeight) * frameRows;
clickedFrame += Math.floor(offX / frameWidth);
```

用户单击的帧一定是刚刚播放的视频帧中的一个，所以通过对应的网格索引能够计算出最近播放的帧：

```
// 视频开始后已经播放到多少帧
 var seekedFrame = (((Math.floor(frameCount / frameGrid)) *
                                frameGrid) + clickedFrame);
```

如果用户单击的帧在当前帧之前，需要向前跳跃一个完整的网格周期，以确定实际播放时间：

```
// 如果用户单击的帧在当前帧之前，
// 那么假定这是上一轮的帧
if (clickedFrame > (frameCount % 16))
    seekedFrame -= frameGrid;
```

最后，我们必须添加安全控制代码，以免用户单击的帧由于某种原因比视频初始帧还早：

```
// 不允许跳出当前视频
if (seekedFrame < 0)
    return;
```

现在我们已经知道了用户想要跳转到的时间点，接下来是实现跳转播放。虽然这是示例的核心函数，但是代码却很简单：

```
// 计算出这一帧对应的视频 (以s为单位)
var video = document.getElementById("movies");
video.currentTime = seekedFrame * updateInterval / 1000;

// 设置目标帧
frameCount = seekedFrame;
```

通过设置video元素的currentTime特性，可以让视频自动跳转到指定时间，并将当前帧数（frameCount）设置为新选择的帧。

提示 与JavaScript计时器以ms为单位不同，video中的currentTime以秒为单位。

7. 添加stopTimeline函数

整个视频时序查看器示例中，最后要做的工作是在视频播放完毕时，停止帧的抓取。虽然不是必须的，但是如果不这么做，示例会在现有代码基础上不停地抓取帧，过段时间就会让时序查看器变成一片空白：

```
// 停止绘制时序的帧
function stopTimeline() {
    clearInterval(intervalId);
}
```

视频播放完毕时会触发onended()函数，stopTimeline函数会在此时被调用。

我们的视频时序查看器的功能可能还不够强大，无法满足高端用户的要求，不过别忘了它仅用了很少的代码啊。好，继续吧。

8. 最终代码

代码清单4-10给出了Video Timeline页面的完整代码。

代码清单4-10 完整的Video Timeline代码

```
<!DOCTYPE html>
<html>
  <link rel="stylesheet" href="styles.css">
  <title>Video Timeline</title>

  <video id="movies" autoplay oncanplay="startVideo()" onended="stopTimeline()"
autobuffer="true"
    width="400px" height="300px">
    <source src="Intermission-Walk-in.ogv">
    <source src="Intermission-Walk-in_512kb.mp4">
  </video>

  <canvas id="timeline" width="400px" height="300px">

  <script type="text/javascript">

    // 时间线帧更新间隔的毫秒数
    var updateInterval = 5000;

    // 时间线帧的大小
    var frameWidth = 100;
    var frameHeight = 75;

    // 时间线帧的数量
    var frameRows = 4;
    var frameColumns = 4;
    var frameGrid = frameRows * frameColumns;

    // 当前帧
    var frameCount = 0;

    // 在播放结束时取消计时器
    var intervalId;
```

```
var videoStarted = false;

function startVideo() {

    // 只在首先打开视频时
    // 设置定时器
    if (videoStarted)
      return;

    // 计算初始帧，然后按固定的时间间隔创建其他帧
    updateFrame();
    intervalId = setInterval(updateFrame, updateInterval);

    // 单击帧时设置处理器搜索视频
    var timeline = document.getElementById("timeline");
    timeline.onclick = function(evt) {
        var offX = evt.layerX - timeline.offsetLeft;
        var offY = evt.layerY - timeline.offsetTop;

        // 从索引0开始计算单击的是网格中的哪个帧
        var clickedFrame = Math.floor(offY / frameHeight) * frameRows;
        clickedFrame += Math.floor(offX / frameWidth);

        // 打开启频后，找到实际的帧
        var seekedFrame = (((Math.floor(frameCount / frameGrid)) *
                          frameGrid) + clickedFrame);

        // 如果用户单击当前帧前面的帧，那么假设它是最后一轮帧
        if (clickedFrame > (frameCount % 16))
          seekedFrame -= frameGrid;

        // 不能在视频播放前搜索
        if (seekedFrame < 0)
          return;

        // 搜索视频到那一帧（以秒为单位）
        var video = document.getElementById("movies");
        video.currentTime = seekedFrame * updateInterval / 1000;

        // 然后将帧数设置给目标
        frameCount = seekedFrame;
    }
}

// 不Canvas上绘制视频帧的表示
function updateFrame() {
    var video = document.getElementById("movies");
    var timeline = document.getElementById("timeline");

    var ctx = timeline.getContext("2d");

    // 根据帧数计算当前位置，然后使用视频在那绘制图像作为源
    var framePosition = frameCount % frameGrid;
    var frameX = (framePosition % frameColumns) * frameWidth;
    var frameY = (Math.floor(framePosition / frameRows)) * frameHeight;
    ctx.drawImage(video, 0, 0, 400, 300, frameX, frameY, frameWidth, frameHeight);

    frameCount++;
}
```

```
    // 停止收集时间线帧
    function stopTimeline() {
        clearInterval(intervalId);
    }

  </script>

</html>
```

4.2.6 进阶功能

尽管有些技巧我们在示例中用不上，但这并不妨碍它们在多种类型的HTML5 Web应用中发挥作用。本节，我们就来介绍一些简单实用的进阶功能。

1. 页面中的背景噪音

很多网站为所有访问者自动播放音乐，希望以这种方式来"款待"用户。虽然有时候我们不大喜欢这样的方式，不过用HTML5的audio元素实现起来倒是非常便捷，如代码清单4-11所示。

代码清单4-11　使用loop和autoplay特性

```html
<!DOCTYPE html>
<html>
  <link rel="stylesheet" href="styles.css">
  <title>Background Music</title>

  <audio autoplay loop>
      <source src="johann_sebastian_bach_air.ogg">
      <source src="johann_sebastian_bach_air.mp3">
  </audio>

  <h1>You're hooked on Bach!</h1>

</html>
```

从上面的代码中可以看到，实现循环播放一首背景音乐非常简单，只需在audio元素中设置autoplay和loop特性即可（见图4-4）。

图4-4　设置autoplay特性以便在页面加载时播放音乐

一眨眼（<blink>）用户就会流失

"所谓能力越强责任越大，但有些事情可以做，并不代表着应该做。<blink>元素就是一个活生生的例子[①]！

audio元素和video元素可以通过简单的方式实现强大的播放功能，但不要仅仅因为这个便利性就在不恰当的地方肆意使用它们。如果开发人员有足够的理由对页面的音频或视频使用autoplay（可能是媒体浏览器，用户期望一打开页面就播放内容），一定要确保明确提供关闭自动播放的功能。当用户发现页面上有烦人的内容而无法轻易关闭时，会断然离开。想让用户流失？没有比这种方式更快的了。"

——Brian

2. 鼠标悬停播放视频

video元素中，另一种简单高效的用法是通过在视频上移动鼠标来触发play和pause功能。页面包含多个视频，且由用户来选择播放某个视频时，这个功能就非常适用了。比如在用户鼠标移到某个视频上时，播放简短的视频预览片段，用户单击后，播放完整的视频。上述效果可以通过代码清单4-12的代码轻松实现（示例文档为mouseoverVideo.html）：

代码清单4-12   video元素上的检测

```
<!DOCTYPE html>
<html>
  <link rel="stylesheet" href="styles.css">
  <title>Mouseover Video</title>

  <video id="movies" onmouseover="this.play()" onmouseout="this.pause()"
       autobuffer="true"
    width="400px" height="300px">
    <source src="Intermission-Walk-in.ogv" type='video/ogg; codecs="theora, vorbis"'>
    <source src="Intermission-Walk-in_512kb.mp4" type='video/mp4; codecs="avc1.42E01E,
           mp4a.40.2"'>
  </video>
</html>
```

只需额外设置几个特性，即可实现鼠标悬停预览视频的效果，如图4-5所示。

将鼠标放在视频上即可播放

图4-5   鼠标悬停播放视频

[①] <blink>标签的作用是闪屏。业界普遍不推荐使用此标签，因为使用<blink>会造成字体的闪烁，不利于用户了解文字内容。——译者注

4.3　小结

本章我们介绍了HTML5 audio元素和video元素的用法，演示了如何使用它们构建引人注目的Web应用。audio元素和video元素的引入，让HTML5应用在对媒体的使用上多了一种选择：不用插件即可播放音频和视频。此外，audio元素和video元素还提供了通用的、集成化的、可用脚本控制的API。

我们首先了解了audio和video的容器文件和编解码器，以及为什么HTML5支持这些编解码器，然后演示了一种让浏览器自动选择最合适媒体类型进行播放的机制。

接下来，我们演示了如何通过编程方式使用API控制audio元素和video元素。最后，我们探讨了HTML5 Audio和Video的实际应用。

下一章，我们将演示如何在Web应用中基于地理定位信息来更新用户所在的位置。

4

第 5 章

Geolocation API

让我们设想一个场景，有一个Web应用程序，它可以向用户提供附近不远处某商店运动鞋的打折优惠信息。使用HTML5 Geolocation API（地理定位API），你可以请求用户共享他们的位置，如果他们同意，应用程序就可以向其提供相关信息，告诉用户去附近哪家商店可以挑选到打折的鞋子。

HTML5 Geolocation技术的另一个应用场景是构建计算行走（跑步）路程的应用程序。想象一下，在开始跑步时通过手机浏览器启动应用程序的记录功能。在用户移动过程中，应用程序会记录已跑过的距离，还可以把跑步过程对应的坐标显示在地图上，甚至可以显示出海拔信息。如果用户正在和其他选手一起参加跑步比赛，应用程序甚至可以显示其对手的位置。

再有一种HTML5 Geolocation应用场景是基于GPS导航的社交网络应用，可以用它看到好友们当前所处的位置，比如知道了好友的方位，就可以挑选合适的咖啡馆。此外，还有很多特殊的应用。

本章，我们会探讨HTML5 Geolocation API，它允许用户在Web应用程序中共享他们的位置，使其能够享受位置感知服务。首先，我们了解一下HTML5 Geolocation位置信息的来源：纬度、经度和其他特性，以及获取这些数据的途径（GPS、Wi-Fi和蜂窝站点等）。然后，我们将讨论HTML5地理定位数据的隐私问题，以及浏览器如何使用这些数据。

在此之后，我们将深入探讨HTML5 Geolocation API在实际中的应用。目前在Geolocation API中有两种类型的定位请求函数：单次定位请求和重复性的位置更新请求。我们会分别介绍这两种请求的使用方式和适用场景。接下来，我们会演示如何使用相同的API构建实用的HTML5 Geolocation应用程序。最后，我们讨论其他一些用例和使用技巧。

5.1 位置信息

HTML5 Geolocation API的使用方法相当简单。请求一个位置信息，如果用户同意，浏览器就会返回位置信息，该位置信息是通过支持HTML5地理定位功能的底层设备（例如，笔记本电脑或手机）提供给浏览器的。位置信息由纬度、经度坐标和一些其他元数据组成。有了这些位置信息就可以构建引人注目的位置感知类应用程序。

5.1.1 纬度和经度坐标

位置信息主要由下例所示的一对纬度和经度坐标组成。以美国最美丽的高山湖泊——塔霍湖边的塔霍城坐标为例：

纬度：39.17222，经度：-120.13778

在这里，纬度（距离赤道以北或以南的数值表示）是39.172 22，经度（距离英国格林威治以东或以西的数值表示）是-120.137 78。

经纬度坐标可以用以下两种方式表示：

❑ 十进制格式（例如，39.172 22）；
❑ DMS（Degree Minute Second，角度）格式（例如，39° 10' 20'）。

提示　HTML5 Geolocation API返回坐标的格式为十进制格式。

除了纬度和经度坐标，HTML5 Geolocation还提供位置坐标的准确度。除此之外，它还可能会提供其他一些元数据，具体情况取决于浏览器所在的硬件设备，这些元数据包括海拔、海拔准确度、行驶方向和速度等。如果这些元数据不存在则返回null。

5.1.2　位置信息从何而来

HTML5 Geolocation API不指定设备使用哪种底层技术来定位应用程序的用户。相反，它只是用于检索位置信息的API，而且通过该API检索到的数据只具有某种程度的准确性。它并不能保证设备返回的实际位置是精确的。

关于位置

"有一个很有趣的例子。我家用的是无线网络，当我在Firefox中打开本章中的HTML5地理定位示例应用程序时，它显示我在萨克拉门托（约偏离我的实际位置75km（1 mile=1.6 km））。这个结果是错的，但也不足为奇，因为我的ISP（Internet Service Provider，互联网服务提供商）位于萨克拉门托市中心。

然后，我让我的儿子，Sean和Rocky，在他们的iPod Touch上（使用同一个Wi-Fi网络）浏览同一页面。在Safari浏览器中，显示他们在加利福尼亚州一个叫做Marysville的小镇，距离萨克拉门托30km。想想为什么会出现这种情况吧！"

——Peter

设备可以使用下列数据源。

❑ IP地址
❑ 三维坐标
  ■ GPS（Global Positioning System，全球定位系统）；
  ■ 从RFID、Wi-Fi和蓝牙到Wi-Fi的MAC地址；
  ■ GSM或CDMA手机的ID。

❑ 用户自定义数据

为了保证更高的准确度，许多设备使用1个或多个数据源的组合。这些方式各有优缺点，下面会详细介绍。

5.1.3　IP 地址地理定位数据

过去，基于IP地址的地理定位方法是获得位置信息的唯一方式，但其返回的位置信息通常并不靠谱。基于IP地址的地理定位的实现方式是：自动查找用户的IP地址，然后检索其注册的物理地址。因此，如果用户的IP地址是ISP提供的，其位置往往就由服务供应商的物理地址决定，该地址可能距离用户数千米。表5-1是基于IP地址的地理定位数据的优缺点。

表5-1　基于IP地址的地理位置数据的优缺点

优　　点	缺　　点
任何地方都可用	不精确（经常出错，一般精确到城市级）
在服务器端处理	运算代价大

许多网站会根据由IP地址得到的位置信息来做广告，所以在实际中可能会遇到这样的情况：你到其他国家旅行，访问非本地网站时却突然看到了本地广告（基于你访问网站所在国家或地区的IP地址）。

5.1.4　GPS 地理定位数据

只要可以看到天空的地方，GPS就可以提供非常精确的定位结果。GPS定位是通过收集运行在地球周围的多个GPS卫星的信号实现的。但是，它的定位时间可能较长，因此它不适合需要快速响应的应用程序。

因为获取GPS定位数据所需时间可能较长，所以开发人员可能需要异步查询用户位置。可以添加一个状态栏以显示正在重新获取应用程序用户的位置。表5-2是基于GPS的地理定位数据的优缺点。

表5-2　基于GPS的地理定位数据的优缺点

优　　点	缺　　点
很精确	定位时间长，用户耗电量大
	室内效果不好
	需要额外硬件设备

5.1.5　Wi-Fi 地理定位数据

基于Wi-Fi的地理定位信息是通过三角距离计算得出的，这个三角距离指的是用户当前位置到已知的多个Wi-Fi接入点（几乎都在城市里）的距离。不同于GPS，Wi-Fi在室内也非常准确。

表5-3是基于Wi-Fi的地理定位数据的优缺点。

表5-3　基于Wi-Fi的地理定位数据的优缺点

优　点	缺　点
精确	在乡村这些无线接入点较少的地区效果不好
可在室内使用	
可以简单、快捷定位	

5.1.6　手机地理定位数据

基于手机的地理定位信息是通过用户到一些基站的三角距离确定的。这种方法可提供相当准确的位置结果。这种方法通常同基于Wi-Fi和基于GPS的地理定位信息结合使用。表5-4是基于手机的地理定位数据的优缺点。

表5-4　基于手机的地理定位数据的优缺点

优　点	缺　点
相当准确	需要能够访问手机或其modem的设备
可在室内使用	在基站较少的偏远地区效果不好
可以简单、快捷定位	

5.1.7　用户自定义的地理定位数据

除了通过编程计算出用户的位置外，也可以允许用户自定义其位置。应用程序可能允许用户输入他们的地址、邮政编码和其他一些详细信息。应用程序可以利用这些信息来提供位置感知服务。表5-5是用户自定义的地理定位数据的优缺点。

表5-5　用户自定义的地理定位数据的优缺点

优　点	缺　点
用户可以获得比程序定位服务更准确的位置数据	可能很不准确，特别是当用户位置变更后
允许地理定位服务的结果作为备用位置信息	
用户自行输入可能比自动检测更快	

5.2　HTML5 Geolocation 的浏览器支持情况

Geolocation是HTML5规范中第一批被完整包含并实现的功能之一，目前可在所有主流浏览器中使用它。访问http://caniuse.com，搜索Geolocation，即可查看当前浏览器支持情况的完整概览，其中也包含了移动设备端的浏览器支持情况。

如果必须支持早期版本的浏览器，最好在调用API之前，检查浏览器是否支持Geolocation

API。5.4.1节将会展示如何用编程方式来检查浏览器支持情况。

5.3 隐私

HTML5 Geolocation规范提供了一套保护用户隐私的机制。除非得到用户明确许可，否则不可获取位置信息。

这个隐私处理机制很合理，也解释了用户一直问到的HTML5 Geolocation应用程序中的老大难问题。不过，从可接触到的HTML5 Geolocation应用程序示例中可以看到，通常会鼓励用户共享这些信息。例如，用户正在某咖啡厅喝咖啡，如果应用程序可以让他们得知该咖啡店附近的商店中有少见的五折跑鞋，那么用户就会觉得共享他们的位置信息是可以接受的。让我们仔细看看图5-1所示浏览器和设备的隐私架构。

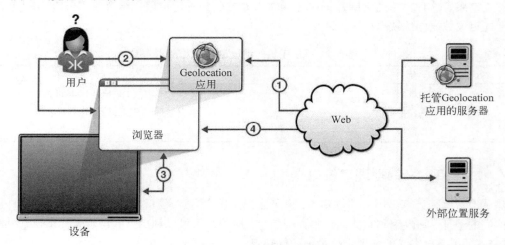

图5-1 HTML5地理定位浏览器和设备的隐私架构

图中标识的步骤如下。

(1) 用户从浏览器中打开位置感知应用程序。

(2) 应用程序Web页面加载，然后通过Geolocation函数调用请求位置坐标。浏览器拦截这一请求，然后请求用户授权。我们假设用户同意。

(3) 浏览器从其宿主设备中检索坐标信息。例如，IP地址、Wi-Fi或GPS坐标。这是浏览器的内部功能。

(4) 浏览器将坐标发送给受信任的外部定位服务，它返回一个详细位置信息，并将该位置信息发回给HTML5 Geolocation应用程序。

重要提示 应用程序不能直接访问设备，它只能请求浏览器来代表它访问设备。

5.3.1　触发隐私保护机制

访问使用HTML5 Geolocation API的页面时，会触发隐私保护机制。图5-2显示了在Firefox 3.5中触发隐私保护机制的页面。

图5-2　在Firefox中调用HTML5 Geolocation API时触发的通知栏

执行HTML5 Geolocation代码时会触发这一机制。如果仅仅是添加HTML5 Geolocation代码，而不被任何方法调用（例如，在onload方法中调用），则不会触发隐私保护机制。只要所添加的HTML5 Geolocation代码被执行，浏览器就会提示用户应用程序要共享他们的位置。执行HTML5 Geolocation的方式很多，例如调用navigator.geolocation.getCurrentPosition方法等（后面将会有更详细的解释）。图5-3显示了iPhone中Safari上的运行结果。

图5-3　HTML5 Geolocation API调用时在Safari中触发的通知对话框

除了询问用户是否允许共享其位置之外，Firefox等一些浏览器还可以让用户选择记住该网站的位置服务权限，以便下次访问的时候不再弹出提示框，类似于在浏览器中记住某些网站的密码。

提示　在Firefox中，如果用户已经允许其向某网站发送位置信息，但后来又改变主意了，那么很简单，返回到该网站，选择Tools菜单的**Page Info**，更改**Permission**选项卡中的**Share Location**设置即可。

5.3.2　处理位置信息

因为位置数据属于敏感信息，所以接收到之后，必须小心地处理、存储和重传。如果用户没有授权存储这些数据，那么应用程序应该在相应任务完成后立即删除它。

如果要重传位置数据，建议先对其进行加密。在收集地理定位数据时，应用程序应该着重提示用户以下内容：

- 会收集位置数据；
- 为什么收集位置数据；
- 位置数据将保存多久；
- 怎样保证数据的安全；
- 位置数据怎样共享、和谁共享（如果同意共享）；
- 用户怎样检查和更新他们的位置数据。

5.4 使用 HTML5 Geolocation API

本节将更详细地探讨HTML5 Geolocation API的使用方法。为了更好地解释说明，我们创建了一个简单的浏览器页面geolocation.html。所有代码都可以从apress.com本书页面中或本书的配套网站http://prohtml5.com上下载。

5.4.1 浏览器支持性检查

开发人员在调用HTML5 Geolocation API函数前，需要确保浏览器支持其所要完成的所有工作。这样，当浏览器不支持时，就可以提供一些替代文本，以提示用户升级浏览器或安装插件（如Gears）来增强现有浏览器功能。代码清单5-1是浏览器支持性检查的一种途径。

代码清单5-1 检查浏览器支持性

```
function loadDemo() {
  if(navigator.geolocation) {
    document.getElementById("support").innerHTML = "Geolocation supported.";

  } else {
      document.getElementById("support").innerHTML = "Geolocation is not supported in
                                    your browser.";
    }
}
```

在示例中，`loadDemo`函数测试了浏览器的支持情况，这个函数是在页面加载的时候被调用的。如果存在地理定位对象，`navigator.geolocation`调用将返回该对象，否则将触发错误。页面上预先定义的`support`元素会根据检测结果显示支持情况的提示信息。

5.4.2 位置请求

目前，有两种类型的位置要求：
- 单次定位请求；
- 重复性的位置更新请求。

1. 单次定位请求

在许多应用中，只检索或请求一次用户位置即可。例如，如果要查询在接下来的一个小时内放映某大片的最近的电影院，就可以使用代码清单5-2所示的简单的HTML5 Geolocation API。

代码清单5-2   单次定位请求

```
void getCurrentPosition(in PositionCallback successCallback,
                        in optional PositionErrorCallback errorCallback,
                        in optional PositionOptions options);
```

让我们详细分析一下这个核心函数调用。

首先，因为这个函数是通过navigator.geolocation对象调用的，所以在脚本中需要先取得此对象。如前所述，应确保有一个合适的后备函数，用来应对浏览器不支持HTML5 Geolocation的情况。

这个函数接受一个必选参数和两个可选参数。

❑ 函数参数successCallback为浏览器指明位置数据可用时应调用的函数。因为像获取位置数据这样的操作可能需要较长时间才能完成，所以这个参数很重要。没有用户希望在检索位置时浏览器被锁定，也没有开发人员希望他的程序无限期暂停（特别是要成功取得位置信息，经常必须等待用户的许可）。successCallback是收到实际位置信息并进行处理的地方。

❑ 跟绝大多数编程场景一样，最好提前准备出错处理。位置信息请求很可能因为一些不可控因素失败，对于这些情况，你可能需要提供一个用于跟用户解释或者提示其重试的errorCallback函数。虽然此参数是可选的，不过建议选用。

❑ 最后，options对象可以调整HTML5 Geolocation服务的数据收集方式。这是一个可选参数，我们随后会详细介绍它。

假设在页面上已经创建了一个名为updateLocation()的JavaScript函数，它使用最新的位置数据更新页面内容。同样地，也创建了一个handleLocationError()函数来处理错误情况。接下来，我们将研究这些函数的细节，而请求访问用户位置的核心代码如下所示：

```
navigator.geolocation.getCurrentPosition(updateLocation, handleLocationError);
```

● updateLocation()函数

updateLocation()函数是做什么的呢？实际上非常简单。只要浏览器具备访问位置信息的条件，就会调用updateLocation()函数，该函数只接受一个参数：位置对象。这个对象包含坐标（coords特性）和一个获取位置数据时的时间戳。在实际开发中不一定需要时间戳，重要的位置数据都包含在了coords特性中。

坐标总是有多个特性，但是浏览器和用户的硬件设备会决定这些特性值是否有意义。以下是前三个特性：

❑ latitude（纬度）

❑ longitude（经度）

❑ accuracy（准确度）

毋庸置疑，这些特性的数据是必需的。latitude和longitude将包含HTML5 Geolocation服务测定的最佳的十进制用户位置。accuracy将以m为单位指定纬度和经度值与实际位置间的差距，置信度为95%。局限于HTML5 Geolocation的实现方式，位置只能是粗略的近似值。在呈现返回值前请一定要检查返回值的准确度。如果推荐的所谓"附近的"鞋店，其实要耗费用户几小时的路程，可能会产生意想不到的后果。

坐标还有一些其他特性，不能保证浏览器都为其提供支持，但如果不支持就会返回null（例如，如果使用笔记本电脑，就无法访问下列信息）：

❑ altitude ——用户位置的海拔高度，以m为单位；

❑ altitudeAccuracy ——海拔高度的准确度，也是以m为单位，如果不支持altitude特性也会返回null；

❑ heading ——行进方向，相对于正北而言；

❑ speed ——地面速度，以m/s为单位。

除非确定用户的设备能够访问这些信息，否则建议应用程序不要过于依赖于它们。全球定位设备可能提供这种细节信息，而网络三角定位则不会。

现在，让我们了解一下updateLocation()函数的实现代码（参见代码清单5-3），该函数根据坐标信息执行具体的更新操作。

代码清单5-3　updateLocation()函数使用示例

```
function updateLocation(position) {
    var latitude = position.coords.latitude;
    var longitude = position.coords.longitude;
    var accuracy = position.coords.accuracy;
    var timestamp = position.timestamp;

    document.getElementById("latitude").innerHTML = latitude;
    document.getElementById("longitude").innerHTML = longitude;
    document.getElementById("accuracy").innerHTML = accuracy
    document.getElementById("timestamp").innerHTML = timestamp;•
}
```

示例中，updateLocation()用来更新HTML页面上三个控件元素的文本内容。我们把longitude参数的值赋经度（longtitude）元素，将latitude参数的值赋给纬度（latitude）元素。

● handleLocationError()函数

因为位置计算服务很可能出差错，所以对于HTML5 Geolocation应用程序来说错误处理非常重要。幸运的是，该API定义了所有需要处理的错误情况的错误编号。错误编号设置在错误对象中，错误对象作为code参数传递给错误处理程序。让我们依次来看看这些错误编号。

❑ PERMISSION_DENIED（错误编号为1）——用户选择拒绝浏览器获得其位置信息。

❑ POSITION_UNAVAILABLE（错误编号为2）——尝试获取用户位置数据，但失败了。

❑ TIMEOUT（错误编号为3）——设置了可选的timeout值。尝试确定用户位置的过程超时。

在这些情况下，你可能想让用户知道应用程序运行出了问题，而在获取失败和请求超时的时候，你可能希望重试。

代码清单5-4是一个错误处理示例程序。

代码清单5-4　使用错误处理函数

```
function handleLocationError(error) {
    switch(error.code){
```

```
        case O:
          updateStatus("There was an error while retrieving your location: " +
                                      error.message);
        break;
        case 1:
        updateStatus("The user prevented this page from retrieving a location.");
        break;
        case 2:
        updateStatus("The browser was unable to determine your location: " +
                                      error.message);
        break;
        case 3:
        updateStatus("The browser timed out before retrieving the location.");
        break;
        }
    }
```

　　访问error对象的code参数可以得到错误编号，而message特性可提供更详细的问题说明。在所有情况下，我们都调用自己的程序来使用自定义的信息更新页面状态。

　　● 可选的地理定位请求特性

　　如果要同时处理正常情况和错误情况，就应该把注意力集中到三个可选参数（enableHigh-Accuracy、timeout和maximumAge）上，将这三个可选参数传递给HTML5 Geolocation服务以调整数据收集方式。请注意，这三个参数可以使用JSON对象传递，这样更便于添加到HTML5 Geolocation请求调用中。

- ❑ enableHighAccuracy：如果启用该参数，则通知浏览器启用HTML5 Geolocation服务的高精确度模式。参数的默认值为false。如果启用此参数，可能没有任何差别，也可能会导致机器花费更多的时间和资源来确定位置，所以应谨慎使用。

提示　需要注意的是，高精度的设置只是一个切换操作：true或false。API不允许把精度设置为不同的等级或一个数字范围。也许，这将在未来版本的规范中得到解决。

- ❑ timeout：可选值，单位为ms，告诉浏览器计算当前位置所允许的最长时间。如果在这个时间段内未完成计算，就会调用错误处理程序。其默认值为Infinity，即无穷大或无限制。
- ❑ maximumAge：这个值表示浏览器重新计算位置的时间间隔。它也是一个以ms为单位的值。此值默认为零，这意味着浏览器每次请求时必须立即重新计算位置。

提示　大家可能会感到困惑，timeout和maximumAge两者有什么区别呢？虽然它们的名称相似，但用法不同。timeout是指计算位置数据所用的时间，而maximumAge涉及计算位置数据的频率。任何超过timeout的单次计算时间，都会触发错误。不过，若浏览器没有在maximumAge设定时间之内更新过的数据，它就必须重新获取。这里的极限情况：如果将maximumAge设置为"0"则浏览器在每次请求时都需要重新获取数据，如果将其设置为Infinity则意味着不再重新获取数据。

但是，请注意地理定位API不允许我们为浏览器指定多长时间重新计算一次位置信息。这是完全由浏览器的实现所决定的。我们所能做的就是告诉浏览器maximumAge的返回值是什么。实际频率是一个我们无法控制的细节。

现在更新我们的位置请求，让其包含一个使用JSON对象表示的可选参数，如下所示：

```
navigator.geolocation.getCurrentPosition(updateLocation,handleLocationError,
                                         {timeout:10000});
```

这个新调用告诉HTML5 Geolocation，任何处理时间超过10 s（10 000 ms）的位置请求都应该触发一个错误，在这种情况下，将调用handleLocationError函数处理编号对应TIMEOUT的错误，如图5-4所示。

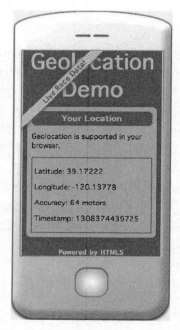

图5-4　在移动设备上显示的地理位置数据

2. 重复性的位置更新请求

有时候，仅更新一次是不够的。还好，Geolocation服务的设计者使应用程序可以在单次请求用户位置和以既定间隔多次请求用户位置间相互转换。事实上，转换的方式很简单，只需要变换请求函数即可，如下所示：

● 一次更新

```
navigator.geolocation.getCurrentPosition(updateLocation,
handleLocationError);
```

● 重复更新

```
navigator.geolocation.watchPosition(updateLocation, handleLocationError);
```

　　通过对代码进行简单的修改，只要用户位置发生变化，Geolocation服务就会调用`updateLocation`处理程序。它的效果就像是程序在监视用户的位置，并会在其变化时及时通知用户一样。

　　这样做有什么意义呢？

　　假设有一个页面，随着观察者在城镇周围的移动，网页上的方向指示也随之改变。再假设一个关于加油站的页面，随着用户开车在高速公路上持续行驶，页面不断更新显示最近的加油站。另外，还可以在一个页面中记录和传送用户位置来实现回溯已走路线。如果位置信息一发生变化就能传递给应用程序，那么前面所假设的所有服务都会变得很容易实现。

　　关闭更新也很简单。如果应用程序不再需要接收有关用户的持续位置更新，则只需调用`clearWatch()`函数，如下所示：

```
navigator.geolocation.clearWatch(watchId);
```

　　这个函数会通知Geolocation服务，程序不想再接收用户的位置更新。但是，`watchID`是什么，它从何而来呢？其实它是`watchPosition()`函数的返回值。`watchID`表示一个唯一的监视请求以便将来取消监视。所以，如果应用程序要停止接收位置更新信息，可以参照代码清单5-5编写代码。

代码清单5-5　watchPostion的使用

```
var watchId = navigator.geolocation.watchPosition(updateLocation,
                                                  handleLocationError);
// 基于持续更新的位置信息实现一些功能

// OK，现在我们可以停止接收位置更新信息了
navigator.geolocation.clearWatch(watchId);
```

5.5　使用 HTML5 Geolocation 构建应用

　　到目前为止，我们主要讨论了单次定位请求。接下来我们使用多次请求特性构建一个简单有用的Web应用程序——距离跟踪器，通过此应用程序可以了解到HTML5 Geolocation API的强大之处。

　　要想快速确定在一定时间内的行走距离，通常可以使用GPS导航系统或计步器这样的专用设备。基于HTML5 Geolocation提供的强大服务，开发人员可以创建一个网页来跟踪从网页被加载的地方到目前所在位置所经过的距离。虽然它在台式机上不大实用，但是对于手机是很理想的，而目前可接入网络的支持全球定位的手机有数百万部。只要在智能手机浏览器中打开这个示例页面并授予其位置访问的权限，每隔几秒钟，应用程序就会根据刚才走过的距离更新，并将其增加到总距离中（如图5-5所示）。

　　此示例使用的`watchPosition()`函数刚刚讨论过。每当有新的位置返回，就将其与最后保存的位置进行比较以计算距离。距离计算使用了众所周知的Haversine公式来实现，这个公式能够根据经纬度来计算地球上两点间的距离。代码清单5-6显示了Haversine公式。

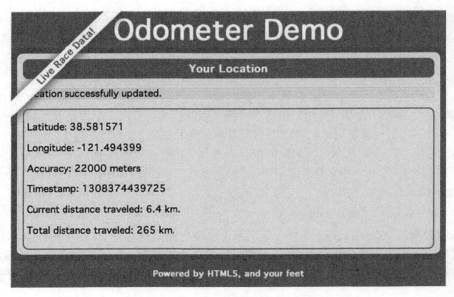

图5-5   HTML5 Geolocation示例应用程序运行界面

代码清单5-6   Haversine公式

$$d = 2\arcsin\left(\sqrt{\sin^2\left(\frac{\phi_2 - \phi_1}{2}\right) + \cos_1\cos_2\sin^2\left(\frac{\lambda_2 - \lambda_1}{2}\right)}\right)$$

本书不会介绍Haversine公式的原理，不过，我们会演示公式的JavaScript实现，你可以使用这段JavaScript代码来计算地球上两个位置之间的距离（见代码清单5-7）。

代码清单5-7   JavaScript实现的Haversine公式

```
Number.prototype.toRadians = function() {
  return this * Math.PI / 180;
}

function distance(latitude1, longitude1, latitude2, longitude2) {
  // R是地球的半径，以km为单位
  var R = 6371;

  var deltaLatitude = (latitude2-latitude1).toRadians();
  var deltaLongitude = (longitude2-longitude1).toRadians();
  latitude1 = latitude1.toRadians(), latitude2 = latitude2.toRadians();

  var a = Math.sin(deltaLatitude/2) *
          Math.sin(deltaLatitude/2) +
          Math.cos(latitude1) *
          Math.cos(latitude2) *
          Math.sin(deltaLongitude/2) *
          Math.sin(deltaLongitude/2);
  var c = 2 * Math.atan2(Math.sqrt(a),
```

```
                              Math.sqrt(1-a));
      var d = R * c;
      return d;
    }
```

对于这个公式的原理，请查阅中学数学教材。针对目标，我们编写了将角度转换成弧度的方法，还提供了distance()函数来计算两个经纬度表示的位置间的距离。

如果定期检查用户的位置并计算移动距离，就可以给出以时间为坐标轴的合理的近似移动距离。这需要基于一种假设，即用户在每个区间上都是直线移动。我们的示例就是这样假设的。

5.5.1 编写 HTML 显示代码

首先，我们要创建示例程序的HTML显示代码。这部分代码我们做了简化，因为我们真正感兴趣的是处理数据的脚本。我们把所有最新的数据以简单的表格形式展示，分行显示纬度、经度、准确度和以ms为单位的时间戳。此外，我们还会显示一些文本类统计信息，以便用户能够看到走过距离的概要情况（见代码清单5-8）。

代码清单5-8　距离跟踪器的HTML网页代码

```html
<!DOCTYPE html>
<html>

<head>
  <meta charset="utf-8" >
  <title>Geolocation</title>
  <link rel="stylesheet" href="geo-html5.css" >
</head>
<body onload="loadDemo()">

  <header>
    <h1>Odometer Demo</h1>
    <h4>Live Race Data!</h4>
  </header>

  <div id="container">

  <section>
    <article>
      <header>
        <h1>Your Location</h1>
      </header>

        <p class="info" id="status">Geolocation is not supported in your browser.</p>

      <div class="geostatus">
        <p id="latitude">Latitude: </p>
        <p id="longitude">Longitude: </p>
        <p id="accuracy">Accuracy: </p>
        <p id="timestamp">Timestamp: </p>
        <p id="currDist">Current distance traveled: </p>
        <p id="totalDist">Total distance traveled: </p>
      </div>

    </article>
```

```
</section>

<footer>
  <h2>Powered by HTML5, and your feet!</h2>
</footer>

</div>
.
.
.
</body>
</html>
```

表中的数值都是默认值。开始接收到数据后，应用程序会进行相应的更新。

5.5.2 处理 Geolocation 数据

在Geolocation数据处理部分，第一段JavaScript代码应该看起来很熟悉了。之前我们设置过一个处理程序loadDemo()，它会在页面加载完成的时候执行。这个脚本会检测浏览器是否支持HTML5 Geolocation，然后使用状态更新功能将检测结果显示在页面顶部。最后，代码会请求监测用户位置，如代码清单5-9所示。

代码清单5-9　添加loadDemo()方法

```
var totalDistance = 0.0;
var lastLat;
var lastLong;

function updateErrorStatus(message) {
  document.getElementById("status").style.background = "papayaWhip";
  document.getElementById("status").innerHTML = "<strong>Error</strong>: " + message;
}

function updateStatus(message) {
  document.getElementById("status").style.background = "paleGreen";
  document.getElementById("status").innerHTML = message;
}

function loadDemo() {
  if(navigator.geolocation) {
    document.getElementById("status").innerHTML = "HTML5 Geolocation is supported in your
browser.";
    navigator.geolocation.watchPosition(updateLocation, handleLocationError,
                                        {timeout:20000});
  }
}
```

需要注意的是，我们将位置监测中的**maximumAge**选项设置为：**{maximumAge:20000}**。这将告诉定位服务，所有缓存的位置数据的生命期都不能大于20 s（或20 000 ms）。设置此选项可以使页面处于定期更新状态。我们可以随意调整参数的大小，并试着同时调整缓存的大小。

对于错误处理，我们使用之前提到过的那段代码（对于距离跟踪器而言，这些出错处理已经足够用了）。我们将检查收到的所有错误编号，并更新页面上的状态信息，如代码清单5-10所示。

代码清单5-10　添加出错处理代码

```
function handleLocationError(error) {
  switch(error.code)
  {
  case 0:
    updateErrorStatus("There was an error while retrieving your location. Additional
details: " +
                                     error.message);
    break;
  case 1:
    updateErrorStatus("The user opted not to share his or her location.");
    break;
  case 2:
    updateErrorStatus("The browser was unable to determine your location. Additional
details: " +
                                     error.message);
    break;
  case 3:
    updateErrorStatus("The browser timed out before retrieving the location.");
    break;
  }
}
```

我们的大部分工作都将在`updateLocation()`函数中实现，此函数中我们将使用最新数据来更新页面并计算路程，如代码清单5-11所示。

代码清单5-11　添加`updateLocation()`函数

```
function updateLocation(position) {
  var latitude = position.coords.latitude;
  var longitude = position.coords.longitude;
  var accuracy = position.coords.accuracy;
  var timestamp = position.timestamp;

  document.getElementById("latitude").innerHTML = "Latitude: " + latitude;
  document.getElementById("longitude").innerHTML = "Longitude: " +  longitude;
  document.getElementById("accuracy").innerHTML = "Accuracy: " + accuracy + " meters";
  document.getElementById("timestamp").innerHTML = "Timestamp: " + timestamp;
```

和期望的效果一样，收到一组最新坐标数据后，首先要做的是记录所有信息。我们收集纬度、经度、准确度和时间戳，然后将这些数据更新到表格中。

应用程序可能选择不显示时间戳。时间戳主要供程序使用，它对最终用户没有多大意义，所以可以替换成更便于用户识别的时间指示器，或将其完全删除。

准确度是以m为单位的，乍一看它似乎没有什么使用价值。然而，任何数据都依赖于其准确度。即使不显示给用户，也应该在代码中考虑准确度。显示不准确的值会向用户提供错误的位置信息。因此，我们将过滤掉所有低精度的位置更新数据，如代码清单5-12所示。

代码清单5-12　忽略不准确的更新

```
// 合理性检测……，如果accuracy值太大，
// 就不要计算距离
if (accuracy >= 30000) {
  updateStatus("Need more accurate values to calculate distance.");
  return;
}
```

最简单的旅行方式

"保持位置跟踪的精度至关重要。作为开发人员，无法选择浏览器计算位置所使用的方法，但是可以保证数据的准确度。所以推荐使用accuracy特性！

　　慵懒的下午，我坐在后院吊床上，在支持地理定位功能的手机浏览器上监测我的位置。我很惊讶地看到，在几分钟内，我只是身体倾斜了一下，但手机上却显示我已经以不同的速度行走了半公里。这听起来可能很可笑，但却提醒我们，数据的准确性与其来源密切相关。"

——Brian

　　最后，我们将计算移动的距离。假设我们前面已经至少收到了一个准确的位置。我们将更新移动的总距离并将其显示给用户，同时还将储存当前值以备后面做比较。为了使我们的界面不会太混乱，在计算数值时可采用四舍五入或截断的方式，如代码清单5-13所示。

代码清单5-13　添加计算距离的代码

```
// 计算距离
if ((lastLat != null) && (lastLong != null)) {
  var currentDistance = distance(latitude, longitude, lastLat, lastLong);
  document.getElementById("currDist").innerHTML =
          "Current distance traveled: " + currentDistance.toFixed(2) + " km";
  totalDistance += currentDistance;
  document.getElementById("totalDist").innerHTML =
          "Total distance traveled: " + currentDistance.toFixed(2) + " km";
  updateStatus("Location successfully updated.");

}
lastLat = latitude;
lastLong = longitude;

}
```

　　示例代码的内容就这么多！包括错误处理在内，代码总共不到200行，在这么简短的HTML和脚本中，我们构建了一个能够持续监测用户位置变化的示例应用程序，几乎完整地演示了Geolocation API的使用。尽管示例不适用于台式机，但是不妨在支持地理定位功能的手机或移动设备上实践一下，看看你一天大概能走多远的路。

5.5.3　最终代码

　　代码清单5-14显示了完整的示例代码。

代码清单5-14　完整的距离跟踪器代码

```
<!DOCTYPE html>
<html>

<head>
  <meta charset="utf-8" >
  <title>Geolocation</title>
```

```
    <link rel="stylesheet" href="geo-html5.css" >
</head>
<body onload="loadDemo()">

    <header>
        <h1>Odometer Demo</h1>
        <h4>Live Race Data!</h4>
    </header>

    <div id="container">

    <section>
        <article>
            <header>
                <h1>Your Location</h1>
            </header>

            <p class="info" id="status">Geolocation is not supported in your browser.</p>

            <div class="geostatus">
                <p id="latitude">Latitude: </p>
                <p id="longitude">Longitude: </p>
                <p id="accuracy">Accuracy: </p>
                <p id="timestamp">Timestamp: </p>
                <p id="currDist">Current distance traveled: </p>
                <p id="totalDist">Total distance traveled: </p>
            </div>

        </article>
    </section>

    <footer>
        <h2>Powered by HTML5, and your feet!</h2>
    </footer>

    </div>

    <script>

        var totalDistance = 0.0;
        var lastLat;
        var lastLong;

        Number.prototype.toRadians = function() {
            return this * Math.PI / 180;
        }

        function distance(latitude1, longitude1, latitude2, longitude2) {
            // R是地球的半径，单位为km
            var R = 6371;

            var deltaLatitude = (latitude2-latitude1).toRadians();
            var deltaLongitude = (longitude2-longitude1).toRadians();
            latitude1 = latitude1.toRadians(), latitude2 = latitude2.toRadians();
    var a = Math.sin(deltaLatitude/2) *
            Math.sin(deltaLatitude/2) +
            Math.cos(latitude1) *
            Math.cos(latitude2) *
            Math.sin(deltaLongitude/2) *
```

```
                     Math.sin(deltaLongitude/2);

    var c = 2 * Math.atan2(Math.sqrt(a),
                           Math.sqrt(1-a));
    var d = R * c;
    return d;
}

function updateErrorStatus(message) {
    document.getElementById("status").style.background = "papayaWhip";
    document.getElementById("status").innerHTML = "<strong>Error</strong>: " + message;
}

function updateStatus(message) {
    document.getElementById("status").style.background = "paleGreen";
    document.getElementById("status").innerHTML = message;
}

function loadDemo() {

if(navigator.geolocation) {
    document.getElementById("status").innerHTML = "HTML5 Geolocation is supported in your
    browser.";
    navigator.geolocation.watchPosition(updateLocation, handleLocationError,
                                        {timeout:10000});
    }
     }

function updateLocation(position) {
    var latitude = position.coords.latitude;
    var longitude = position.coords.longitude;
    var accuracy = position.coords.accuracy;
    var timestamp = position.timestamp;

    document.getElementById("latitude").innerHTML = "Latitude: " + latitude;
    document.getElementById("longitude").innerHTML = "Longitude: " +  longitude;
    document.getElementById("accuracy").innerHTML = "Accuracy: " + accuracy + " meters";
    document.getElementById("timestamp").innerHTML = "Timestamp: " + timestamp;

    // 合理性检测……如果accuracy值太大，就不要计算距离
    if (accuracy >= 30000) {
      updateStatus("Need more accurate values to calculate distance.");
      return;
    }
        // 计算距离
        if ((lastLat != null) && (lastLong != null)) {
          var currentDistance = distance(latitude, longitude, lastLat, lastLong);

          document.getElementById("currDist").innerHTML =
                  "Current distance traveled: " + currentDistance.toFixed(2) + " km";

          totalDistance += currentDistance;
          document.getElementById("totalDist").innerHTML =
                  "Total distance traveled: " + currentDistance.toFixed(2) + " km";
          updateStatus("Location successfully updated.");

        }

        lastLat = latitude;
```

```
      lastLong = longitude;
    }
  function handleLocationError(error) {
    switch(error.code)
    {
    case 0:
      updateErrorStatus("There was an error while retrieving your location. Additional
      details: " + error.message);
      break;
    case 1:
      updateErrorStatus("The user opted not to share his or her location.");
      break;
    case 2:
      updateErrorStatus("The browser was unable to determine your location. Additional
      details: " + error.message);
      break;
    case 3:
      updateErrorStatus("The browser timed out before retrieving the location.");
      break;
    }
  }
  </script>

  </body>

  </html>
```

5.6 进阶功能

尽管有些技巧我们在示例中用不上，但这并不妨碍它们在多种类型的HTML5 Web应用中发挥作用。本节，我们就来介绍一些简单实用的进阶功能。

5.6.1 现在的状态是什么

大家可能已经注意到了，HTML5 Geolocation API通常涉及计时。不足为奇，因为手机三角测量、GPS、IP查询等定位技术都可能需要较长时间才能完成。幸运的是，API为开发人员提供了大量的信息，可以利用这些信息为用户创建一个合理的状态显示栏。

如果开发人员在定位函数中设置了可选的timeout值，那么地理定位服务获取位置信息超时的时候，就会向用户弹出错误提示信息。更合理的效果是当请求还在进行时，在用户页面上告知用户当前的状态信息。状态从提出请求开始，不论请求成功或失败，状态的结束都与timeout的值对应。

在代码清单5-15中，我们启用JavaScript间隔计时器以定期使用新的进度值更新显示的状态。

代码清单5-15　添加状态栏

```
function updateStatus(message) {
    document.getElementById("status").innerHTML = message;
}
```

```
function endRequest() {
  updateStatus("Done.");
}

function updateLocation(position) {
  endRequest();
  // 处理位置数据
}

function handleLocationError(error) {
  endRequest();

  // 处理错误
}

navigator.geolocation.getCurrentPosition(updateLocation,
                                         handleLocationError,
                                         {timeout:10000});
                                         // 超时时间为10s

updateStatus("Requesting Geolocation data…");
```

我们详细分析一下这段代码。同以前一样，我们已经有了用于更新页面状态值的函数，如下所示。

```
function updateStatus(message) {
  document.getElementById("status").innerHTML = message;
}
```

这里使用了简单的文本方式来显示状态信息（参见代码清单5-16），实际应用中可以使用更吸引人的图形来显示状态。

代码清单5-16   显示状态

```
navigator.geolocation.getCurrentPosition(updateLocation,
                                         handleLocationError,
                                         {timeout:10000});
                                         // 超时时间为10s

updateStatus("Requesting location data…");
```

我们再次使用Geolocation API来获取用户的当前位置，但此时将timeout设置为10 s。10 s后，由于timeout选项的原因，结果可能是成功或者失败。

我们会马上更新状态的文本显示，告诉用户该位置请求正在进行中。然后，如果请求在10 s内完成，或者请求未完成但时间超过了10 s，都会使用回调方法来重置状态文本，如代码清单5-17所示。

代码清单5-17   重置状态文本

```
function endRequest() {
  updateStatus("Done.");
}

function updateLocation(position) {
  endRequest();
  // 处理位置数据
}
```

这个示例功能虽然简单，但易于扩展。

调用getCurrentPosition()会启动单次定位查找请求。开发人员可以轻易地决定何时发起位置查找请求。不过，在通过watchPosition()重复查找位置的情况下，开发人员就无法控制何时发起每个位置请求了。

此外，计时是从用户授权访问位置数据开始的。由于无法在用户授权时立即获知其准确时间，所以也就无法做到精确显示状态。

5.6.2 在 Google Map 上显示"我在这里"

一个非常常见的利用位置数据的应用是在诸如Google Map中显示用户的位置。由于实际需求量很大，Google将HTML5 Geolocation内置到了其用户界面中。只需按下"Show My Location"按钮（见图5-6），Google Map就将使用Geolocation API（如果可用）在地图上检测并显示用户的位置。

开发人员也可以自己实现同样的功能。Google Map API超出了本书范围，但是我们只需知道它的经纬度位置表示方式也是按照十进制格式设计的（并非巧合）。因此，开发人员可以将查找到的用户位置结果传递给Google Map API，如代码清单5-18所示。更多此方面的内容可以阅读*Beginning Google Maps Application* Second Edition（Apress, 2010）。

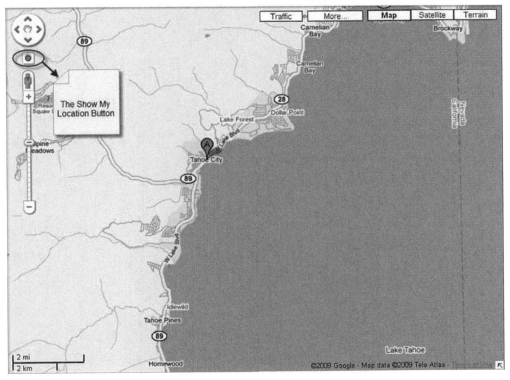

图5-6　Google地图中的"Show My Location"按钮

代码清单5-18   将位置传递给Google Map API

```
//包括Google地图库
<script src="http://maps.google.com/maps/api/js?sensor=false"></script>

// 创建Google Map……详细的使用说明请参考Google API
var map = new google.maps.Map(document.getElementById("map"));

function updateLocation(position) {
  //将位置信息传递给Google Map，并将其居中
  map.setCenter(new google.maps.LatLng(
                          parseFloat(position.coords.latitude),
                          parseFloat(position.coords.longitude));
navigator.geolocation.getCurrentPosition(updateLocation,
                          handleLocationError);
```

5.7   小结

本章讨论了HTML5 Geolocation，讲述了HTML5 Geolocation的位置信息——纬度、经度和其他特性，以及获取它们的途径。我们还探讨了由HTML5 Geolocation引发的隐私问题。最后演示了如何使用HTML5 Geolocation API创建引人注目的位置感知Web应用程序。

下一章，我们将演示如何基于HTML5 Communication实现标签页间及窗口间通信，以及如何实现页面和服务器的跨域通信。

第 6 章

Communication API 6

本章将探讨用于构建实时（real-time）跨源（cross-origin）通信的两个重要模块：跨文档消息通信（Cross Document Messaging）和XMLHttpRequest Level 2。通过它们，我们可以构建引人注目的Web应用。作为HTML5应用新的通信手段，这两个构建块可以让不同域间的Web应用安全地进行通信。

首先，我们要讨论HTML5通信规范中的两个主要元素：**postMessage** API和源安全（origin security）概念，之后将会展示如何用**postMessage** API在iframe、标签页和窗口间进行通信。

接下来，我们会探讨XMLHttpRequest Level 2——XMLHttpRequest的改进版，介绍XMLHttp-Request在哪些方面得到了改进，并会特别介绍如何用XMLHttpRequest发起跨源请求以及如何使用新的进度事件（progress event）。

6.1 跨文档消息通信

出于安全方面的考虑，运行在同一浏览器中的框架、标签页、窗口间的通信一直都受到了严格的限制。例如，在浏览器内部共享信息对某些站点可能比较方便，但是同时也增加了受到恶意攻击的可能性。如果浏览器允许程序访问加载到其他框架和标签的内容，某些网站就能够利用脚本来窃取其他网站的某些信息。浏览器厂商合理地限制了这类访问，当尝试检索或修改从其他源加载的内容时，浏览器会抛出安全异常，并阻止相应的操作。

然而，现实中存在一些合理的让不同站点的内容能在浏览器内进行交互的需求。Mashup就是最典型的一个例子，它是各种不同应用的结合体，把来自不同站点的地图、聊天、新闻等应用全部整合到一起形成一个新的元应用（meta-application）。在这种情形下，如果浏览器内部能提供直接的通信机制，就能更好地组织这些应用。

为了满足上述需求，浏览器厂商和标准制定机构一致同意引入一种新功能：跨文档消息通信。跨文档消息通信可以确保iframe、标签页、窗口间安全地进行跨源通信。它把**postMessag** API定义为发送消息的标准方式。利用**postMessage**发送消息非常简单，代码如下所示：

```
chatFrame.contentWindow.postMessage('Hello, world', 'http://www.example.com/');
```

接收消息时仅需在页面中增加一个事件处理函数。当某个消息到达时，通过检查消息的来源来决定是否对这条消息进行处理。代码清单6-1描述了一个可以把消息传递给**messageHandler()**

函数的事件监听器。

代码清单6-1　消息事件的监听器

```
window.addEventListener("message", messageHandler, true);
function messageHandler(e) {
    switch(e.origin) {
        case "friend.example.com":
        // 处理消息
        processMessage(e.data);
        break;
    default:
        // 消息来源无法识别
        // 消息被忽略
    }
}
```

消息事件是一个拥有data（数据）和origin（源）属性的DOM事件。data属性是发送方传递的实际消息，而origin属性是发送来源。有了origin属性，接收方能轻易地忽略掉来自不可信源的消息：根据可信源的列表能方便地判断来源是否可靠。

如图6-1所示，postMessage API提供了一种交互方式，使得不同源的iframe（源为http://chat.example.net网站的聊天部件）可以与其父页面（源为http://portal.example.com，包含这里提及的聊天部件）进行通信。

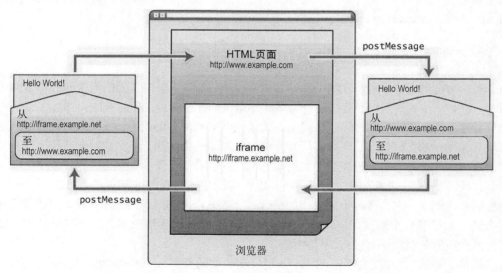

图6-1　iframe与其父页面间的postMessage通信

这个示例中，聊天部件被包含在一个iframe中，因此不能直接访问父窗口。当聊天部件接收到聊天消息时，它可以用postMessage向父页面发送一个消息，以便父页面提醒聊天部件的用户接收到了新消息。同理，父页面也能将用户的状态发送给聊天部件。父页面和部件通过把彼此的源加到可信源的白名单中，就都能收到来自对方的信息。

图6-2显示了一个使用postMessage API的真实示例。它是一个名为DZSlides的HTML5幻灯片查看器应用，作者是Firefox的工程师和HTML5的传道者Paul Rouget（http://paulrouget.com/dzslides）。在此应用中，讲稿与其容器使用postMessage API进行通信。

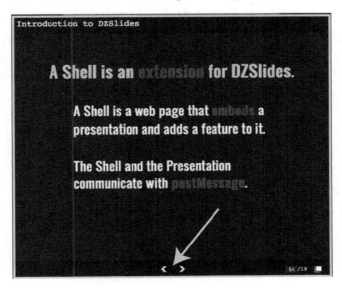

图6-2　在DZSlides应用中使用postMessage API

在postMessage之前，iframe间的通信有时会通过直接写脚本来实现。通过执行一个页面中的脚本来尝试操纵另一个文件。这种方式可能会因为安全限制而被禁止，因而postMessage取代了直接编程访问，它提供了Javascript环境中的异步通信机制。如图6-3所示，假如没有postMessage，跨源通信将导致安全错误，为防止跨站点（cross-site）脚本攻击，浏览器会强制引发这种安全错误。

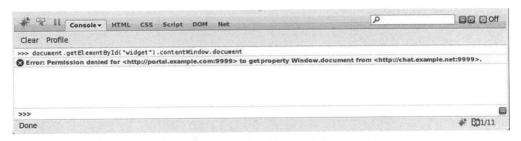

图6-3　Firefox和Firebug早期版本中的跨站点脚本错误

postMessage API不仅可以胜任同源文档间的通信，而且在浏览器不允许非同源通信的情况下，postMessage API也很有用。鉴于它的一致性和易用性，在同源文档间通信时也推荐使用postMessage。在JavaScript环境的通信中始终应使用postMessage API，例如使用HTML5 Web

Workers通信时。

6.1.1　理解源安全

HTML5通过引入源（origin）的概念对域安全进行了阐明和改进。源是在网络上用来建立信任关系的地址的子集。源由规则（scheme）、主机（host）、端口（port）组成。例如，由于规则不同（如https与http），所以https://www.example.com页面与http://www.example.com页面的源是不同的。源的概念中不考虑路径，如http://www.example.com/index.html与http://www.example.com/page2.html有相同的源，因为它们只是路径不同，其他完全相同。

HTML5定义了源的序列化。源在API和协议中以字符串的形式出现。这对于使用XMLHttpRequest进行跨源HTTP请求是非常重要的，对于WebSocket也一样。

跨源通信通过源来确定发送者，这就使得接收方可以忽略来自不可信源的消息。同时，各种应用必须加入事件监听器以接收消息，从而避免被不可信应用程序的信息所干扰。

postMessage的安全规则确保了消息不会被传递到非预期的源页面中。当发送消息时，由发送方指定接收方的源。如果发送方用来调用postMessage的窗口不具有特定的源（例如用户跳转到了其他站点），浏览器就不会传送消息。

类似地，接收信息的时候，发送方的源也被作为消息的一部分。为避免伪造，消息源由浏览器提供。接收方可以决定处理哪些消息，以及忽略哪些消息。我们可以保留一份白名单，告诉浏览器仅仅处理可信源的消息。

谨慎对待外部输入

"在处理跨源通信的消息时，一定要验证每个消息的源。此外，处理消息中的数据时也应该谨慎。即使消息来自可信源，也应该像对待外部输入时一样仔细。下面是两个关于内容注入的示例，一个是可能带来麻烦的方法，而另一个则是较为安全的方法。

```
// 危险: e.data会被当成标记!
element.innerHTML = e.data;

// 相对安全
element.textContent = e.data;
```

最好永远不要对来自第三方的字符串求值。再者，要避免使用eval方法处理应用内部的字符串。可以通过window.JSON或者json.org解析器使用JSON。JSON是一种数据格式，它能在JavaScript中安全使用，而且json.org解析器也设计得非常严谨。"

——Frank

6.1.2　跨文档消息通信的浏览器支持情况

包括IE8及其后续版本在内的所有主流浏览器都支持postMessage API。在使用postMessage

API之前，最好测试一下浏览器是否支持HTML5跨文档消息通信（HTML5 Cross Document Messaging）。在本章后面的"浏览器支持情况检查"部分，我们将会向你展示如何用编程方式来检查浏览器支持情况。

6.1.3 使用 postMessage API

本节将更详细地介绍HTML5 postMessage API的使用。

1. 浏览器支持情况检测

在调用postMessage前，应该首先检测浏览器是否支持它。下面就是一种检测是否支持postMessage的方法：

```
if (typeof window.postMessage === "undefined") {
    // 该浏览器不支持postMessage
}
```

2. 发送消息

通过调用目标页面window对象中的postMessage()函数可发送消息，代码如下：

```
window.postMessage("Hello, world", "portal.example.com");
```

第一个参数包含要发送的数据，第二个参数是消息传送的目的地。要发送消息给iframe，可以在相应iframe的contentWindow中调用postMessage，代码如下：

```
document.getElementsByTagName("iframe")[0].contentWindow.postMessage("Hello, world",
"chat.example.net");
```

3. 监听消息事件

脚本可以通过监听window对象中的事件来接收信息，如代码清单6-2所示。在事件监听函数中，接收方可以决定接收或者忽略消息。

代码清单6-2 监听消息事件并通过白名单鉴定源

```
var originWhiteList = ["portal.example.com", "games.example.com", "www.example.com"];

function checkWhiteList(origin) {
    for (var i=0; i<originWhiteList.length; i++) {
        if (origin === originWhiteList[i]) {
          return true;
        }
    }
    return false;
}

function messageHandler(e) {
    if(checkWhiteList(e.origin)) {
        processMessage(e.data);
    } else {
        // 忽略来自未知源的消息
    }
}
```

提示   HTML5定义的MessageEvent接口也是HTML5 WebSockets和HTML5 Web Workers的一部
        分。HTML5的通信功能中用于接收消息的API与MessageEvent接口是一致的。其他通信
        类API，如EventSource API和Web Workers，也都使用MessageEvent接口来传递消息。

6.1.4   使用 postMessage API 创建应用

现在，我们将创建前面提到过的包含跨源聊天部件的门户应用。可以利用跨文档消息通信来
实现门户页面和聊天部件之间的交互，如图6-4所示。

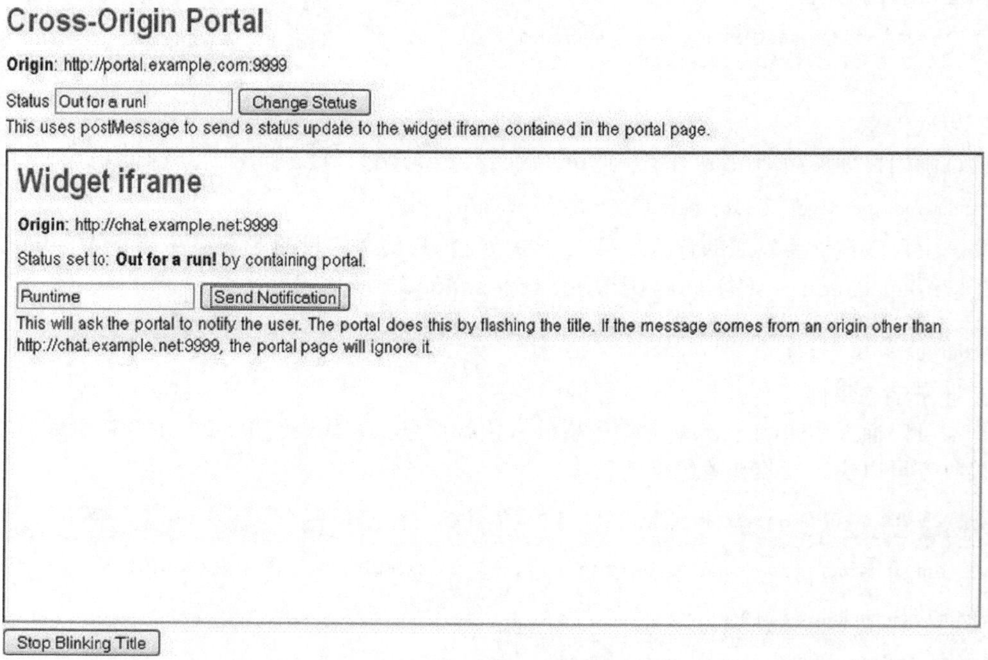

图6-4   门户页面和跨源的聊天部件 iframe

这个示例演示了如何在门户页面中以iframe方式嵌入第三方的部件。示例中使用了一个来自
chat.example.net 的部件。门户页面和部件通过postMessage来通信。iframe中的聊天部件通过父
页面标题内容的闪烁来通知用户。这是后台接收事件的应用中常见的UI技术。不过，由于部件不
在父页面中，而是被隔离在一个来自不同源的iframe中，所以直接改变标题会引发安全冲突。因
此，部件使用postMessage请求父页面修改标题。

示例中，门户页面还发送消息到iframe以通知部件：用户改变了其状态。以这样的方式使用
postMessage可以实现门户与部件之间的协作。由于信息发送时会检查目标源，接收时会检查事
件源，所以数据不会意外泄露或被伪造。

提示 示例中的聊天部件没有与在线聊天系统连接，发送通知是通过用户单击Send Notification
       按钮来驱动的。在线聊天应用可以通过Web Sockets来实现，这将在第7章中介绍。

为了便于演示，我们编写了两个简单的HTML页面：postMessagePortal.html和postMessage-
Widget.html。下面将分步演示建立门户页面和聊天部件页面的要点。示例代码位于code/commu-
nication文件夹下。

1. 创建门户页面

首先，添加来自不同源的iframe以包含聊天部件：

```
<iframe id="widget" src="http://chat.example.net:9999/postMessageWidget.html"></iframe>
```

接下来，添加事件监听器messageHandler监听来自聊天部件的消息事件。从下面的示例代
码中可以看到，部件会请求门户去通知用户——闪烁标题。为了确保消息的来源是聊天部件，我
们会验证消息源；如果消息不是来源于http://chat.example.net:9999，门户页面会直接忽略它。

```
var trustedOrigin = "http://chat.example.net:9999";

function messageHandler(e) {
    if (e.origin == trustedOrigin) {
        notify(e.data);
    } else {
        // 忽略来自其他源的消息
    }
}
```

最后，添加一个与聊天部件通信的函数。它用postMessage发送一个状态，更新门户页面中
的部件 iframe。对于在线的聊天应用，可以用这种方式来更新用户状态（在线、离开等）。

```
function sendString(s) {
    document.getElementById("widget").contentWindow.postMessage(s, targetOrigin);
}
```

2. 创建聊天部件页面

首先，添加事件监听器messageHandler监听来自门户页面的消息事件。如下面的示例代码
所示，聊天部件监听发过来的状态变更消息。为了确保消息来源于门户页面，我们会验证消息源；
如果不是来源于http://portal.example.com:9999，部件将直接忽略它。

```
var trustedOrigin = "http://portal.example.com:9999";
function messageHandler(e) {
    if (e.origin === trustedOrigin {
        document.getElementById("status").textContent = e.data;
    } else {
        // 忽略其他源发来的消息
    }
}
```

其次，编写用于与门户页面通信的函数。在接收到新消息时，部件将请求门户页面通知用户，
并且用postMessage()函数向门户页面发送消息，代码如下：

```
function sendString(s) {
    window.top.postMessage(s, trustedOrigin);
}
```

3. 完整代码

代码清单6-3是postMessagePortal.html文件的完整代码。

代码清单6-3　postMessagePortal.html的内容

```html
<!DOCTYPE html>
<title>Portal [http://portal.example.com:9999]</title>
<link rel="stylesheet" href="styles.css">
<style>
    iframe {
        height: 400px;
        width: 800px;
    }
</style>
<link rel="icon" href="http://apress.com/favicon.ico">
<script>

var defaultTitle = "Portal [http://portal.example.com:9999]";
var notificationTimer = null;

var trustedOrigin = "http://chat.example.net:9999";

function messageHandler(e) {
    if (e.origin == trustedOrigin) {
        notify(e.data);
    } else {
        // 忽略其他源发来的消息
    }
}

function sendString(s) {
    document.getElementById("widget").contentWindow.postMessage(s, trustedOrigin);
}


function notify(message) {
    stopBlinking();
    blinkTitle(message, defaultTitle);
}
function stopBlinking() {
    if (notificationTimer !== null) {
        clearTimeout(notificationTimer);
    }
    document.title = defaultTitle;
}

function blinkTitle(m1, m2) {
    document.title = m1;
    notificationTimer = setTimeout(blinkTitle, 1000, m2, m1)
}

function sendStatus() {
var statusText = document.getElementById("statusText").value;
            sendString(statusText);
}

function loadDemo() {
    document.getElementById("sendButton").addEventListener("click", sendStatus, true);
```

```
        document.getElementById("stopButton").addEventListener("click", stopBlinking, true);
        sendStatus();
    }
    window.addEventListener("load", loadDemo, true);
    window.addEventListener("message", messageHandler, true);

</script>

<h1>Cross-Origin Portal</h1>
<p><b>Origin</b>: http://portal.example.com:9999</p>
Status <input type="text" id="statusText" value="Online">
<button id="sendButton">Change Status</button>
<p>
This uses postMessage to send a status update to the widget iframe contained in the portal
page.
</p>
<iframe id="widget" src="http://chat.example.net:9999/postMessageWidget.html"></iframe>
<p>
    <button id="stopButton">Stop Blinking Title</button>
</p>
```

代码清单6-4是postMessageWidget.html页面的完整代码。

代码清单6-4 postMessageWidget.html的内容

```
<!DOCTYPE html>
<title>widget</title>
<link rel="stylesheet" href="styles.css">
<script>

var trustedOrigin = "http://portal.example.com:9999";

function messageHandler(e) {
    if (e.origin === "http://portal.example.com:9999") {
        document.getElementById("status").textContent = e.data;
    } else {
        // 忽略其他源发来的消息
    }
}

function sendString(s) {
    window.top.postMessage(s, trustedOrigin);
}

function loadDemo() {
    document.getElementById("actionButton").addEventListener("click",
        function() {
            var messageText = document.getElementById("messageText").value;
            sendString(messageText);
        }, true);

}
window.addEventListener("load", loadDemo, true);
window.addEventListener("message", messageHandler, true);

</script>
<h1>Widget iframe</h1>
<p><b>Origin</b>: http://chat.example.net:9999</p>
<p>Status set to: <strong id="status"></strong> by containing portal.<p>

<div>
    <input type="text" id="messageText" value="Widget notification.">
```

```
    <button id="actionButton">Send Notification</button>
</div>

<p>
This will ask the portal to notify the user. The portal does this by flashing the title. If
the message comes from an origin other than http://chat.example.net:9999, the portal page will
ignore it.
</p>
```

4. 部署应用

示例应用的运行依赖于两个先决条件：首先，页面需要部署在Web服务器上；其次，两个页面必须来自不同的域。如果可以访问位于不同域的多个Web服务器（如两台Apache HTTP服务器），那么将示例文件部署到服务器之后，示例就能顺利运行了。另外，如果要在本机部署运行示例应用，需要使用 Python的SimpleHTTPServer Web 服务器，其安装步骤如下。

(1) 更新Windows系统的hosts文件（位于C:\Windows\system32\drivers\etc\hosts）或Linux系统的hosts文件（位于/etc/hosts），增加两条指向localhost（IP地址为127.0.0.1）的记录，如下所示：

```
127.0.0.1 chat.example.net
127.0.0.1 portal.example.com
```

提示　hosts文件修改完成后，必须重启浏览器以确保该DNS记录生效。

---

(2) 安装Python，其中包括轻量级SimpleHTTPServer Web服务器。

(3) 打开示例文件（postMessageParent.html和postMessageWidget.html）所在目录。

(4) 按如下方式启动Web服务器[①]：

```
python -m SimpleHTTPServer 9999
```

(5) 打开浏览器，输入http://portal.example.com:9999/postMessagePortal.html。现在应该就可以看到图5-3所示的页面了。

6.2　XMLHttpRequest Level 2

XMLHttpRequest API使得Ajax技术的实现成为了可能。现在市面上有许多关于XMLHttpRequest和Ajax的图书。更多关于XMLHttpRequest编程的知识，建议阅读由John Resig撰写的*Pro JavaScript Techniques*（Apress, 2006）。

作为XMLHttpRequest的改进版，XMLHttpRequest Level 2在功能上有了很大的改进。在本章中，我们将介绍XMLHttpRequest Level 2的这些改进，主要集中在以下两个方面：

❑ 跨源XMLHttpRequests；

❑ 进度事件（Progress events）。

[①] 在执行下面这行命令之前，请读者先确认已将Python根目录（即Python.exe所在目录，如C:/python27）添加到了系统的Path环境变量中。——编者注

6.2.1　跨源 XMLHttpRequest

过去，XMLHttpRequest仅限于同源通信。XMLHttpRequest Level 2通过CORS（Cross Origin Resource Sharing，跨源资源共享）实现了跨源XMLHttpRequests。其中源的概念曾在5.1节中讨论过。

跨源HTTP请求包括一个Origin头部，它为服务器提供HTTP请求的源信息。头部由浏览器保护，不能被应用程序代码更改。从本质上讲，它与跨文档消息通信中消息事件的origin属性作用相同。Origin头部不同于早先的Referer [sic]头部，因为后者中的Referer是一个包括了路径的完整URL。由于路径可能包含敏感信息，为了保护用户隐私，浏览器并不一定会发送Referer，而浏览器在任何必要的时候都会发送Origin头部。

使用跨源XMLHttpRequest可以构建基于非同源服务的Web应用程序。例如，如果Web应用程序使用了一个源的静态文本和另一个源的Ajax服务，那么它可以借助跨源XMLHttpRequest请求实现在两个源之间的通信，如果没有跨源XMLHttpRequest则只能进行同源通信，而且部署方式也会受到限制。也许不得不将Web应用程序部署在一个单独域中或者再为其建立一个子域。

如图6-5所示，通过跨源XMLHttpRequest可以从客户端整合来自不同源的内容。如果目标服务器允许，可以使用用户证书访问受保护的内容，进而让用户直接访问个人的数据。反之，如果通过服务器端对不同源进行整合，则所有内容都要穿过一个服务器端的基础层，因而可能会形成瓶颈。

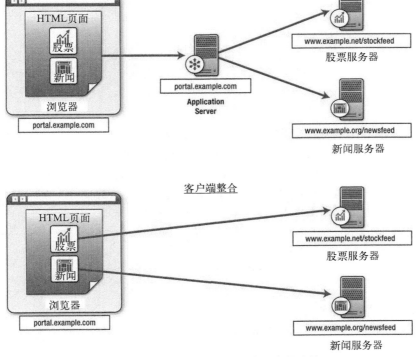

图6-5　客户端整合与服务器端整合的差异

CORS规范要求，对一些敏感行为——如申请证书的请求或除了GET和POST以外的OPTIONS预检（preflight）请求，必须由浏览器发送给服务器，以确定这种行为能否被支持和允许，这意味着成功通信的背后或许需要由具备CORS处理能力的服务器来支持。代码清单6-5和代码清单6-6展示了托管在www.example.com的页面与www.example.net的服务之间用于跨源交换的HTTP头部。

代码清单6-5　请求的头部示例

```
POST /main HTTP/1.1
Host: www.example.net
User-Agent: Mozilla/5.0 (X11; U; Linux x86_64; en-US; rv:1.9.1.3) Gecko/20090910 Ubuntu/9.04
(jaunty) Shiretoko/3.5.3
Accept: text/html,application/xhtml+xml,application/xml;q=0.9,*/*;q=0.8
Accept-Language: en-us,en;q=0.5
Accept-Encoding: gzip,deflate
Accept-Charset: ISO-8859-1,utf-8;q=0.7,*;q=0.7
Keep-Alive: 300
Connection: keep-alive
Referer: http://www.example.com/
Origin: http://www.example.com
Pragma: no-cache
Cache-Control: no-cache
Content-Length: 0
```

代码清单6-6　响应的头部示例

```
HTTP/1.1 201 Created
Transfer-Encoding: chunked
Server: Kaazing Gateway
Date: Mon, 02 Nov 2009 06:55:08 GMT
Content-Type: text/plain
Access-Control-Allow-Origin: http://www.example.com
Access-Control-Allow-Credentials: true
```

6.2.2　进度事件

新版XMLHttpRequest中最重要的API改进之一是增加了对进度的响应。在XMLHttpRequest之前的版本中，仅有readystatechange一个事件能够被用来响应进度。更糟糕的是，浏览器对该事件的实现并不兼容，如在Internet Explorer中永远都不会触发readyState 3[①]。此外，readyState的更改事件缺乏与上传进程通信的方法。在这种情况下，想要实现上传进度条是一件相当复杂的事情，而且还要牵扯到服务器端的编程开发。

XMLHttpRequest Level 2用了一个有意义的名字Progress进度来命名进度事件。表6-1是新的进度事件名称。通过为事件处理程序属性设置回调函数，可以实现对这些事件的监听。例如，触发loadstart事件将调用与onloadstart属性对应的回调函数。

表6-1 XMLHttpRequest Level 2中的进度事件

进度事件的名称
loadstart
progress
abort
error
load
loadend

---

① 当readystate状态值为3时，所有响应头部都已经接收到。响应体开始接收但未完成。——译者注

出于向后兼容的目的，在新版本中，旧的**readyState**属性和**readystatechange**事件得以保留。

"看似随意"的时代

在XMLHttpRequest Level 2规范对于**readystatechange**事件的描述中（保持向后兼容），**readyState**属性被描述为来自"历史原因所导致的看似随意的时代"。

6.2.3　HTML5 XMLHttpRequest Level 2 的浏览器支持情况

在本书编写之时，XMLHttpRequest Level 2已被很多浏览器支持。由于支持情况不同，在使用HTML5 XMLHttpRequest Level 2之前，首先要测试浏览器是否支持它。随后的"浏览器支持情况检测"部分中，我们将介绍如何编写检测代码。

6.2.4　使用 XMLHttpRequest API

本节将探讨如何使用XMLHttpRequest。为了便于说明，我们创建一个简单HTML页面——crossOriginUpload.html。示例代码位于文件夹code/communication下。

1. 浏览器支持情况检测

在使用XMLHttpRequest Level 2功能——如跨源支持之前，首先要检测浏览器是否支持该功能。常用的做法是检测XMLHttpRequest对象中是否存在**withCredentials**属性，如代码清单6-7所示。

代码清单6-7　XMLHttpRequest浏览器支持情况检测

```
var xhr = new XMLHttpRequest()
if (typeof xhr.withCredentials === undefined) {
    document.getElementById("support").innerHTML =
        "Your browser <strong>does not</strong> support cross-origin XMLHttpRequest";
} else {
    document.getElementById("support").innerHTML =
        "Your browser <strong>does</strong>support cross-origin XMLHttpRequest";
}
```

2. 构建跨源请求

为了构建跨源XMLHttpRequest，首先要创建一个新的XMLHttpRequest对象，代码如下：

```
var crossOriginRequest = new XMLHttpRequest()
```

接下来，通过指定不同源的地址来构造跨源XMLHttpRequest，代码如下：

```
crossOriginRequest.open("GET", "http://www.example.net/stockfeed", true);
```

在请求过程中务必确保能够监听到错误。请求不成功有很多原因，如网络故障、访问被拒、目标服务器缺乏对CORS支持等。

为什么不使用JSONP

Frank说："从其他源获取数据的一种常见方式是使用JSONP（JSON with Padding）。使用JSONP涉及创建script标签，其中包含指向JSON资源的URL。URL有一个查询参数，它包含了脚本加载时将要调用的函数的名称。由远程服务器负责包装JSON数据，并调用命名函数。这种方式存在重大安全隐患！在使用JSONP时，你必须完全信任服务端所提供的数据。恶意的脚本能够接管你的应用。

使用XMLHttpRequest（XHR）和CORS，你接收到的是能够安全解析的数据而非代码。这种方式远比评估外部输入的方式安全。"

3. 使用进度事件

在表示请求和响应的不同阶段方面，XMLHttpRequest Level 2不再使用数值型状态表示法，而是提供了命名进度事件。为事件处理程序属性设置相应的回调函数后，就可以对这些事件进行监听了。

代码清单6-8显示了如何用回调函数来处理进度事件。进度事件使用了多个文本域，分别记录待发送数据的总量、已发送数据的总量，以及用于标识数据总量是否已知的布尔值（流式HTTP中可能无法获知数据总量）。XMLHttpRequest.upload调度事件也用到了这些文本域。

代码清单6-8　使用onprogress事件

```
crossOriginRequest.onprogress = function(e) {
    var total = e.total;
    var loaded = e.loaded;

    if (e.lengthComputable) {
        // 利用进度信息做些事情
    }
}
crossOriginRequest.upload.onprogress = function(e) {
    var total = e.total;
    var loaded = e.loaded;

    if (e.lengthComputable) {
        // 利用进度信息做些事情
    }
}
```

4. 二进制数据

支持新的二进制API——如Typed Array（对WebGL和可编程音频而言是必需的）——的浏览器可能会使用XMLHttpRequest来发送二进制数据。XMLHttpRequest Level 2规范支持调用send()方法发送Blob和ArrayBuffer（也称有类型的数组）对象（见代码清单6-9）。

代码清单6-9　发送某一类型的字节数组

```
var a = new Uint8Array([8,6,7,5,3,0,9]);
var xhr = new XMLHttpRequest();
xhr.open("POST", "/data/", true)
console.log(a)
xhr.send(a.buffer);
```

代码执行后会生成一个带有二进制内容体的HTTP POST请求。内容的长度为7，主体包含字节8、6、7、5、3、0和9。

XMLHttpRequest Level 2也会公开二进制响应数据。将responseType属性值设置为text、document、arraybuffer或blob来控制由response属性返回的对象类型。如果想要查看HTTP响应体包含的原始字节，需要将responseTyper属性值设为arraybuffer或blob。

下一章会介绍如何使用WebSocket基于相同的类型来发送和接收二进制数据。

6.2.5 创建 XMLHttpRequest 应用

在这个示例中，我们要将赛事位置坐标上传到非同源的Web服务器端，并使用新的进度事件监控包括上传进度在内的HTTP请求的状态。示例运行效果如图6-6所示。

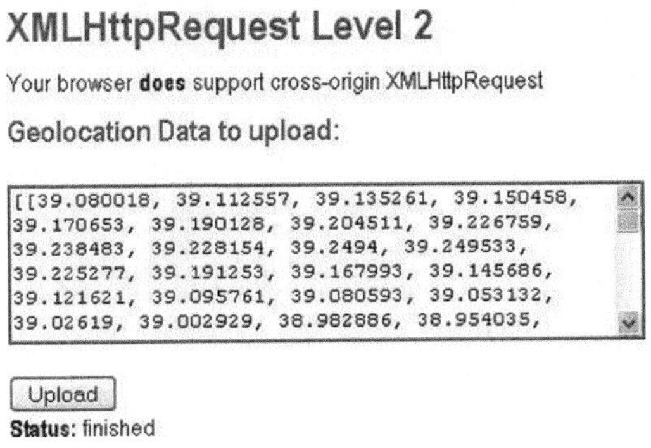

图6-6 上传位置数据的Web应用

为方便说明，我们创建了HTML文件crossOriginUpload.html。下面的步骤揭示了图6-5所示的跨源上传页面的重要组成部分。示例代码位于code/communication文件夹下。

首先，创建一个新的XMLHttpRequest对象：

```
var xhr = new XMLHttpRequest();
```

接下来，检查浏览器是否支持跨源XMLHttpRequest，代码如下：

```
if (typeof xhr.withCredentials === undefined) {
  document.getElementById("support").innerHTML =
          "Your browser <strong>doesnot</strong> support cross-origin XMLHttpRequest";
} else {
    document.getElementById("support").innerHTML =
            "Your browser <strong>does</strong> support cross-origin XMLHttpRequest";
}
```

然后，设置回调函数以处理进度事件，并计算上传和下载的完成率。

```
xhr.upload.onprogress = function(e) {
  var ratio = e.loaded / e.total;
  setProgress(ratio + "% uploaded");
}
```

```
xhr.onprogress = function(e) {
  var ratio = e.loaded / e.total;
  setProgress(ratio + "% downloaded");
}


xhr.onload = function(e) {
  setProgress("finished");
}
xhr.onerror = function(e) {
  setProgress("error");
}
```

最后，打开请求并发送包含编码后的地理位置数据的字符串。由于目标位置的URL与当前页面不同源，所以这是一个跨源请求。

```
var targetLocation = "http://geodata.example.net:9999/upload";
xhr.open("POST", targetLocation, true);

geoDataString = dataElement.textContent;
xhr.send(geoDataString);
```

1. 完整代码

代码清单6-10是crossOriginUpload.html文件的完整代码。

代码清单6-10　crossOriginUpload.html文件

```
<!DOCTYPE html>
<title>Upload Geolocation Data</title>
<link rel="stylesheet" href="styles.css">
<link rel="icon" href="http://apress.com/favicon.ico">
<script>

function loadDemo() {
    var dataElement = document.getElementById("geodata");
    dataElement.textContent = JSON.stringify(geoData).replace(",", ", ", "g");

    var xhr = new XMLHttpRequest()
    if (typeof xhr.withCredentials === undefined) {
        document.getElementById("support").innerHTML =
            "Your browser <strong>does not</strong> support cross-origin XMLHttpRequest";
    } else {
        document.getElementById("support").innerHTML =
            "Your browser <strong>does</strong> support cross-origin XMLHttpRequest";
    }

    var targetLocation = "http://geodata.example.net:9999/upload";

    function setProgress(s) {
        document.getElementById("progress").innerHTML = s;
    }

    document.getElementById("sendButton").addEventListener("click",
        function() {
            xhr.upload.onprogress = function(e) {
                var ratio = e.loaded / e.total;
                setProgress(ratio + "% uploaded");
            }
```

```
            xhr.onprogress = function(e) {
              var ratio = e.loaded / e.total;
              setProgress(ratio + "% downloaded");
            }

            xhr.onload = function(e) {
                setProgress("finished");
            }

            xhr.onerror = function(e) {
                setProgress("error");
            }

            xhr.open("POST", targetLocation, true);

            geoDataString = dataElement.textContent;
            xhr.send(geoDataString);
        }, true);
    }
window.addEventListener("load", loadDemo, true);

</script>

<h1>XMLHttpRequest Level 2</h1>
<p id="support"></p>

<h4>Geolocation Data to upload:</h4>
<textarea id="geodata">
</textarea>
</div>

<button id="sendButton">Upload</button>

<script>
geoData = [[39.080018000000003, 39.112557000000002, 39.135261, 39.150458, 39.170653000000001,
39.190128000000001, 39.204510999999997, 39.226759000000001, 39.238483000000002,
39.228154000000004, 39.249400000000001, 39.249533, 39.225276999999998, 39.191253000000003,
39.167993000000003, 39.145685999999998, 39.121620999999998, 39.095761000000003, 39.080593,
39.053131999999998, 39.02619, 39.002929000000002, 38.982886000000001, 38.954034999999998,
38.944926000000002, 38.919960000000003, 38.925261999999996, 38.934922999999998,
38.949373000000001, 38.950133999999998, 38.952649000000001, 38.969692000000002,
38.988512999999998, 39.010652, 39.033088999999997, 39.053493000000003, 39.072752999999999], [-
120.15724399999999, -120.15818299999999, -120.15600400000001, -120.14564599999999, -
120.141285, -120.10889900000001, -120.09528500000002, -120.077596, -120.045428, -120.0119, -
119.98897100000002, -119.95124099999998, -119.93270099999998, -119.927131, -
119.92685999999999, -119.92636200000001, -119.92844600000001, -119.911036, -119.942834, -
119.94413000000002, -119.94555200000001, -119.95411000000001, -119.941327, -
119.94605900000001, -119.97527599999999, -119.99445, -120.028998, -120.066335, -
120.07867300000001, -120.089985, -120.112227, -120.09790700000001, -120.10881000000001, -
120.116692, -120.117847, -120.11727899999998, -120.14398199999999]];
</script>
<p>
    <b>Status: </b> <span id="progress">ready</span>
</p>
```

2. 部署应用

示例代码依赖于两个前提条件：首先，页面不能同域；其次，目标页面必须由能够解析CORS头部的Web服务器来提供。本章的示例代码中包括支持CORS的Python脚本，它可以处理传入的跨源的XMLHttpRequests。你可以在本机按以下步骤进行配置。

(1) 更新主机文件（Windows中的C:\Windows\system32\drivers\etc\hosts，Unix/Linux中的/etc/hosts文件），添加如下两个指向`localhost`（IP地址为`127.0.0.1`）的项：

```
127.0.0.1 geodata.example.net
127.0.0.1 portal.example.com
```

提示   hosts文件修改完成后，必须重启浏览器以确保该DNS记录生效。

(2) 如果在学习之前的示例时没有安装Python，则需要安装包括了轻量级SimpleHTTPServer Web服务器的Python环境。

(3) 打开包含示例文件（crossOriginUpload.html）和CORS系统服务器Python脚本（CORS-Server.py）的目录。

(4) 运行Python脚本：

```
python CORSServer.py 9999
```

(5) 打开浏览器，输入http://portal.example.com:9999/crossOriginUpload.html后即可看到图6-6所示的页面。

6.3   进阶功能

尽管有些技巧我们在示例中用不上，但这并不妨碍它们在多种类型的HTML5 Web应用中发挥作用。本节，我们就来介绍一些简单实用的进阶功能。

6.3.1   结构化的数据

早期版本的`postMessage`仅支持字符串。后来的版本支持JavaScript对象、canvas imageData和文件等其他数据类型。由于不同浏览器对规范支持的差异，对不同的对象类型的支持情况也不同。

在一些浏览器中，对借由`postMessage`发送的JavaScript对象的限制同对JSON数据的限制是相同的。具体来讲，可能不允许循环数据结构，如循环链表。

6.3.2   Framebusting

Framebusting技术可以用来保证某些内容不被加载到iframe中。应用程序首先检测其所在的窗口是否为最外层的窗口（window.top），若不是则跳脱包含它的框架，代码如下所示：

```
if (window !== window.top) {
    window.top.location = location;
}
```

如果框架引用的资源的头设置为DENY或SAMEORIGIN，则支持HTTP头X-Frame-Options

的浏览器也会阻止恶意的框架资源引用。不过，你可能会有选择地允许某些合作方的页面在其框架中引用你的内容。一种解决方案是使用postMessage在互信页面间握手通信，如代码清单6-11所示。

代码清单6-11   在iframe中使用postMessage实现互信页面握手通信

```
var framebustTimer;
var timeout = 3000; // 超时时间设为3 s

if (window !== window.top) {
    framebustTimer = setTimeout(
        function() {
            window.top.location = location;
        }, timeout);
}

window.addEventListener("message", function(e) {
    switch(e.origin) {
        case trustedFramer:
            clearTimeout(framebustTimer);
            break;
    }
), true);
```

6.4 小结

本章主要介绍了如何使用跨文档消息通信和XMLHttpRequest Level 2创建引人注目的应用，这些应用能够安全地进行跨源通信。

首先，我们讨论了postMessage和源安全的概念，这是HTML5 Communication规范的两个关键元素。接下来，我们演示了如何利用postMessage API实现iframe、标签页和窗口间通信。

其次，我们讨论了XMLHttpRequest Level 2。作为XMLHttpRequest的升级版，它对XMLHttpRequest进行了多方面的改进，而最为重要的是对于readystatechange事件方面的改进。然后，我们介绍了如何使用XMLHttpRequest创建跨源请求，以及如何使用新的进度事件。

最后，我们用一些实例结束了本章的讲解。下一章，我们将介绍HTML5 WebSockets，基于它能够轻松高效地将实时数据流推送给Web应用。

第 7 章

WebSockets API

7

本章我们将研究HTML5 WebSockets的使用方法。HTML5 WebSockets是HTML5中最强大的通信功能，它定义了一个全双工通信信道，仅通过Web上的一个Socket即可进行通信。WebSockets不仅仅是对常规HTTP通信的另一种增量加强，它更代表着一次巨大的进步，对实时的、事件驱动的Web应用程序而言更是如此。

过去要在浏览器中实现全双工连接，必须通过迂回的"hacks"来模拟实现，相比之下HTML5 WebSockets带来的改进是如此之大，以至于HTML5规范的领军人物——Google工程师Ian Hickson都说：

> "数据从几千字节减少到了两字节，延迟从150ms减少到了50ms——这不可小看。
> 实际上，仅仅这两个因素已经足以引起Google对WebSockets的兴趣了。"
>
> ——www.ietf.org/mail-archive/web/hybi/current/msg00784.html

WebSockets为何能够带来如此显著的改善？接下来我们会详细讨论，同时还会看到HTML5 WebSockets是如何一举淘汰传统的Comet和Ajax轮询（polling）、长轮询（long-polling）以及流（streaming）解决方案的。

7.1 WebSockets 概述

让我们与HTTP解决方案比一比，看看在全双工实时浏览器通信中，WebSockets是如何减少不必要的网络流量并降低网络延迟的。

7.1.1 实时和 HTTP

正常情况下，浏览器访问Web页面时，一般会向页面所在的Web服务器发送一个HTTP请求。Web服务器识别请求，然后返回响应。大多数情况下，如股票价格、新闻报道、余票查询、交通状况、医疗设备读取数据等，当内容呈现在浏览器页面上时，可能已经没有时效性。如果用户想要获得最新的实时信息，就需要不断地手动刷新页面，这显然不是一个明智的做法。

目前实时Web应用的实现方式，大部分是围绕轮询和其他服务器端推送技术展开的，其中最著名的是Comet。Comet技术可以让服务器端主动以异步方式向客户端推送数据，它会使针对传输消息到客户端的响应延迟完成。

使用轮询时，浏览器会定期发送HTTP请求，并随即接收响应。这项技术是浏览器在实时信息传送方面的首次尝试。显然，如果知道消息传递的准确时间间隔，轮询将是一个很好的办法，因为可以将客户端的请求同步为只有服务器上的信息可用时才发出。但是，实时数据往往不可预测，不可避免会产生一些不必要的请求，在低消息率情况下会有很多无用的连接不断地打开和关闭。

使用长轮询时，浏览器向服务器发送一个请求，服务器会在一段时间内将其保持在打开状态。如果服务器在此期间收到一个通知，就会向客户端发送一个包含消息的响应。如果时间已到却还没收到通知，服务器会发送一个响应消息来终止打开的请求。然而，最关键的是，当信息量很大时，与传统轮询方式相比，长轮询方式并无实质上的性能改善。

使用流解决方案时，浏览器会发送一个完整的HTTP请求，但服务器会发送并保持一个处于打开状态的响应，该响应持续更新并无限期（或是一段时间内）处于打开状态。每当有消息可发送时该响应就会被更新，但服务器永远不会发出响应完成的信号，这样连接就会一直保持在打开状态以便后续消息的发送。但是，由于流仍是封装在HTTP中，其间的防火墙和代理服务器可能会对响应消息进行缓冲，造成消息传递的时延。因此，当检测到缓冲代理服务器时，许多流解决方案就回退到长轮询方式。此外，可利用TLS（SSL）连接来保护响应不被缓冲，但在这种情况下，每个连接的创建和清除会消耗更多的服务器资源。

综上所述，所有这些提供实时数据的方式都会涉及HTTP请求和响应报头，其中包含有大量额外的、不必要的报头数据，会造成传输延迟。最重要的是，全双工连接需要的不仅仅是服务器到客户端的下行连接。为了在半双工HTTP的基础上模拟全双工通信，目前的许多解决方案都使用了两个连接：一个用于下行数据流，另一个用于上行数据流。这两个连接的保持和协作也会造成大量的资源消耗，并增加了复杂度。简而言之，HTTP技术并不是为了实现实时全双工通信设计的。从图7-1也可以看出来，基于半双工HTTP，构建一个采用发布/订阅模式来利用后端数据源显示实时数据的Web应用程序是比较复杂的。

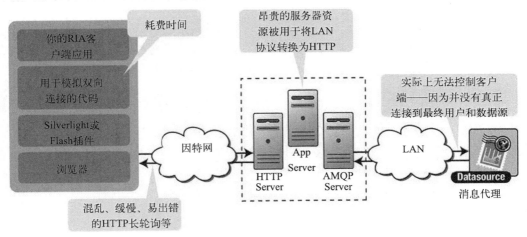

图7-1　实时HTTP应用程序的复杂性

当开发人员试图对上述方案继续扩展时，情况会变得更糟。模拟基于HTTP的双向浏览器通信是非常复杂和易错的，而且复杂度不可控。虽然最终用户感觉Web应用像是实时的，但是这种"实时"体验的代价非常高，包括额外的时间延迟、不必要的网络流量和CPU性能消耗。

7.1.2　解读 WebSockets

一开始HTML5规范的首席作者Ian Hickson将WebSockets在规范的Communications章节中定义成了TCPConnection，随着规范的演进，后来才改名为WebSockets。现在，就像Geolocation、Web Workers一样，为了明确主题，WebSockets已成为一个独立的规范。

TCPConnection和WebSocket都是底层网络接口名。TCP是因特网的基础传输协议。Websocket是Web应用程序的传输协议，类似于TCP，它提供了双向的、按序到达的数据流。和TCP协议一样，高层协议能够在WebSocket上运行。作为Web的一部分，WebSocket连接的是URL，而非因特网上的主机和端口。

WebSocket与火车模型有何联系？

"Ian Hickson是火车模型的爱好者，他一直在寻找一种通过计算机控制火车模型的方法。这种想法自1984年Marklin首次推出了数字控制器就开始了，比Web的出现时间还要早很多。

在Ian将TCPConnection引入到HTML5规范时，他正致力于通过浏览器来控制火车模型，通过经典的pre-WebSocket 'hanging GET' 和 XHR技术来实现浏览器和火车之间的通信。如果当时浏览器中有socket通信可以实现（就像'胖'客户端上那样的异步客户端/服务器通信模式）的话，火车控制器程序就会简单得多。因此，来自一切皆有可能的灵感，（火车）车轮已经开动，而且WebSocket火车已经离站。下一站：实时Web。"

——Peter

1. WebSocket握手

为了建立WebSocket通信，客户端和服务器在初始握手时，将HTTP协议升级到了WebSocket协议，如图7-2和代码清单7-1所示。请注意，该连接是在草案76（Draft 76）中描述的。

代码清单7-1　WebSocket升级握手

从客户端到服务器：

```
GET /chat HTTP/1.1
Host: example.com
Connection: Upgrade
Sec-WebSocket-Protocol: sample
Upgrade: websocket
Sec-WebSocket-Version: 13
Sec-WebSocket-Key: 7cxQRnWs91xJW9TOQLSuVQ==
Origin: http://example.com

[8-byte security key]
```

从服务器到客户端：

```
HTTP/1.1 101 WebSocket Protocol Handshake
Upgrade: websocket
Connection: Upgrade
Sec-WebSocket-Accept: 7cxQRnWs91xJW9TOQLSuVQ==
WebSocket-Protocol: sample
```

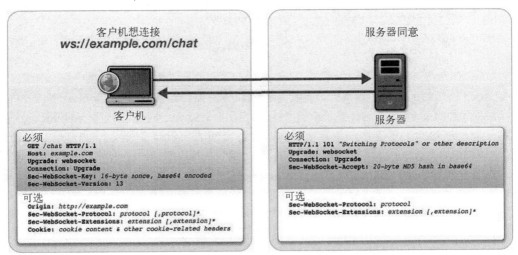

图7-2　Web Socket 升级握手

　　一旦连接建立成功，就可以在全双工模式下在客户端和服务器之间来回传送WebSocket消息。这就意味着，在同一时间、任何方向，都可以全双工发送基于文本的消息。在网络中，每个消息以0x00字节开头，以0xFF结尾，中间数据采用UTF-8编码格式。

　　2. WebSocket接口

　　除了对WebSocket协议的定义外，该规范还同时定义了用于JavaScript应用程序的WebSocket接口，如代码清单7-2所示。

代码清单7-2　WebSocket接口

```
[Constructor(DOMString url, optional DOMString protocols),
 Constructor(DOMString url, optional DOMString[] protocols)]
interface WebSocket : EventTarget {
  readonly attribute DOMString url;

  // 就绪状态
  const unsigned short CONNECTING = 0;
  const unsigned short OPEN = 1;
  const unsigned short CLOSING = 2;
  const unsigned short CLOSED = 3;
  readonly attribute unsigned short readyState;
  readonly attribute unsigned long bufferedAmount;

  // 网络
  [TreatNonCallableAsNull] attribute Function? onopen;
```

```
[TreatNonCallableAsNull] attribute Function? onerror;
[TreatNonCallableAsNull] attribute Function? onclose;
readonly attribute DOMString extensions;
readonly attribute DOMString protocol;
void close([Clamp] optional unsigned short code, optional DOMString reason);

// 消息
[TreatNonCallableAsNull] attribute Function? onmessage;
          attribute DOMString binaryType;
void send(DOMString data);
void send(ArrayBuffer data);
void send(Blob data);
};
```

WebSocket接口的使用很简单。要连接远程主机，只需要新建一个WebSocket实例，提供希望连接的对端URL。注意，ws://和wss://前缀分别表示WebSocket连接和安全的WebSocket连接。

基于同一底层TCP/IP连接，在客户端和服务器之间的初始握手阶段，将HTTP协议升级至WebSocket协议，WebSocket连接就建立完成了。连接一旦建立，WebSocket数据帧就可以以全双工模式在客户端和服务器之间进行双向传送。连接本身是通过WebSocket接口定义的message事件和send函数来运作的。在代码中，采用异步事件侦听器来控制连接生命周期的每一个阶段。

```
myWebSocket.onopen = function(evt) { alert("Connection open ..."); };
myWebSocket.onmessage = function(evt) { alert( "Received Message:  "  +  evt.data); };
myWebSocket.onclose = function(evt) { alert("Connection closed."); };
```

3. 大幅削减不必要的网络流量和时延

那么，WebSocket效率究竟有多高？我们通过逐项对比轮询应用程序和WebSocket应用程序来说明。这里以一个简单Web应用程序为例来演示轮询方式，页面使用传统的发布/订阅模式从RabbitMQ消息代理（message broker）请求实时股票信息，通过轮询Web服务器上的Java Servlet来运作。RabbitMQ消息代理从一个虚拟的、股票价格持续更新的数据源接收数据。网页连接并注册一个特定的股票频道（消息代理中的一项），使用XMLHttpRequest进行轮询，更新频率为每秒一次。当收到更新时，经过一些计算，股票数据就会显示在表格中，如图7-3所示。

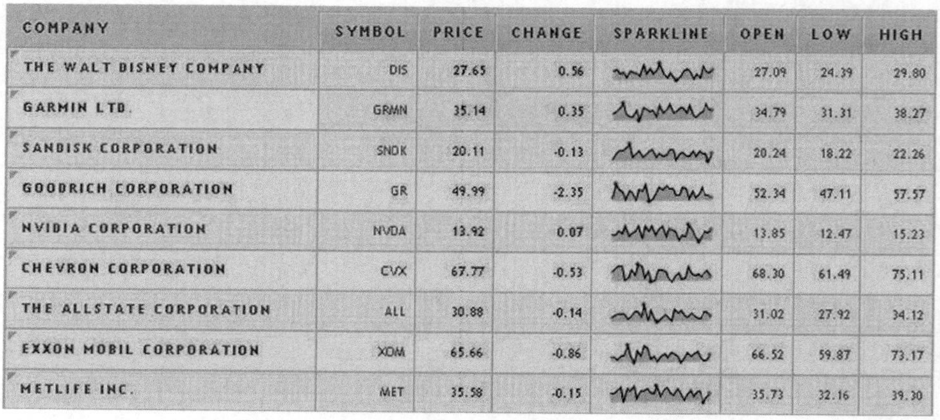

COMPANY	SYMBOL	PRICE	CHANGE	SPARKLINE	OPEN	LOW	HIGH
THE WALT DISNEY COMPANY	DIS	27.65	0.56		27.09	24.39	29.80
GARMIN LTD.	GRMN	35.14	0.35		34.79	31.31	38.27
SANDISK CORPORATION	SNDK	20.11	-0.13		20.24	18.22	22.26
GOODRICH CORPORATION	GR	49.99	-2.35		52.34	47.11	57.57
NVIDIA CORPORATION	NVDA	13.92	0.07		13.85	12.47	15.23
CHEVRON CORPORATION	CVX	67.77	-0.53		68.30	61.49	75.11
THE ALLSTATE CORPORATION	ALL	30.88	-0.14		31.02	27.92	34.12
EXXON MOBIL CORPORATION	XOM	65.66	-0.86		66.52	59.87	73.17
METLIFE INC.	MET	35.58	-0.15		35.73	32.16	39.30

图7-3   一个JavaScript股票行情应用程序

看起来似乎不错，但从另一个角度考察，就会发现这个应用程序其实存在很严重的问题。例如，在带有Firebug插件的Firefox浏览器中，你可以看到每秒都会有一个GET请求发往服务器。从下方的HTTP报头数据中可以发现，每个请求关联的报头开销相当惊人。代码清单7-3和代码清单7-4分别是某次请求和响应的HTTP报头数据。

代码清单7-3   HTTP请求报头

```
GET /PollingStock//PollingStock HTTP/1.1
Host: localhost:8080
User-Agent: Mozilla/5.0 (Windows; U; Windows NT 5.1; en-US; rv:1.9.1.5) Gecko/20091102
 Firefox/3.5.5
Accept: text/html,application/xhtml+xml,application/xml;q=0.9,*/*;q=0.8
Accept-Language: en-us
Accept-Encoding: gzip,deflate
Accept-Charset: ISO-8859-1,utf-8;q=0.7,*;q=0.7
Keep-Alive: 300
Connection: keep-alive
Referer: http://www.example.com/PollingStock/
Cookie: showInheritedConstant=false; showInheritedProtectedConstant=false;
 showInheritedProperty=false; showInheritedProtectedProperty=false;
 showInheritedMethod=false; showInheritedProtectedMethod=false;
 showInheritedEvent=false; showInheritedStyle=false; showInheritedEffect=false
```

代码清单7-4   HTTP响应报头

```
HTTP/1.x 200 OK
X-Powered-By: Servlet/2.5
Server: Sun Java System Application Server 9.1_02
Content-Type: text/html;charset=UTF-8
Content-Length: 21
Date: Sat, 07 Nov 2009 00:32:46 GMT
```

做一个有趣的统计（哈哈），我们来统计一下字符数。HTTP请求和响应报头信息总共包含有871 B的额外开销，这些开销中不含任何数据。当然，这只是一个示例，实际中的报头数据可能少于871 B，但超过2000 B也很常见。在本示例应用程序中，典型的股票消息大约只占到20个字符。但从代码中可以看到，这部分信息已经被太多不必要的报头信息所淹没，而这些报头信息完全没必要在第一时间接收。

那么，把这种应用程序部署后供大量用户使用会有什么后果呢？让我们看看在三种不同应用场景下，这种轮询应用关联的HTTP请求和响应报头数据所需要的网络开销有多大。

- ❑ **场景A**: 1000客户，每秒轮询一次，网络流量为871 × 1000=871 000 B=6 968 000bit/s（6.6Mbit/s）。
- ❑ **场景B**: 10 000客户，每秒轮询一次，网络流量为871 × 10 000=8 710 000 B=69 680 000bit/s（66Mbit/s）。
- ❑ **场景C**: 100 000客户，每秒轮询一次，网络流量为871 × 100 000=87 100 000 B=696 800 000bit/s（665Mbit/s）。

可见，不必要的网络开销相当庞大。现在我们换用WebSockets来重构应用程序。在页面中添加一个事件处理程序，用于异步监听来自消息代理的股票更新消息（再加上一点点其他的改动）。每个消息都是一个WebSocket帧，只有2 B的开销（而不是871 B）。让我们再来看看三个应用场景中引入了WebSocket后网络开销的变化。

❑ **场景A**: 1000客户，每秒接收一个消息，网络流量为2×1000=2000 B=16 000bit/s（0.015Mbit/s）。

❑ **场景B**: 10 000客户，每秒接收一个消息，网络流量为2×10 000=20 000 B=160 000bit/s（0.153Mbit/s）。

❑ **场景C**: 100 000客户，每秒接收一个消息，网络流量为2×100 000=200 000 B=1 600 000bit/s（1.526Mbit/s）。

如图7-4所示，与轮询方式相比，WebSockets对不必要的网络流量的减少幅度相当惊人。

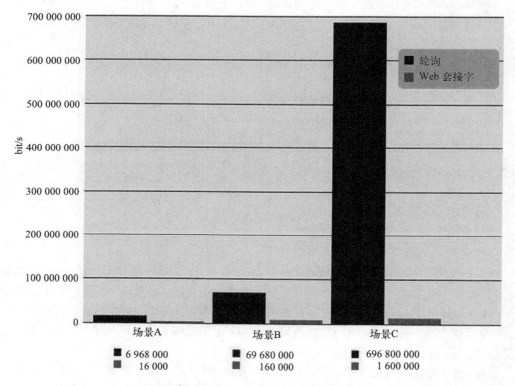

图7-4   轮询和WebSocket应用程序间不必要网络流量的对比

时延减少情况呢？图7-5的上半部分表示半双工轮询方案的时延。举例来说，假设消息从服务器发送到浏览器需要50 ms。轮询应用程序会引入许多额外的时延，因为只能在响应完成时将新的请求发送到服务器。这个新请求又需要50 ms，在此期间服务器无法向浏览器发送任何消息，进而造成额外的服务器内存消耗。

从图7-5的下半部分可以看出WebSocket方案降低时延的情况。一旦连接升级为WebSocket，消息会在到达服务器后立即返回到浏览器。虽然消息发送到浏览器仍需要50 ms，但由于WebSocket连接始终保持在打开状态，就不需要重复向服务器发送请求了。

WebSockets在实时Web的扩展性方面取得了巨大的进步。正如在本章中看到的，根据HTTP消息头大小的影响，HTML5 WebSockets可以实现500：1甚至1 000：1的HTTP消息头流量缩减，并实现3：1的通信延迟缩减。

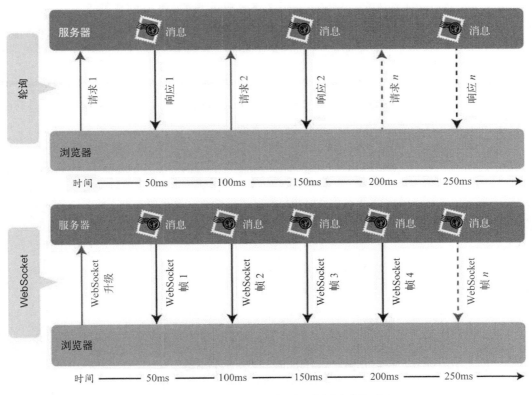

图7-5　轮询和WebSocket应用程序间时延的对比

7.2　编写简单的 Echo WebSocket 服务器

在使用WebSockets API之前，开发人员还需要一个支持WebSocket的服务器。本节我们会演示如何通过简单的步骤完成WebSocket "Echo" 服务器的编写。为了运行本章中的示例，我们引入了一个简单的WebSockets服务器，它是用Python编写的。下面示例的代码位于本书网站上的WebSockets部分。

WebSocket服务器

现成的WebSocket服务器有很多，还在开发中的就更多了。以下是几种现有的WebSocket服务器。

- ❑ Kaazing WebSocket Gateway：一种基于Java的WebSocket网关。
- ❑ mod_pywebsocket：一种基于Python的Apache HTTP服务器扩展。
- ❑ Netty：一种包含WebSocket的Java框架。
- ❑ node.js：一种驱动多个WebSocket服务器的服务器端JavaScript框架。

对于非原生支持WebSocket的浏览器来说，Kazzing的WebSocket网关包含了完整的客户端浏览器WebSocket模拟支持，这样，你就可以在其基础上进行WebSocket API编程了，同时生成的代码可以运行在所有浏览器上。

为接收ws://localhost:8080/echo上的连接，需要启动Python WebSocket Echo服务器。打开命令行窗口，转到该文件所在的文件夹，然后执行以下命令：

```
python websocket.py
```

我们还引入了一个广播服务器（broadcast server），用以接收ws://localhost:8080/broadcast上的连接。与Echo服务器不同，发往这个特定服务器端的任何WebSocket消息都会被广播给所有当前连接的客户端。将消息广播给多个监听者非常简单。为了启动广播服务器，打开命令行窗口，转到该文件所在的文件夹，然后执行以下命令：

```
python broadcast.py
```

以上两个脚本都用到了WebSocket.py中的WebSocket协议库，要实现其他的服务器端行为，可以在相应的路径下添加相应的处理代码。

提示　这个服务器只能处理WebSocket协议，无法响应HTTP请求。握手解析器不能与HTTP完全兼容，因为WebSocket连接以HTTP请求作为开始，而且使用升级过的报头，所以其他很多服务器都可以使用同一端口响应WebSocket和HTTP请求。

接下来，看看当浏览器与这个服务器通信时会怎么样。浏览器向WebSocket URL发出一个请求，服务器会返回报头来完成WebSocket握手。WebSocket的握手响应必须包含HTTP/1.1 101状态码和升级连接头（Upgrade connection headers）。这会通知浏览器，服务器正在从HTTP握手通信切换到WebSocket协议，以便进行后续的TCP会话。

提示　如果你想要自己实现WebSocket服务器，可以参考http://tools.ietf.org/html/draft-ietf-hybi-thewebsocketprotocol中公布的IETF 协议草案或是最新技术规范。

```
# 填写我们自己的响应报头
self.send_bytes("HTTP/1.1 101 Switching Protocols\r\n")
self.send_bytes("Upgrade: WebSocket\r\n")
self.send_bytes("Connection: Upgrade\r\n")
self.send_bytes("Sec-WebSocket-Accept: %s\r\n" % self.hash_key(key))
```

```
if "Sec-WebSocket-Protocol" in headers:
    protocol = headers["Sec-WebSocket-Protocol"]
    self.send_bytes("Sec-WebSocket-Protocol: %s\r\n" % protocol)
```

WebSocket框架

握手完成之后，客户端和服务器就可以随时发送消息了。在服务器上，每个连接都通过一个
WebSocketConnection实例来表示。WebSocketConnection的send函数会根据WebSocket协议
写出消息，如图7-6所示。数据有效负载前面的字节标明了帧的长度和类型。文本帧使用UTF-8
编码。在这台服务器上，每个WebSocket连接都是一个支持缓冲发送的异步套接字包装程序
（asyncore.dispatcher_with_send）。

浏览器端向服务器端发送的数据已做掩码计算。掩码（Mask）是WebSocket协议一个与众不
同的特征。数据有效负载的每个字节都和一个随机掩码做异或（XOR）运算，以确保WebSocket
传输有别于其他协议。例如，Sec-WebSocket-Key散列能够降低神秘形式的跨协议攻击对不符合
规定的网络架构的影响。

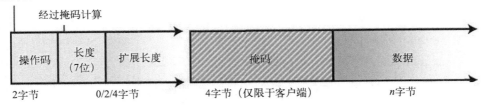

图7-6 WebSocket框架的各个部分

提示 Python等语言还有很多其他的异步I/O框架。之所以选Asyncore，是因为它包含在Python
标准库当中。另外要注意的是，这个实现中可支持WebSocket协议的草案10。这里只是为
了做个简单的演示。

WebSocketConnection继承自asyncore.dispatcher_with_send，并将send()函数重写以
支持帧文本和二进制消息：

```
def send(self,s):
  if self.readystate == "open":
    self.send_bytes("\x00")
    self.send_bytes(s.encode("UTF8"))
    self.send_bytes("\xFF")
```

websocket.py文件中WebSocketConnections的处理程序沿用了简易的调度接口。连接请求
到达时，调用处理程序中的dispatch()方法来为各帧分发有效载荷。EchoHandler方法会将各
条消息返回给发送者。

```
class EchoHandler(object):
    """
    The EchoHandler repeats each incoming string to the same WebSocket.
    """

    def __init__(self, conn):
        self.conn = conn

    def dispatch(self, data):
        self.conn.send("echo: " + data)
```

基本广播服务器broadcast.py的工作原理大致相同，但当广播程序接收到帧时，会返回给所有连接着的WebSocket，如下所示。

```
class BroadcastHandler(object):
    """
    The BroadcastHandler repeats incoming strings to every connected
    WebSocket.
    """

    def __init__(self, conn):
        self.conn = conn

    def dispatch(self, data):
        for session in self.conn.server.sessions:
            session.send(data)
```

broadcast.py中的处理程序提供了一种轻量级的消息广播器，它只负责简单地发送和接收任意数据，对我们的示例而言这已经足够了。需要注意，广播服务器并不对输入进行任何验证，但产品化的消息服务器中这种验证是必需的。产品化的WebSocket服务器至少要对输入数据的格式进行验证。

最后，代码清单7-5和代码清单7-6分别提供了websocket.py和broadcast.py的完整代码。不过代码只是用来演示一个服务器的实现，并不适用于实际部署。

代码清单7-5　websocket.py的完整代码

```
#!/usr/bin/env python

import asyncore
import socket
import struct
import time
from hashlib import sha1
from base64 import encodestring


class WebSocketConnection(asyncore.dispatcher_with_send):

    TEXT = 0x01
    BINARY = 0x02

    def __init__(self, conn, server):
        asyncore.dispatcher_with_send.__init__(self, conn)

        self.server = server
        self.server.sessions.append(self)
```

```python
        self.readystate = "connecting"
        self.buffer = ""

    def handle_read(self):
        data = self.recv(1024)
        self.buffer += data
        if self.readystate == "connecting":
            self.parse_connecting()
        elif self.readystate == "open":
            self.parse_frame()

    def handle_close(self):
        self.server.sessions.remove(self)
        self.close()

    def parse_connecting(self):
        """
        Parse a WebSocket handshake. This is not a full HTTP request parser!
        """
        header_end = self.buffer.find("\r\n\r\n")
        if header_end == -1:
            return
        else:
            header = self.buffer[:header_end]
            # 从缓冲中移除报头，以及行结束符占用的4B
            self.buffer = self.buffer[header_end + 4:]
            header_lines = header.split("\r\n")
            headers = {}

            # 验证HTTP请求和构建路径
            method, path, protocol = header_lines[0].split(" ")
            if method != "GET" or protocol != "HTTP/1.1" or path[0] != "/":
                self.terminate()
                return

            # 解析报头
        for line in header_lines[1:]:
            key, value = line.split(": ")
            headers[key] = value

        headers["Location"] = "ws://" + headers["Host"] + path

        self.readystate = "open"
        self.handler = self.server.handlers.get(path, None)(self)

        self.send_server_handshake_10(headers)

def terminate(self):
    self.ready_state = "closed"
    self.close()

def send_server_handshake_10(self, headers):
    """
    Send the WebSocket Protocol draft HyBi-10 handshake response
    """
    key = headers["Sec-WebSocket-Key"]

    # write out response headers
    self.send_bytes("HTTP/1.1 101 Switching Protocols\r\n")
    self.send_bytes("Upgrade: WebSocket\r\n")
    self.send_bytes("Connection: Upgrade\r\n")
```

```
        self.send_bytes("Sec-WebSocket-Accept: %s\r\n" % self.hash_key(key))

        if "Sec-WebSocket-Protocol" in headers:
            protocol = headers["Sec-WebSocket-Protocol"]
            self.send_bytes("Sec-WebSocket-Protocol: %s\r\n" % protocol)

    def hash_key(self, key):
        guid = "258EAFA5-E914-47DA-95CA-C5AB0DC85B11"
        combined = key + guid
        hashed = sha1(combined).digest()
        return encodestring(hashed)

    def parse_frame(self):
        """
        Parse a WebSocket frame. If there is not a complete frame in the
        buffer, return without modifying the buffer.
        """
        buf = self.buffer
        payload_start = 2

        # try to pull first two bytes
        if len(buf) < 3:
            return
        b = ord(buf[0])
        fin = b & 0x80      # 1st bit
        # next 3 bits reserved
        opcode = b & 0x0f    # low 4 bits
        b2 = ord(buf[1])
        mask = b2 & 0x80   # high bit of the second byte
        length = b2 & 0x7f  # low 7 bits of the second byte

        # check that enough bytes remain
        if len(buf) < payload_start + 4:
            return
        elif length == 126:
            length, = struct.unpack(">H", buf[2:4])
            payload_start += 2
        elif length == 127:
            length, = struct.unpack(">I", buf[2:6])
            payload_start += 4

        if mask:
            mask_bytes = [ord(b) for b in buf[payload_start:payload_start + 4]]
            payload_start += 4

        # is there a complete frame in the buffer?
        if len(buf) < payload_start + length:
            return

        # remove leading bytes, decode if necessary, dispatch
        payload = buf[payload_start:payload_start + length]
        self.buffer = buf[payload_start + length:]

        # use xor and mask bytes to unmask data
        if mask:
            unmasked = [mask_bytes[i % 4] ^ ord(b)
                    for b, i in zip(payload, range(len(payload)))]
            payload = "".join([chr(c) for c in unmasked])

        if opcode == WebSocketConnection.TEXT:
            s = payload.decode("UTF8")
            self.handler.dispatch(s)
```

```python
        if opcode == WebSocketConnection.BINARY:
            self.handler.dispatch(payload)
        return True

    def send(self, s):
        """
        Encode and send a WebSocket message
        """

        message = ""
        # always send an entire message as one frame (fin)
        b1 = 0x80

        # in Python 2, strs are bytes and unicodes are strings
        if type(s) == unicode:
            b1 |= WebSocketConnection.TEXT
            payload = s.encode("UTF8")
        elif type(s) == str:
            b1 |= WebSocketConnection.BINARY
            payload = s

        message += chr(b1)

        # never mask frames from the server to the client
        b2 = 0
        length = len(payload)
        if length < 126:
            b2 |= length
            message += chr(b2)
        elif length < (2 ** 16) - 1:
            b2 |= 126
            message += chr(b2)
            l = struct.pack(">H", length)
            message += l
        else:
            l = struct.pack(">Q", length)
            b2 |= 127
            message += chr(b2)
            message += l

        message += payload

        if self.readystate == "open":
            self.send_bytes(message)

    def send_bytes(self, bytes):
        try:
            asyncore.dispatcher_with_send.send(self, bytes)
        except:
            pass


class EchoHandler(object):
    """
    The EchoHandler repeats each incoming string to the same WebSocket.
    """

    def __init__(self, conn):
        self.conn = conn
```

```python
    def dispatch(self, data):
      try:
        self.conn.send(data)
      except:
        pass


class WebSocketServer(asyncore.dispatcher):
    def __init__(self, port=80, handlers=None):
      asyncore.dispatcher.__init__(self)
      self.handlers = handlers
      self.sessions = []
      self.port = port
      self.create_socket(socket.AF_INET, socket.SOCK_STREAM)
      self.set_reuse_addr()
      self.bind(("", port))
      self.listen(5)

    def handle_accept(self):
      conn, addr = self.accept()
      session = WebSocketConnection(conn, self)

if __name__ == "__main__":
  print "Starting WebSocket Server"
  WebSocketServer(port=8080, handlers={"/echo": EchoHandler})
  asyncore.loop()
```

代码清单7-6   broadcast.py的完整代码

```python
#!/usr/bin/env python

import asyncore
from websocket import WebSocketServer


class BroadcastHandler(object):
    """
    The BroadcastHandler repeats incoming strings to every connected
    WebSocket.
    """

    def __init__(self, conn):
        self.conn = conn

    def dispatch(self, data):
        for session in self.conn.server.sessions:
            session.send(data)


if __name__ == "__main__":
    print "Starting WebSocket broadcast server"
    WebSocketServer(port=8080, handlers={"/broadcast": BroadcastHandler})
    asyncore.loop()
```

从代码中可以看到，WebSocket握手中有一个特殊的关键值计算。这是为了防止跨协议（cross-protocol）攻击。简而言之，这种机制能够阻止恶意的WebSocket客户端代码连接到非WebSocket服务器。对GUID和随机值进行散列运算足以确定响应服务器正确理解了WebSocket协议。

现在我们有了可用的Echo服务器，下一步需要编写客户端程序。Web浏览器实现了WebSocket协议连接中一半的功能。我们能够使用JavaScript API来与简单服务器进行通信。

7.3　使用 HTML5 WebSockets API

本节我们将更为详细地探讨HTML5 WebSockets的使用方法。

7.3.1　浏览器支持情况检测

在使用HTML5 WebSockets API之前，首先需要确认浏览器的支持情况。如果浏览器不支持，我们可以提供一些替代信息，提示用户升级浏览器。代码清单7-7是检测浏览器支持情况的一种方法。

代码清单7-7　检测浏览器支持情况

```
function loadDemo() {
  if (window.WebSocket) {
    document.getElementById("support").innerHTML = "HTML5 WebSocket is supported in your
                                      browser.";
  } else {
    document.getElementById("support").innerHTML = "HTML5 WebSocket is not supported in
                                      your browser.";
  }
}
```

上面的示例代码使用loadDemo函数检测浏览器支持性，该函数会在页面加载时被调用。若存在WebSocket对象，调用window.WebSocket就会将其返回，否则将触发异常失败处理。然后，根据检测结果更新页面显示。由于页面代码中预定义了support元素，将适当的信息显示在此元素中就可以从页面上反映出浏览器的支持情况。

检测浏览器是否支持HTML5 WebSockets的另一种方法是使用浏览器控制台（如Firebug或Chrome开发工具）。图7-7是在Google Chrome中检测自身是否支持WebSockets（若不支持，window.WebSocket命令将返回"undefined"）。

图7-7　通过Google Chrome开发工具来检测WebSocket支持性

7.3.2　API 的基本用法

以下示例代码均位于本书网站上的WebSockets部分。websocket.html文件、broadcast.html文件（还包括下面一节中用到的tracker.html文件），以及前面提到的可在Python中启动的WebSocket服务器的代码都在同一个文件夹中。

1. WebSocket对象的创建及其与WebSocket服务器的连接

WebSocket接口的使用非常简单。要连接通信端点，只需要创建一个新的WebSocket实例，并提供希望连接的对端URL。ws://和wss://前缀分别表示WebSocket连接和安全的WebSocket连接。

```
url = "ws://localhost:8080/echo";
w = new WebSocket(url);
```

建立WebSocket连接时，可以列出Web应用能够使用的协议。WebSocket构造函数的第二个参数既可以是字符串，也可以是字符串数组，其中名为subprotocols的字符串是Web应用能够理解且期望用于通信的协议。

```
w = new WebSocket(url, protocol);
```

你甚至可以列出几个协议：

```
w = new WebSocket(url, ["proto1", "proto2"]);
```

假设proto1和proto2是定义明确、可能已注册且标准化的协议名称，它们能够同时为客户端和服务器端所理解。服务器会从列表中选择首选协议。套接字打开时，它的协议属性将会包含服务器选择的那个协议。

```
onopen = function(e) {
  // 确定服务器选择的协议
  log(e.target.protocol)
}
```

可使用的协议包括XMPP（Extensible Messaging and Presence Protocol，或称Jabber）、AMQP（Advanced Message Queuing Protocol）、RFB（Remote Frame Buffer，或称VNC）和STOMP（Streaming Text Oriented Messaging Protocol）。它们都是实际中许多客户端和服务器所使用的协议。使用标准化的协议能够确保来自不同机构的Web应用和服务器的互操作性。同时，这也打开了一扇通向公共WebSocket服务的大门。你可以首先使用已知协议跟某个服务器通信。随后，那些能够理解相同协议的客户端应用可以连接并参与进来。

本示例没有使用标准协议。我们不想介绍外部依赖，也不想占用篇幅实现一个完整的标准协议。本示例直接使用了WebSocket API，如果你想编码实现一套新协议，那么正如你所愿。

2. 添加事件监听器

WebSocket编程遵循异步编程模型；打开socket后，只需要等待事件发生，而不需要主动向服务器轮询，所以需要在WebSocket对象中添加回调函数来监听事件。

WebSocket对象有三个事件：open、close和message。当连接建立时触发open事件，当收到消息时触发message事件，当WebSocket连接关闭时触发close事件。错误事件触发时会响应未预料到的错误同大多数JavaScript API一样，事件处理时会调用相应的（onopen、onmessage、 onclose和onerror）回调函数。

```
w.onopen = function() {
  log("open");
  w.send("thank you for accepting this websocket request");
}
w.onmessage = function(e) {
  log(e.data);
}
w.onclose = function(e) {
  log("closed");
}
w.onerror = function(e) {
  log("error");
}
```

让我们再来看一下消息处理器。如果WebSocket协议消息被编码成了文本，则消息事件的data属性是一个字符串。对于二进制消息，data属性值可以是Blob或ArrayBuffer，具体取决于WebSocket中binaryType属性的值。

```
w.binaryType = "arraybuffer";
w.onmessage = function(e) {
  // data can now be either a string or an ArrayBuffer
  log(e.data);
}
```

3. 发送消息

当socket处于打开状态（即调用onopen监听程序之后，调用onclose监听程序之前），可以采用send方法来发送消息。消息发送完成之后，可以调用close方法来终止连接，当然也可以不这么做，让其保持打开状态。

```
document.getElementById("sendButton").onclick = function() {
  w.send(document.getElementById("inputMessage").value);
}
```

浏览器双向通信就这么简单。为完整起见，代码清单7-8列出了带有WebSocket代码的整个HTML页面代码。

在更高级的WebSocket用法中，你可能会想测算在调用send()函数之前，有多少数据备份在发送缓冲区中。bufferAmount属性表示已在WebSocket上发送但尚未写入网络的字节数。在Web应用发送数据时，bufferAmount属性对于调节发送速率很有用。

```
document.getElementById("sendButton").onclick = function() {
  if (w.bufferedAmount < bufferThreshold) {
    w.send(document.getElementById("inputMessage").value);
  }
}
```

除了字符串，WebSocket还能发送二进制数据。这对实现二进制协议特别有用，如通常运行于TCP协议之上的标准因特网协议。WebSocket API支持以二进制数据的形式发送Blob和ArrayBuffer实例。

```
var a = new Uint8Array([8,6,7,5,3,0,9]);
w.send(a.buffer);
```

代码清单7-8   websocket.html代码

```
<!DOCTYPE html>
<title>WebSocket Test Page</title>

<script>
    var log = function(s) {
        if (document.readyState !== "complete") {
            log.buffer.push(s);
        } else {
            document.getElementById("output").textContent += (s + "\n")
        }
    }
    log.buffer = [];

    if (this.MozWebSocket) {
        WebSocket = MozWebSocket;
    }

    url = "ws://localhost:8080/echo";
    w = new WebSocket(url);
    w.onopen = function() {
        log("open");
        // set the type of binary data messages to ArrayBuffer
        w.binaryType = "arraybuffer";

        // send one string and one binary message when the socket opens
        w.send("thank you for accepting this WebSocket request");
        var a = new Uint8Array([8,6,7,5,3,0,9]);
        w.send(a.buffer);
    }
    w.onmessage = function(e) {
        log(e.data.toString());
    }
    w.onclose = function(e) {
        log("closed");
    }
    w.onerror = function(e) {
        log("error");
    }

    window.onload = function() {
        log(log.buffer.join("\n"));
        document.getElementById("sendButton").onclick = function() {
            w.send(document.getElementById("inputMessage").value);
        }
    }
</script>

<input type="text" id="inputMessage" value="Hello, WebSocket!"><button
id="sendButton">Send</button>
<pre id="output"></pre>
```

4. 运行WebSocket页面

为了测试带有WebSocket代码的websocket.html页面，请打开命令行窗口，转到WebSocket代码所在目录下，输入以下命令启动服务器：

```
python -m SimpleHTTPServer 9999
```

下一步，打开另一命令行窗口，转到WebSocket代码所在目录，输入以下命令来启动Python WebSocket服务：

```
python websocket.py
```

最后，打开支持WebSockets的浏览器，浏览http://localhost:9999/websocket.html。
图7-8为运行起来的页面。

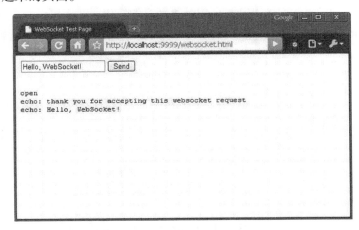

图7-8　websocket.html运行页面

示例代码文件夹中还包含一个Web页面，可以连接到之前创建的broadcast服务。操作步骤如
下：先将正在运行WebSocket服务器的命令行窗口关闭，然后转到WebSocket代码所在目录，输入
以下命令启动Python WebSocket服务器。

```
python broadcast.py
```

分别打开两个支持WebSocket的浏览器，统一转到http://localhost:9999/broadcast.html。
图7-9所示为broadcast WebSocket服务器在两个独立的Web页面中的运行情况。

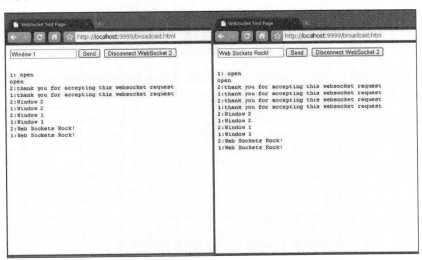

图7-9　两个浏览器中运行的broadcast.html

7.4   创建 HTML5 WebSockets 应用程序

我们已经了解WebSocket的基本知识，现在可以动手实践一下了。之前，我们使用HTML5 Geolocation接口创建了一个直接在Web页面中计算距离的应用。我们可以利用同样的Geolocation技术，结合对WebSockets的支持，创建一个支持多方通信的简单应用：位置跟踪器。

提示   我们需要用到上面介绍的broadcast WebSocket服务器，如果对此还不是很熟悉，则建议先花一些时间来学习相关的基础知识。

在这个示例应用中，我们会将WebSocket和Geolocation技术相结合，以便确定用户位置并将其广播给所有有效的监听者。所有加载该应用并连接到同一broadcast服务器的用户都将通过WebSocket来定期发送他们的位置信息。同时，该应用还将监听所有来自服务器的消息，并将其向所有监听者实时地更新显示。在长跑比赛中，此类应用可以使参赛者知道所有参赛选手的位置，并促使他们加快速度（或是减慢速度）。

除经度和纬度位置之外，这个小应用不包含任何个人信息。姓名、生日、喜欢的冰淇淋口味等都是严格保密的。

敬告用户

"这是一个关于个人信息共享的应用程序。在应用首次访问Geolocation API的时候，浏览器会为用户弹出一个提示框。诚然，这里只共享了位置信息。但是，如果用户没明白浏览器警告的意思，那么这个应用将会非常严肃地给他上一课，他会意识到将敏感信息传送到远端有多么容易。请确保用户充分理解位置信息提交的后果。

如果用户对此有疑问，我们需要在应用中多做一些相关的工作，提前告知用户他们的敏感数据会被如何使用。告知方式应尽量简洁。"

——Brian

敬告过后让我们深入探讨代码。同样地，完整代码示例都在网上，以供细读。这里我们将关注其中最重要的部分。应用程序的最终效果如图7-10所示，理论上还可以通过叠加在地图上来对其进行优化。

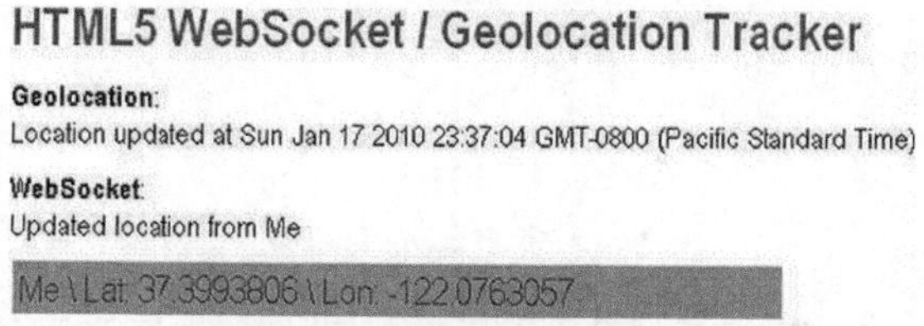

HTML5 WebSocket / Geolocation Tracker

Geolocation:
Location updated at Sun Jan 17 2010 23:37:04 GMT-0800 (Pacific Standard Time)

WebSocket:
Updated location from Me

Me \ Lat 37.3993806 \ Lon -122.0763057

图7-10   位置跟踪器应用

7.4.1　编写 HTML 文件

示例中的HTML标签专门进行了简化，这样有助于突出手边的数据。有多简单呢？

```
<body onload="loadDemo()">

<h1>HTML5 WebSocket / Geolocation Tracker</h1>

<div><strong>Geolocation</strong>: <p id="geoStatus">HTML5 Geolocation is
 <strong>not</strong> supported in your browser.</p></div>
<div><strong>WebSocket</strong>: <p id="socketStatus">WebSocket is <strong>not</strong>
 supported in your browser.</p></div>

</body>
```

简单到只包含一个标题和一些状态区域：一个用于更新Geolocation，另一个用于记录WebSocket行为日志。这样，当收到实时消息时，就可将实际位置数据插入到页面中。

默认情况下，状态信息会显示用户的浏览器不支持Geolocation或WebSockets。一旦检测到可以支持这两种HTML5技术，就采用更为友好的方式来更新状态信息。

```
<script>

    // WebSocket的引用
    var socket;

    // 为该会话生成唯一的随机ID
    var myId = Math.floor(100000*Math.random());

    // 当前显示的行数
    var rowCount = 0;
```

我们再次通过脚本实现了应用功能。首先，定义几个变量。

- ❑ socket：全局变量，方便各种函数访问。
- ❑ myId：用于在线表示位置数据，介于0～100 000之间的随机数。这个数字仅用来表示相对位置变化，而无需使用名字之类的其他个人信息。足够大的数据池可保证每个人的标识唯一。
- ❑ rowCount：表示有多少用户将其位置数据发送给我们，主要用于可视化显示。

下面两个函数看起来应该比较眼熟。与其他示例应用一样，它们用来辅助更新状态信息。有两个状态信息需要更新。

```
function updateSocketStatus(message) {
    document.getElementById("socketStatus").innerHTML = message;
}

function updateGeolocationStatus(message) {
    document.getElementById("geoStatus").innerHTML = message;
}
```

当获取位置出现异常时，有必要设置对用户友好的异常提醒信息。如需了解更多的Geolocation异常处理信息，请查阅第5章。

```
function handleLocationError(error) {
    switch(error.code)
    {
    case 0:
      updateGeolocationStatus("There was an error while retrieving your location: " +
```

```
                error.message);
            break;
        case 1:
            updateGeolocationStatus("The user prevented this page from retrieving a
                    location.");
            break;
        case 2:
            updateGeolocationStatus("The browser was unable to determine your location: " +
                    error.message);
            break;
        case 3:
            updateGeolocationStatus("The browser timed out before retrieving the location.");
            break;
    }
}
```

7.4.2   添加 WebSocket 代码

现在，一起来看一下核心功能代码。页面初始加载时会调用loadDemo函数，它是应用程序的起点。

```
function loadDemo() {
    // 进行检测，确保浏览器支持sockets
    if (window.WebSocket) {

        // Broadcast WebSocket server服务器的位置
        url = "ws://localhost:8080";
        socket = new WebSocket(url);
        socket.onopen = function() {
            updateSocketStatus("Connected to WebSocket tracker server");
        }
        socket.onmessage = function(e) {
            updateSocketStatus("Updated location from " + dataReturned(e.data));
        }
    }
}
```

首先是创建WebSocket连接。同其他HTML5技术一样，在使用之前，需要进行浏览器支持情况检测，因此代码一开始测试了浏览器是否支持window.WebSocket对象。

一旦验证通过，就可以使用之前提到的连接字符串格式来与远程广播服务器建立连接。连接会保存在我们声明的socket全局变量中。

最后，我们建立了两个函数，用来在WebSocket收到更新消息时执行相关操作。onopen函数只负责更新状态信息以告知用户已成功建立连接。类似地，onmessage函数只负责更新状态信息以告知用户消息已送达。onmessage函数同时还会调用即将到来的dataReturned函数以便在页面上显示送达的消息内容。dataReturned函数稍后再进行讨论。

7.4.3   添加 Geolocation 代码

读过第5章后，下面的代码应该就不陌生了。这里，我们要检测Geolocation服务的浏览器支持情况，并对状态信息做相应更新。

```
var geolocation;
if(navigator.geolocation) {
    geolocation = navigator.geolocation;
        updateGeolocationStatus("HTML5 Geolocation is supported in your browser.");
    }

    // 使用Geolocation API注册位置更新处理函数
    geolocation.watchPosition(updateLocation,
                              handleLocationError,
                              {maximumAge:20000});
}
```

和第5章中一样，我们监控当前位置的变化，并注册处理函数保证在位置发生变化时，**updateLocation**函数会被调用。错误信息会发送至**handleLocationError**函数，位置信息则设为每20s更新一次。

当新位置可用时，浏览器将调用以下处理程序。

```
function updateLocation(position) {
        var latitude = position.coords.latitude;
        var longitude = position.coords.longitude;
        var timestamp = position.timestamp;

        updateGeolocationStatus("Location updated at " + timestamp);

        // 通过WebSocket发送我的位置
        var toSend = JSON.stringify([myId, latitude, longitude]);
        sendMyLocation(toSend);
    }
```

这部分看起来与第5章中非常类似，但要简单得多。这里，我们从浏览器提供的位置信息中提取了经度、纬度和时间戳信息，然后更新状态消息，表明新的位置信息已经到达。

7.4.4　合并所有内容

最后一段代码得出了用于发送给远程broadcast WebSocket服务器的消息字符串，它采用JSON编码格式：

```
"[<id>, <latitude>, <longitude>]"
```

其中id是一个用来标识用户的随机数，**latitude**和**longitude**是由Geolocation位置对象提供的。我们将JSON格式编码的字符串信息直接发送给服务器。

通过**sendMyLocation()**函数可将位置信息发送给服务器。

```
function sendMyLocation(newLocation) {
    if (socket) {
        socket.send(newLocation);
    }
}
```

在socket已成功创建（并为后续访问保留）的情况下，通过这个函数将消息字符串发送到服务器是安全的。消息到达后，WebSocket消息广播服务器将把位置信息分发给处于连接状态且正在监听消息的每一个浏览器。这样，每个人都能知道你在哪里，至少通过随机数标识出的大量匿名用户能让人了解你的动向。

　　发送消息之后，让我们看看这些相同消息抵达时，浏览器将如何处理。回想一下，我们已在 socket 上注册了 onmessage 函数，其作用是将所有输入数据传送到 dataReturned() 函数。下一步，我们来详细分析这个函数。

```
function dataReturned(locationData) {
    // 从数据中拆分出ID、经度和纬度
    var allData = JSON.parse(locationData);
    var incomingId    = allData[1];
    var incomingLat   = allData[2];
    var incomingLong  = allData[3];
```

　　dataReturned() 函数有两个功能。它将在页面中创建（或更新）显示元素，以便呈现收到的消息字符串中的位置信息，同时返回标明了消息来源于哪个用户的文本信息。随后 socket.onmessage 函数会将其中的用户名显示在页面上方状态信息中。

　　数据处理函数的第一步操作是使用 JSON.parse 对收到的数据进行分解。尽管从健壮性角度考虑，还应该检查数据格式是否非法，但是作为示例，此处假设所有消息格式都是合法的。因此，字符串会被干净利落地分解成随机 ID、纬度和经度。

```
// 根据ID定位到HTML元素
// 如果不存在，就创建
var incomingRow = document.getElementById(incomingId);
if (!incomingRow) {
    incomingRow = document.createElement('div');
    incomingRow.setAttribute('id', incomingId);
```

　　当收到一条消息时，用户界面会为每个随机 ID 创建一个可见的 <div>。用户的 ID 也会显示在里面，换句话说，当前用户自己的数据发送出去并从 WebSocket 广播服务器返回后，也会被显示在页面上。

　　因此，我们首先要通过消息字符串中的 ID 来定位它所对应的行元素。如果不存在，就创建一个，并将其 id 值设为从 socket 服务器返回的 id 值，以备后用。

```
incomingRow.userText = (incomingId == myId) ?
                        'Me'                 :
                        'User ' + rowCount;

rowCount++;
```

　　数据行中显示什么样的用户文本内容很容易判断。如果 ID 与用户 ID 一致，就显示为 "me"。否则，用户名由一个公共字符串和一个每次加 1 的行数组合而成。

```
    document.body.appendChild(incomingRow);
}
```

　　新的显示元素就绪后，就会被插入到页面最后。不管显示元素是新建的还是已经存在的（如果不是某个用户的第一次位置更新，那相应的显示元素就已经存在了），都需要根据当前的文本信息更新它的内容。

```
// 使用新的值更新对应行的文本
incomingRow.innerHTML = incomingRow.userText + " \\ Lat: " +
                        incomingLat + "  \\ Lon: " +
                        incomingLong;

    return incomingRow.userText;
}
```

在这个示例中，我们通过一个反斜杠（当然，经过了转义处理）来分隔用户名文本信息和经、纬度信息。最后，为了更新状态行，用于显示的用户名文本将返回给调用函数。

WebSocket和Geolocation的组合程序已经完成。但要注意，只有当多个浏览器同时访问应用时，你才能看到多条更新信息。读者不妨做个练习，改造示例代码，让位置信息显示在Google地图上。然后，你就会明白HTML5的奥妙了。

7.4.5 最终代码

代码清单7-9给出了tracker.html文件中的源代码。

代码清单7-9　tracker.html

```
<!DOCTYPE html>
<html lang="en">

<head>
<title>HTML5 WebSocket / Geolocation Tracker</title>
<link rel="stylesheet" href="styles.css">
</head>

<body onload="loadDemo()">

<h1>HTML5 WebSocket / Geolocation Tracker</h1>

<div><strong>Geolocation</strong>: <p id="geoStatus">HTML5 Geolocation is
 <strong>not</strong> supported in your browser.</p></div>
<div><strong>WebSocket</strong>: <p id="socketStatus">WebSocket is <strong>not</strong>
 supported in your browser.</p></div>

<script>

    // WebSocket的引用
    var socket;

    // 为该会话生成唯一的随机ID
    var myId = Math.floor(100000*Math.random());

    // 当前显示的行数
    var rowCount = 0;

    function updateSocketStatus(message) {
        document.getElementById("socketStatus").innerHTML = message;
    }

    function updateGeolocationStatus(message) {
    document.getElementById("geoStatus").innerHTML = message;
}

function handleLocationError(error) {
    switch(error.code)
    {
    case 0:
      updateGeolocationStatus("There was an error while retrieving your location: " +
                              error.message);
      break;
```

```
    case 1:
      updateGeolocationStatus("The user prevented this page from retrieving a
                              location.");
      break;
    case 2:
      updateGeolocationStatus("The browser was unable to determine your location: " +
                              error.message);
      break;
    case 3:
      updateGeolocationStatus("The browser timed out before retrieving the location.");
      break;
    }
}

function loadDemo() {
    // 进行测试，确保浏览器支持sockets
    if (window.WebSocket) {

        // broadcast WebSocket服务器的位置
        url = "ws://localhost:8080";
        socket = new WebSocket(url);
        socket.onopen = function() {
            updateSocketStatus("Connected to WebSocket tracker server");
        }
        socket.onmessage = function(e) {
            updateSocketStatus("Updated location from " + dataReturned(e.data));
        }
    }

    var geolocation;
    if(navigator.geolocation) {
        geolocation = navigator.geolocation;
        updateGeolocationStatus("HTML5 Geolocation is supported in your browser.");

        // 使用Geolocation API注册位置更新处理函数
        geolocation.watchPosition(updateLocation,
                                  handleLocationError,
                                  {maximumAge:20000});
    }
}

function updateLocation(position) {
        var latitude = position.coords.latitude;
        var longitude = position.coords.longitude;
        var timestamp = position.timestamp;

        updateGeolocationStatus("Location updated at " + timestamp);

        // 通过WebSocket发送我的位置
        var toSend = JSON.stringify([myId, latitude, longitude]);
        sendMyLocation(toSend);
}

function sendMyLocation(newLocation) {
    if (socket) {
        socket.send(newLocation);
    }
}

function dataReturned(locationData) {
    // 从数据中拆分出ID、经度和纬度
```

```
        var allData = JSON.parse(locationData)
        var incomingId   = allData[1];
        var incomingLat  = allData[2];
        var incomingLong = allData[3];

        // 根据ID定位到HTML元素
        // 如果不存在，就创建
        var incomingRow = document.getElementById(incomingId);
        if (!incomingRow) {
            incomingRow = document.createElement('div');
            incomingRow.setAttribute('id', incomingId);

            incomingRow.userText = (incomingId == myId) ?
                                        'Me'             :
                                        'User ' + rowCount;

            rowCount++;

            document.body.appendChild(incomingRow);
        }

        // 使用新的值更新对应行的文本
        incomingRow.innerHTML = incomingRow.userText + " \\ Lat: " +
                                incomingLat + " \\ Lon: " +
                                incomingLong;

        return incomingRow.userText;
    }

</script>
</body>
</html>
```

7.5　小结

　　本章，我们演示了如何使用WebSockets创建引人注目的实时应用，见证了其开发有多么简单，功能又是多么强大。

　　首先，我们了解了HTML5 WebSockets协议本身的特性，以及它对现有HTTP流量方面的影响。我们从网络开销方面对比了基于轮询的通信策略和WebSocket通信技术。

　　然后，我们搭建了一个简单的WebSocket服务器来演示WebSocket的运行情况，从整个搭建过程中可以看到WebSocket协议在实际使用中非常简单。类似地，我们还讨论了客户端的WebSockets API，发现它也很容易与现有JavaScript程序集成。

　　最后，我们创建了一个相对复杂的示例应用，它综合了Geolocation和WebSocket的能力，这也说明两种技术完全能够良好地协同工作。

　　现在，我们已经了解了HTML5为浏览器带来的TCP式的网络编程技术。下一步，我们会把注意力转移到收集更多有用的数据上，而不仅仅是用户的当前位置信息。下一章，我们将深入了解HTML5在表单控件方面的改进。

第 8 章

Forms API

本章我们将探讨一种旧貌换新颜的技术——HTML表单。HTML表单自问世以来,一直是Web的核心技术之一。如果没有表单,那么很多应用,如在线交易、论坛以及搜索等,根本无法实现。

尽管HTML5 Forms已经出现多年,但无论从规范还是从具体实现来说,它始终都是最不稳定的一块内容。有好消息也有坏消息,好消息是这部分的发展速度非常快,坏消息是开发人员需要仔细选择新的表单控件,以确保兼容所有浏览器。HTML5 Forms规范详细规定了大量的表单 API,新发布的兼容HTML5的主流浏览器都会或多或少地添加对表单控件的支持,这其中不乏一些有用的验证功能。

我们将利用一章的篇幅梳理表单控件,为你介绍哪些可以使用,哪些即将发布。

8.1　HTML5 Forms 概述

如果熟悉HTML表单(对HTML高级编程感兴趣的人通常如此),那么你会很容易适应HTML5 Forms的新增功能。如果不熟悉表单的基本知识,我们建议你先阅读一些表单创建和处理方面的教程。本章用到的旧表单知识在相关教程中都能找到,而作为开发人员的你一定乐于看到下面的几点:

表单仍然使用<form>元素作为容器,我们可以在其中设置基本的提交特性;

当用户或开发人员提交页面时,表单仍然用于向服务器端发送表单中控件的值;

所有之前熟悉的表单控件,如文本框、单选按钮、复选框等,都沿用原来的使用方法(尽管增加了新的功能);

仍然可以使用脚本操作表单控件,喜欢自己修改和编写处理函数的开发人员大可放心。

8.1.1　HTML Forms 与 XForms

在过去的数年间(远在HTML5受到普遍关注以前),你可能听说过XForms的事。XForms是一个以XML为核心、功能强大却略显复杂的标准,它用于规范客户端表单的行为,而专门的W3C工作组研究这些行为已经近十年。XForms充分利用了XML Schema,制定了针对验证和格式化的精确准则。不过,很遗憾,在没有安装插件的情况下,主流浏览器均不支持XForms。

HTML5 Forms不是Forms。

8.1.2 功能性表单

HTML5 表单规范更加注重对现有的简单HTML表单功能的改进，力求使之包含更多控件类型，同时它还着力解决Web开发人员今天面对的实际难题。不过，在开发过程中有一点需要牢记于心，那就是时刻关注表单的跨浏览器表现。

提示 一定要领会HTML5 Forms的核心设计理念：规范的核心是功能性动作和语义，而非外观和显示效果。

规范虽然详细描述了相关功能性API的使用方法，如颜色、日历、数值选择器、邮件地址等，但是它并没有规定浏览器应该以何种方式将这些元素呈现给用户。这种做法带来了多方面的好处。首先，浏览器会竞相改善用户交互方式；其次，它分离了样式和语义；再次，在未来或面对专用用户输入设备时，可以根据实际情况灵活调整交互方式。不过，除非目标浏览器平台能够支持Web应用中用到的所有表单控件，否则，你要向用户提供充足的上下文信息，以确保他们能够通过其他方式完成与应用间的交互。有了正确的提示和描述后，用户在使用过程中才不会产生疑问，即使浏览器不支持未知表单输入控件而采用了备选处理方案，用户也不会因此而受到影响。

HTML5 表单包含了大量新的API和元素类型，它们已经得到众多浏览器的支持。为了便于理解，我们将其分成两类：

❑ 新的输入型控件；

❑ 新的函数和特性。

在正式讨论之前，让我们了解一下各浏览器对HTML5 Forms的支持情况。

8.1.3 HTML5 Forms 的浏览器支持情况

支持HTML5表单的浏览器与日俱增，但支持程度参差不齐。所有的主流浏览器厂商都支持很多表单控件，Opera走在了早期实现的前列。不管怎样，规范是固定不变的。

对于新的HTML5 Forms而言，检测浏览器支持情况其实意义不大，因为根据新的设计原则，在旧的浏览器中新的表单控件会平滑降级。换言之，这意味使用HTML5 Forms的新元素完全没有后顾之忧，因为浏览器不支持新的输入型控件时，会把它们呈现为简单的文本输入框。不过，也正因为如此，多层（multi-tier）表单验证显得尤为重要（随后我们会详细讨论），即使现代浏览器都支持对表单控件的数据类型进行验证，我们也不能完全依赖其自身提供的验证器。

现在，我们已经了解了浏览器的支持情况。接下来，让我们逐一了解HTML5规范中新增的表单控件。

8.1.4   输入型控件目录

从W3C网站上可以找到HTML5中所有新增和修改的元素，具体的元素目录位于http://dev.
w3.org/html5/markup/。

目录列出了HTML页面中当前已有以及未来可能发布的所有元素。新增的和修改过的元素
也在目录清单中。然而，列表中所谓的"新"是相对于HTML4规范而言——并不代表该元素
已经获得浏览器支持或者出现在了最终规范中。明确了这一点后，让我们开始讨论HTML5引
入的新的表单元素。表8-1列出了`type`特性对应的新的特性值。Web开发人员都会非常熟悉
`<input type="text">`和`<input type="checkbox">`。新特性值的使用方式与现有的模式
类似。

表8-1   浏览器中出现的新HTML5 表单元素

类　　型	用　　途
tel	电话号码
email	电子邮件地址文本框
url	网页的 URL
Search	用于搜索引擎，比如在站点顶部显示的搜索框
range	特定值范围内的数值选择器，典型的显示方式是滑动条
number	只包含数值的字段

新的输入型控件有什么用呢？用于API编程吗？貌似没多大用处。事实上，就`tel`、`email`、
`url`和`search`来说，我们无法通过合适的特性值把它们与简单输入类型`text`区分开来。

将输入控件指定为特殊的类型会得到什么呢？能够得到专用的输入型控件。（适用范围可能
有限，而且很多桌面浏览器可能也不支持。）

以`email`为例：

```
<input type="email">
```

这与以往的使用方式不同，以前只是声明单纯的`text`类型：

```
<input type="text">
```

这样做的好处是，可以让浏览器在支持控件的情况下，为用户呈现不同的输入方式或用户界
面，而且浏览器还可以在表单提交以前对其做进一步的验证，我们会在本章后面讨论验证。

移动设备浏览器向来是最先支持这些表单控件类型的浏览器。在手机上，每按下或单击一个
键对没有全键盘的用户来说，都是较大的负担。通过声明不同的类型，浏览器会显示不同的输入
界面。当类型为`text`时，iPhone手机会显示标准的屏幕键盘，如图8-1所示。

当类型为`email`时，iPhone手机会改变屏幕键盘，显示@符号，如图8-2所示。

图8-1　类型为text时的屏幕键盘　　　　图8-2　类型为email时的屏幕键盘

　　请注意二者在空格键区域的细微差别，类型为email时，在空格键区插入了@和. 符号以便于输入电子邮件地址。url和search类型与此类似，键盘上会有局部微调。不过，桌面版的Safari浏览器，以及其他没有明确支持email、url、search和tel类型的浏览器，只会显示普通文本输入框。未来的浏览器，即使是桌面版本，也可能会针对不同类型的输入框向用户提供直观的提示。以Opera浏览器为例，它会在输入框旁边显示一个小信封图标，表明应该在此输入框中输入电子邮件地址。尽管目前浏览器的支持情况有限，我们还是可以在Web应用程序中使用这些类型，因为浏览器会针对这些类型进行优化，或者干脆将其降级为普通文本输入框。

　　还有一种逐渐得到浏览器青睐的类型——<input type="range">。设计range类型的目的是为了让用户在指定的数值范围中进行选择。例如，在表单中使用range输入型控件来限制年龄选择的范围（如限定最小年龄为18）。通过创建range控件并为其指定min和max值，开发人员能够在页面上显示出一个数值范围选择器，用户只能选择指定范围内的数值。以Opera浏览器为例，如下代码：

```
<input type="range" min="18" max="120">
```

会生成一种便捷的控件，让用户从受限的年龄范围内选择合适的值。在最新的Opera浏览器中，其显示效果如下：

　　有点遗憾，浏览器没有在滑动条上显示刻度对应的数值大小。这样，用户也就无从得知自己选择的数值。解决这个问题很简单，添加onchange处理函数以便显示区域能够基于range控件值的改变而改变，具体实现见代码清单8-1。

注意　为什么range元素默认没有包含视觉显示效果呢？原因可能是为了让用户界面设计师能够定制range元素的精确位置和外观显示。使显示效果可选虽然会增加一点工作量，但是更具灵活性。

现在，新的表单控件中包含了一个简单的**output**元素，它是专门针对此类操作而设计的。**output**元素是用于存放值的表单元素。因此，我们就能够用它来显示**range**控件的值了。

代码清单8-1   用于更新output的onchange 处理函数

```
<label for="age">Age</label>
<input id="age" type="range" min="18" max="120" value="18" onchange="ageDisplay.value=value">
<output id="ageDisplay">18</output>
```

显示效果好多了，如下图所示。

Opera和基于WebKit的浏览器（Safari和Chrome）现已支持**range**类型的**input**元素。Firefox浏览器有对**range**类型的支持计划，但在本书写作过程中还未见进展。在Firefox浏览器中使用**range**类型时，目前只会显示常规的文本输入框。

另一个获得广泛支持的新的表单元素是**progress**元素。**progress**元素的作用与你预期的完全一样。它以一种易于识别的可视化格式显示任务完成的百分比。

进度分为确定和不确定两种。设想进度不确定的情况，如任务执行所需时长未知，而你又希望使得用户确信已经取得了一定的进展。显示进度不确定的**progress**元素，只用**progress**标签就够了，不需要添加属性。

```
<progress></progress>
```

不确定的进度条通常会显示为动态的条，但是上面没有完成百分比的指示符。

另一方面，确定的进度条会显示实际完成工作量的百分比。设置元素的**value**属性和**max**属性以触发确定的进度条显示。用设置的**value**属性值除以设置的**max**属性值能够计算出进度条上显示的完成百分比。为了便于计算，你可以选择任意值。例如，创建**progress**元素并显示已完成30%，代码如下：

```
<progress value="30" max="100"></progress>
```

通过设置上述属性值，用户能够快速了解到长时间运行的操作或者多步骤的过程的完成情况。使用脚本改变**value**属性值，可以轻易地更新进度显示，进而指示出朝向最终目标的进展情况。

HERE BE DRAGONS

"有句俚语叫'Here be dragons'，历史上人们会用它在地图上标出存在未知潜在危险的区域。表8-2示的表单元素亦是如此。虽然规范描述得很清晰，而且它们也已经存在一段时间了，但其中的大多数元素仍然缺乏在实践中的应用。

"期待有一天，浏览器开发者可以改进设计、弥合缺憾并响应反馈意见。届时，表8-2所示的表单元素会发生翻天覆地的变化。与其在开发中应用这些元素,倒不如将它们看做是HTML5表单发展的风向标。如果你坚持现在就用它们，那么后果自负……"

——Brian

还有一些已列入规范但尚未得到广泛支持的表单元素，见表8-2。

表8-2   未来的HTML5 Forms元素

类　　型	用　　途
color	颜色选择器，基于调色盘或者取色板进行选择
datetime	显示完整的日期和时间，包括时区，如图8-3所示
datetime-local	显示日期和时间，不含时区
time	不含时区的时间选择器和指示器
date	日期选择器
week	某年中的周选择器
month	某年中的月选择器

尽管一些先进的浏览器已经初步支持这些元素(如图8-3中是Opera的datetime元素的显示效果)，不过，本章不会把重点放在它们身上，因为这些元素有可能发生巨大的变化。请继续关注未来的版本吧！

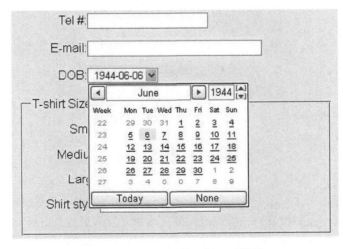

图8-3　datetime输入框显示效果

8.2　使用 HTML5 Forms API

熟悉了新的表单元素类型之后，接下来我们介绍新旧表单控件中都有的特性和API。开发功能强大的Web应用程序的用户界面时，代码量通常会很大，而表单控件的很多特性和API旨在有效减少代码量。使用某些新特性，你甚至可以开发出前所未见的界面效果；即使在最差的情况下，也可以省去页面中大量的脚本代码。

8.2.1　新的表单特性和函数

我们先来讨论HTML5新增的特性、函数和元素。如同新增的输入型控件一样，不管目标浏览器是否支持新增特性，我们都可以放心使用它们。因为市面上的浏览器在不支持这些特性时，会直接忽略它们，而不是报错。

1. placeholder

当用户还没有输入值的时候，输入型控件可以通过placeholder特性向用户显示描述性说明或者提示信息。这在目前流行的用户界面框架中很常见，而主流JavaScript框架也提供了类似的功能。不过，有了placeholder特性以后，现代浏览器就可以内置这项功能了。

使用placeholder特性只需将说明性文字作为该特性值即可。除了普通的文本输入框外，email、number、url等其他类型的输入框也都支持placeholder特性。

```
<label>Runner: <input name="name" placeholder="First and last name"></label>
```

在支持placeholder特性的现代浏览器中，特性值会以浅灰色的样式显示在输入框中，当页面焦点切换到输入框中，或者输入框中有值了以后，该提示信息就会消失。

Runner: First and last name

在不支持placeholder的浏览器中运行时，此特性会被忽略，以输入型控件的默认方式显示。

Runner:

类似地，在输入值的时候，placeholder文本也不会出现。

Runner: Racer Ecks

2. autocomplete

早在Internet Explorer 5.5就已经引入的autocomplete特性如今终于标准化了。万岁！（尽管浏览器从它出现时就一直提供支持，但规范化的行为对开发人员都有好处。）

浏览器通过autocomplete特性能够知晓是否应该保存输入值以备将来使用。例如不保存的代码如下：

```
<input type="text" name="creditcard" autocomplete="off">
```

autocomplete特性应该用来保护敏感用户数据，避免本地浏览器对它们进行不安全地存储。表8-3显示了autocomplete的不同行为。

表8-3　输入型控件的autocomplete行为

类　　型	作　　用
on	该字段无需受到保护，值可以被保存和恢复
off	该字段需要受到保护，值不可以被保存
unspecified	包含<form>的默认设置。如果没有被包含在表单中或没有指定值，则行为与设置为on时相同

3. autofocus

页面载入时，开发人员通过autofocus特性可以指定某个表单元素获得输入焦点。每个页面上只允许出现一个autofocus特性。如果设置了多个autofocus特性，则相当于未指定此行为。

提示　如果页面内容的呈现依赖于门户页面或者共享内容页面，那么很难做到每个页面只有一个autofocus控件。所以，如果你无法完全控制整个页面，就不要指望基于autofocus特性获取焦点。

为了让控件（如搜索文本输入框）自动获取焦点，只需在元素中设置autofocus特性即可：

```
<input type="search" name="criteria" autofocus>
```

与其他布尔类型特性一样，使autofocus特性生效不需要专门将其值设为true。

提示　在用户不希望焦点转移的情况下使用autofocus会惹恼用户。很多用户习惯于用键盘导航，这时切换表单控件的焦点会适得其反。最佳方案是仅当表单取全部默认值的情况下，才使用autofocus特性。

8

4. ellcheck属性

可对带有文本内容的输入控件和textarea控件设置spellcheck属性。设置完成后，它会询问浏览器是否应该给出拼写检查结果反馈。对于无法匹配当前设定字典中任意条目的文本，此元素的一般表示法是在相应文本下方画上一条红色的虚线。这会提示用户重新检查拼写或者查看浏览器给出的建议。

注意，spellcheck属性需要赋值。不要只设置元素的spellcheck属性，而不为它赋值。

```
<textarea id="myTextArea" spellcheck="true">
```

此外还要注意，大部分浏览器默认启用spellcheck，所以除非元素（或元素的祖先节点之一）关掉了拼写检查，否则浏览器会默认显示拼写检查。

5. list特性和datalist元素

通过组合使用list特性和datalist元素，开发人员能够为某个输入型控件构造一张选值列表，其使用方法如下。

(1) 创建id特性值唯一的datalist元素，该元素可插入文档的任意位置。

(2) 添加若干option元素作为datalist元素的子元素，它们表示某控件推荐选值的全集。例如，datalist元素若表示电子邮件列表，那么每个备选的e-mail地址都应该放入option元素中，代码如下：

```
<datalist id="contactList">
    <option value="x@example.com" label="Racer X">
    <option value="peter@example.com" label="Peter">
</datalist>
```

(3) 将input元素的list特性值设为datalist元素的id值，可以实现二者的关联。

```
<input type="email" id="contacts" list="contactList">
```

在支持list特性和datalist元素的浏览器中，自定义列表控件显示效果如下：

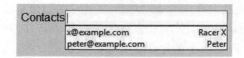

6. min和max

在之前的`<input type="range">`示例中我们看到，通过设置min和max特性，可以将range输入框的数值输入范围限定在最低值和最高值之间。这两个特性既可以只设置一个，也可以两个都设置，还可以都不设置，输入型控件会根据设置的参数对值范围做出相应调整。例如，创建一个表示信心大小的range控件，值范围从0%至100%，代码如下所示：

```
<input id="confidence" name="level" type="range" min="0" max="100" value="0">
```

上述代码会创建一个最小值为0、最大值为100的range控件，无巧不成书，默认值恰好也是0和100。

7. step

对于输入型控件，设置其step特性能够指定输入值递增或递减的粒度。例如，按以下方式将表示信心大小的range控件的step特性设置为5：

```
<input id="confidence" name="level" type="range" min="0" max="100" step="5" value="0">
```

设置完成后，控件可接受的输入值只能是初始值与5的倍数之和。换句话说，只能输入0、5、10……100，至于是由输入框还是滑动条输入则由浏览器决定。

step特性的默认值取决于控件的类型。对于range控件，step默认值为1。为了配合step特性，HTML5引入了stepUp和stepDown两个函数对其进行控制。

不出所料，两个函数的作用分别是根据step特性的值来增加或减少控件的值。如此一来，用户不必输入就能够调整输入型控件的值了。

8. valueAsNumber函数

valueAsNumber函数的作用是完成控件值类型在文本与数值间的相互转换。它既是getter函数又是setter函数。作为getter函数调用时，valueAsNumber函数将文本类型转换成number类型，以方便计算。如果转换失败，则会返回NaN值（Not-a-Number）。

valueAsNumber也可用于为输入型控件设置number值。例如，上述表示信心大小的range控件可以这样设置：

```
document.getElementById("confidence").valueAsNumber(65);
```

输入的数值必须同时满足min、max和step要求，否则会抛出错误。

9. required

一旦为某输入型控件设置了required特性，那么此项必填，否则无法提交表单。以文本输入框为例，要将其设置为必填项，按照如下方式添加required特性即可：

```
<input type="text" id="firstname" name="first" required>
```

如果此文本框中没有值，则无论以编程方式还是用户操作都将无法提交表单。required特性是最简单的一种表单验证方式，不过表单验证功能远不止于此。接下来，我们就详细的讨论。

8.2.2 表单验证

在深入探讨表单验证之前，让我们先思考一下表单验证的真实含义。就其核心而言，表单验证是一套系统，它为终端用户检测无效的控件数据并标记这些错误。换言之，表单验证就是在表单提交服务器前对其进行一系列的检查并通知用户纠正错误。

但是真正的表单验证是什么？

是一种优化。

之所以说表单验证是一种优化，是因为仅通过表单验证机制不足以保证提交给服务器的表单数据是正确和有效的。另一方面，设计表单验证是为了让Web应用更快地抛出错误。换句话说，最好利用浏览器内置的处理机制来告知用户网页内包含无效的表单控件值。过去，数据在网络上转一圈，仅仅是为了让服务器通知用户他输入了错误的数据。如果浏览器完全有能力让错误在离开客户端之前就被捕获到，那么我们应该利用这个优势。

不过，浏览器的表单检查还不足以处理所有的错误。

恶意还是误解

"尽管HTML5规范大幅提升了浏览器内置表单检测方面的能力，但是仍然不能完全取代服务器端验证。或许永远都不可能。

显然，许多错误条件是需要与服务器端交互才能验证，比如信用卡是否被授权，甚至是基本的验证。然而，即使是普通验证也不能只依赖客户端。用户使用的浏览器可能本身就不支持表单验证。少数用户会屏蔽脚本功能，导致基于特性值的基本验证外的验证功能都无法使用。还有一些用户会利用诸如Firefox Greasemonkey等插件修改页面内容，进而导致表单验证功能失效。归根结底，重要数据的验证不能仅依靠客户端验证一种方式。只要数据存储在客户端，它就可以被篡改。

HTML5的表单验证可让用户快速获得重要反馈，但正确性方面绝对不应依赖于它！"

——Brian

话虽如此，HTML5还是引入了八种用于验证表单控件的数据正确性的方法。让我们依次了解一下，不过先要介绍一下用于反馈验证状态的ValidityState对象。

在支持HTML5表单验证的浏览器中，可以通过表单控件来访问ValidityState对象：

```
var valCheck = document.myForm.myInput.validity;
```

这行代码获取了名为myInput的表单元素的ValidityState对象。对象包含了对所有八种验证状态的引用，以及最终验证结果。可通过如下命令获得该表单的全部状态：

```
valCheck.valid
```

执行完毕，我们会得到一个布尔值，它表示表单控件是否已通过了所有的验证约束条件。可以把valid特性看做是最终验证结果：如果所有八个约束条件都通过了，valid特性就是true。否则，只要有一项约束没通过，valid标志都是false。

提示　ValidityState对象是一个实时更新的对象。获得某表单元素的ValidityState对象后，当表单元素内容发生变化时，你可以通过它来获得更新后的检测结果。

如前所述，任何表单元素都有八个可能的验证约束条件。每个条件在ValidityState对象中都有对应的特性名，可以用适当的方式访问。让我们逐一分析，看看它们是如何与表单控件关联的，以及如何基于ValidityState对象来对它们进行检查：

valueMissing

目的：确保表单控件中的值已填写。

用法：在表单控件中将required特性设置为true。

示例：`<input type="text" name="myText" required>`

详细说明：如果表单控件设置了required特性，那么在用户填写或者通过代码调用方式填值之前，控件会一直处于无效状态。例如，空的文本输入框无法通过必填检查，除非在其中输入任意文本。输入值为空时，valueMissing会返回true。

typeMismatch

目的：保证控件值与预期类型相匹配（如number、email、URL等）。

用法：指定表单控件的type特性值。

示例：`<input type="email" name="myEmail">`

详细说明：特殊的表单控件类型不只是用来定制手机键盘！如果浏览器能够识别出来表单控件中的输入不符合对应的类型规则——比如email地址中没有@符号，或者number型控件的输入值不是有效的数字——那么浏览器就会把这个控件标记出来以提示类型不匹配。无论哪种出错情况，typeMismatch将返回true。

patternMismatch

目的：根据表单控件上设置的格式规则验证输入是否为有效格式。

用法：在表单控件上设置pattern特性，并赋予适当的匹配规则。

　　示例：`<input type="number" name="creditcardnumber" pattern="[0-9]{16}" title="A credit card number is 16 digits with no spaces or dashes">`

　　详细说明：pattern特性向开发人员提供了一种强大而灵活的方式来为表单的控件值设定正则表达式验证机制。当为控件设置了pattern特性后，只要输入控件的值不符合模式规则，patternMismatch就会返回true值。从引导用户和技术参考两方面考虑，你应该在包含pattern特性的表单控件中设置title特性以说明规则的作用。

tooLong
　　目的：避免输入值包含过多字符。

　　用法：在表单控件上设置maxLength特性。

　　示例：`<input type="text" name="limitedText" maxLength="140">`

　　详细说明：如果输入值的长度超过了maxLength，tooLong特性会返回true。虽然表单控件通常会在用户输入时限制最大长度，但在有些情况下，如通过程序设置，还是会超出最大值。

rangeUnderflow
　　目的：限制数值型控件的最小值。

　　用法：为表单控件设置min特性，并赋予允许的最小值。

　　示例：`<input type="range" name="ageCheck" min="18">`

　　详细说明：在需要做数值范围检查的表单控件中，数值很可能会暂时低于设置的下限。此时，ValidityState的rangeUnderflow特性将返回true。

rangeOverflow
　　目的：限制数值型控件的最大值。

　　用法：为表单控件设置max特性，并赋予允许的最大值。

　　示例：`<input type="range" name="kidAgeCheck" max="12">`

　　详细说明：与rangeUnderflow类似，如果一个表单控件的值比max更大，特性将返回true。

stepMismatch
　　目的：确保输入值符合min、max及step设置。

　　用法：为表单控件设置step特性，指定数值的增量。

　　示例：`<input type="range" name="confidenceLevel" min="0" max="100" step="5">`

　　详细说明：此约束条件用来保证数值符合min、max和step的要求。换句话说，当前值必须是最小值与step特性值的倍数之和。例如，范围从0到100，step特性值为5，此时就不允许出现17，否则stepMismatch返回true值。

customError
　　目的：处理应用代码明确设置及计算产生的错误。

　　用法：调用setCustomValidity(message)将表单控件置于customError状态。

　　示例：`passwordConfirmationField.setCustomValidity("Password values do not match.");`

　　详细说明：浏览器内置的验证机制不适用时，需要显示自定义验证错误信息。当输入值不符合语义规则时，应用程序代码应设置这些自定义验证消息。

自定义验证消息的典型用例是验证控件中的值是否一致。例如，密码和密码确认两个输入框的值不匹配（在"进阶功能"一节我们将深入研究此例）。只要定制了验证消息，控件就会处于无效状态，并且customError返回true。要清除错误，只需在控件上调用setCustomValidity("")即可。

其他用于验证的特性及函数

总之，这八个约束可以让开发人员找到表单验证失败的确切原因。或者，如果你不关心失败的具体原因，那么只访问ValidityState对象的valid布尔值即可，它代表了验证的最终结果。如果所有八个约束条件都返回false，那么valid特性将返回true。此外，在编写验证代码时，表单控件还支持其他一些有用的特性和函数。

willValidate特性

willValidate特性仅用来说明某表单控件是否将进行验证。如果required特性、pattern特性等设置在了控件上，那么通过willValidate特性，你可以得知验证将会执行。

checkValidity函数

即使没有用户输入，也可以使用checkValidity函数对表单进行验证。一般情况下，表单验证发生在用户或者脚本提交表单时，checkValidity函数却能在任何时间对表单进行验证。

提示 在表单控件上调用checkValidity函数不仅会进行验证，还会触发所有结果事件和UI触发器，就好像表单已经提交了一样。

---

validationMessage特性

撰写此书的时候还没有一个浏览器支持validationMessage特性，不过在你阅读本书的时候，很可能已经有了。validationMessage特性允许你通过编程方式查询本地化错误信息，浏览器基于当前验证状态显示的也是这些信息。例如，如果required特性没有值，则浏览器可能会提示用户："这是必填字段"（This field requires a value）。如果浏览器支持validationMessage特性，这段提示信息会由validationMessage返回并依据控件当前验证状态进行调整。

8.2.3 验证反馈

关于验证反馈，有一个到目前为止我们一直回避的问题——浏览器怎样以及何时将验证错误信息反馈给用户呢？规范中没有规定用户界面如何展示错误信息，而且目前各浏览器的展现方式也不尽相同。以Opera为例，在Opera 10.5中，浏览器会通过弹出提示消息并将字段置红的方式来标记产生错误的字段。

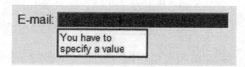

相比之下，在写作本书时，谷歌Chrome浏览器13.0版只会在发现错误时将焦点定位到出问题的控件。哪种做法正确呢？

二者均非标准。不过，如果开发人员想控制反馈给用户的错误消息，可以使用一个合适的处理函数：invalid事件。

只要发生表单验证（不管是在提交表单时，还是直接调用checkValidity函数），所有未通过验证的表单都会接收到一个invalid事件。invalid事件可以被忽略、观察、甚至取消。可以为接收此通知的字段添加invalid事件处理函数，见代码清单8-2：

代码清单8-2　为invalid事件添加处理函数

```
// invalid事件的事件处理函数
function invalidHandler(evt) {
  var validity = evt.srcElement.validity;

  // 检测有效性，看是否某个特定的验证条件没有通过
  if (validity.valueMissing) {

  // 提示用户必填项中没有填值

  // 可能检测更多的约束条件……
  // 如果不希望浏览器提供默认的验证反馈，按照下面的方式取消事件
  evt.preventDefault();
}

// 注册invalid事件的监听器
myField.addEventListener("invalid", invalidHandler, false);
```

现在让我们分析一下上面的代码。

首先，声明了一个事件处理函数来接收invalid事件。在该函数内，首先要做的是检查事件来源。之前我们已经了解到，表单控件验证错误触发了invalid事件。因此，事件的srcElement应该是发生错误的表单控件。

从事件来源中，我们得到了validity对象。使用validityState实例，通过检查各个约束条件，确定错误的出处。在示例中，因为我们知道字段有required特性，所以首先要检查是否满足valueMissing约束条件。

如果验证成功，我们可以修改用户界面，提示用户在必填字段中输入值。开发人员可以决定出错信息的显示方式——置于弹出警告框中或者显示在页面特定区域上。

在我们告知用户出了什么错，如何改正后，接下来要决定是否需要浏览器显示内置的反馈信息。默认情况下，浏览器会自动显示内置的反馈信息。为了阻止浏览器显示默认的错误信息，我们调用了evt.preventDefault()以阻止浏览器的默认行为，并自行处理错误信息的显示。

从这份代码中我们再次看到，开发人员的选择余地很大。HTML5 Forms API让你的开发更具灵活性，既可以使用定制的API，又可以使用默认的浏览器行为。

关闭验证

　　不管验证API背后的功能有多么强大，但还是有一些原因，促使你关闭对某个控件或者整个表单的验证。最常见的情况是暂存表单内容或者供将来查阅，这时，即使内容无法通过验证也没关系。

　　想象一下这样的场景，用户进入了一个复杂的订单录入表单，填写到一半时忽然有急事需要处理。理想的情况下，你可能会向用户提供一个"保存"按钮，单击后将已填的信息提交至服务器保存。但如果表单没有全部完成，验证规则就会阻止内容的提交。用户会非常失望，因为他必须选择要么继续完成表单，要么放弃已经填完的部分。

　　为了解决类似问题，表单本身可以通过代码方式设置noValidate特性。这样一来，所有的验证逻辑都会被放弃，只会单纯地提交表单。这个特性可以通过脚本设置，也可以直接标记。

　　关闭验证更好的办法是在如表单提交按钮（type特性值为submit）这样的控件上设置formNoValidate特性。下面的示例在名为"save"的提交按钮上设置了formNoValidate特性：

```
<input type="submit" formnovalidate name="save" value="Save current progress">
<input type="submit" name="process" value="Process order">
```

　　乍一看，代码创建了两个普通的提交按钮。第二个按钮会正常提交表单。但是，第一个按钮设置了noValidate特性，所以单击该按钮会绕过所有的验证。换句话说，在数据被提交到服务器之前，不会再对其进行正确性检查了。当然，服务器端还需要做一些相应的设置以处理未经验证的数据，但最佳做法是任何时候都应做这些设置。

8.3　构建 HTML5 Forms 应用

　　现在，让我们利用本章描述的工具，创建一个简单的注册页面，以此来演示HTML5 Forms的新特性。再回到我们所熟悉的跑步俱乐部应用，我们将为这家俱乐部创建一个比赛注册页面，其中会包含本章介绍的新的表单元素和验证功能。

　　一如既往，示例文件的源代码位于code/forms文件夹。我们无需花费太多精力关注CSS和次要的标记，重点关注页面的核心部分即可。照例，我们先看看图8-4所示的最终页面，然后将其拆成一系列片段分别讨论。

　　上面的注册页面包含了本章所探讨的众多元素和API，包括验证功能。虽然不同的浏览器会导致页面实际显示效果上的差异，但是在浏览器不支持某个功能时，页面会平滑退化。

　　现在来看看代码。

　　在之前的示例中，我们已经讨论过页眉、导航、页脚。现在，这个页面包含了一个<form>元素。

```
<form name="register">
  <p><label for="runnername">Runner:</label>
    <input id="runnername" name="runnername" type="text"
           placeholder="First and last name" required></p>
  <p><label for="phone">Tel #:</label>
    <input id="phone" name="phone" type="tel"
```

```
              placeholder="(xxx) xxx-xxx"></p>
<p><label for="emailaddress">E-mail:</label>
    <input id="emailaddress" name="emailaddress" type="email"
              placeholder="For confirmation only"></p>
<p><label for="dob">DOB:</label>
    <input id="dob" name="dob" type="date"
              placeholder="MM/DD/YYYY"></p>
```

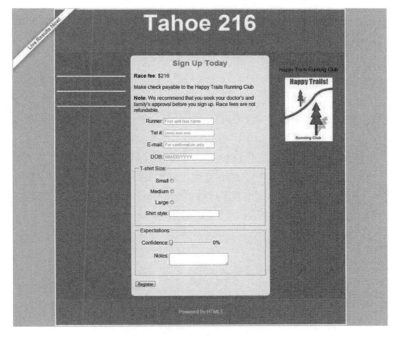

图8-4　比赛注册表单页面示例

　　在这一部分中，我们可以看到四个主要的input标签：姓名（name）、电话（phone）、电子邮件（email）和生日（birthday）。对于每个input标签，我们都为其设定了一个带描述信息的<label>，并通过for特性将它们绑定到了实际控件上。我们还设置了placeholder特性以向用户示范应该填写什么样的内容。

　　对于姓名文本输入框，我们为其设定了required特性来使其成为必填项。如果未输入任何值，将会触发表单验证的valueMissing约束条件。在电话文本输入框中，我们将其声明为tel类型。有些浏览器支持tel类型，有些则不支持，还有些浏览器能够提供优化过的键盘[①]。

　　同样，电子邮件文本输入框被标记为email类型。处理方式取决于浏览器版本。若输入值不是一个有效的Email地址，则某些浏览器会抛出typeMismatch约束异常。

　　最后，生日文本输入框被声明成了date类型。现在还没有多少浏览器支持这一特性，但将来一旦支持的话，浏览器会自动呈现一个日期选择控件供用户使用。

---

　　① 主要指iPhone等产品上使用的触摸屏键盘。——译者注

```
<fieldset>
  <legend>T-shirt Size: </legend>
  <p><input id="small" type="radio" name="tshirt" value="small">
    <label for="small">Small</label></p>
  <p><input id="medium" type="radio" name="tshirt" value="medium">
    <label for="medium">Medium</label></p>
  <p><input id="large" type="radio" name="tshirt" value="large">
    <label for="large">Large</label></p>
  <p><label for="style">Shirt style:</label>
    <input id="style" name="style" type="text" list="stylelist" title="Years of
                participation"></p>
  <datalist id="stylelist">
   <option value="White" label="1st Year">
   <option value="Gray" label="2nd - 4th Year">
   <option value="Navy" label="Veteran (5+ Years)">
  </datalist>
</fieldset>
```

在上面的代码段中，我们设置了一些控件，用于选择T-shirt。第一组控件是标准的单选按钮，用于选择T-shirt尺寸。

随后的代码更为有趣。我们用到了list特性及其关联的\<datalist\>元素。在\<datalist\>中，我们声明了一系列用于列表显示的T-shirt类型，并使用了不同的value特性和label特性来区分它们，不同的T-shirt类型代表了不同的参赛年龄段。尽管这个列表非常简单，但其中的技术同样适用于列表长度动态变化的情况。

```
<fieldset>
  <legend>Expectations:</legend>
  <p>
  <label for="confidence">Confidence:</label>
  <input id="confidence" name="level" type="range"
         onchange="confidenceDisplay.value=(value +'%')"
         min="0" max="100" step="5" value="0">
  <output id="confidenceDisplay">0%</output></p>
  <p><label for="notes">Notes:</label>
    <textarea id="notes" name="notes" maxLength="140"></textarea></p>
</fieldset>
```

最后一段代码中，我们为用户创建了一个滑动条，来表示他对在比赛中取得名次的信心。为此，我们使用了range类型的输入框。示例中信心以百分比的方式加以衡量，所以我们在输入控件上设置了min、max和step特性。这样，用户的信心比例就会被强制约束在正常范围内。此外，我们将信心比例变化的步长设为5%，如果浏览器支持range特性并以滑动条形式展现，那么你可以很直观地看到其效果。尽管简单的控件交互不太可能触发它们，但控件上仍有一些验证约束，如rangeUnderflow、rangeOverflow和stepMismatch。

因为range控件默认无法显示其所代表的数值，所以我们需要为应用添加一个\<output\>。range控件的onchange处理程序会操纵id为confidenceDisplay的span标签以显示数值，不过，想看效果还要再等一会[①]。

在这段代码的最后，我们添加了一个\<textarea\>标签，用于填写注册中的附加信息。通过在textarea元素上设置maxLength特性，我们为textarea元素添加了tooLong约束条件检测，

---

① 作者的意思是随后会添加相应的脚本代码，那时才会看到效果。——译者注

因为你无法保证用户不会将一大段文本粘贴到**textarea**元素中。

```
    <p><input type="submit" name="register" value="Register"></p>
</form>
```

最后，添加一个用以提交注册表单的按钮来完成整个控件部分的编写。示例中，注册信息实际上不会发往任何服务器。

还差一些脚本代码没有编写：如何更新信心滑动条的显示，以及如何覆盖浏览器内置的表单验证反馈以及如何监听事件。尽管浏览器默认的表单异常处理机制能够满足开发的要求，但了解其他选择也是有必要的。

```
<script type="text/javascript">

    function invalidHandler(evt) {
        // 获取表单控件对应的label标签
        var label = evt.srcElement.parentElement.getElementsByTagName("label")[0];

        // 将label标签的文本设置为红色
        label.style.color = 'red';

        // 阻止事件冒泡
        evt.stopPropagation();

        // 停止浏览器默认的验证处理函数
        evt.preventDefault();
    }

    function loadDemo() {
        // 在表单上注册事件处理函数，以处理所有未通过验证的控件通知
        document.register.addEventListener("invalid", invalidHandler, true);
    }

    window.addEventListener("load", loadDemo, false);

</script>
```

这段代码展示了如何覆盖浏览器默认的验证异常处理。首先，注册事件监听器以监听**invalid**事件。为了在所有表单控件范围内捕获**invalid**事件，我们把处理函数注册在了表单上。再次提醒，一定要注册事件监听器，否则无法监听到**invalid**事件。

```
// 在表单上注册事件处理函数，以处理所有未通过验证的控件通知
document.register.addEventListener("invalid", invalidHandler, true);
```

现在，只要表单元素触发了验证约束条件，**invalidHandler**就会被调用。为了向用户提供比浏览器默认设置更加细致的反馈，我们将不合法的表单控件对应的**label**文本标为红色。实现这种效果先要通过表单控件的父节点找到相关的<**label**>标签。

```
// 获取表单控件对应的label标签
var label = evt.srcElement.parentElement.getElementsByTagName("label")[0];

// 将label字体颜色设置为red
label.style.color = 'red';
```

将**label**标签中的说明文本设置为红色后，我们要阻止浏览器或其他的**invalid**事件处理函数对**invalid**事件重复处理。利用DOM的强大功能，我们调用了**preventDefault()**函数来停止

浏览器默认的事件处理程序，并调用**stopPropagation()**阻止其他处理程序处理**invalid**事件。

```
// 阻止事件冒泡
evt.stopPropagation();

// 停止浏览器默认的验证错误处理函数
evt.preventDefault();
```

只是寥寥几步，我们就用定制的前端验证代码创建了一个带有验证功能的表单！

进阶功能

尽管有些技巧我们在示例中用不上，但这并不妨碍它们在多种类型的HTML5 Web应用中发挥作用。本节，我们就来介绍一些简单实用的进阶功能。

1. 密码是：Validation!

HTML5表单验证为常见的密码确认功能提供了一种便捷的实现方式。以往，标准的做法是在页面上提供两个密码输入框，只有当二者一致时方能提交表单。现在，我们使用一种新方法，在表单提交之前，调用**setCustomValidation**函数来确保两个密码输入框中的内容相匹配。

之前我们提到，当标准约束规则不适用时，**customError**可以用来处理表单控件中的错误。特别是当验证依赖于多个控件并行触发时，**customError**约束条件的应用优势更为明显，密码确认无疑是一个很好的示例。

ValidityState对象引用被获取后，会一直处于激活状态，所以当密码字段不匹配时，应在**ValidityState**对象上设置自定义错误信息，而当密码字段相匹配时，立刻清除自定义错误信息。通过为密码字段添加**onchange**事件处理函数可以实现上述功能。

```
<form name="passwordChange">
    <p><label for="password1">New Password:</label>
    <input type="password" id="password1" onchange="checkPasswords()"></p>

    <p><label for="password2">Confirm Password:</label>
    <input type="password" id="password2" onchange="checkPasswords()"></p>
</form>
```

从上面的代码中可以看到，在包含两个密码字段的表单中，只要其中任何一个密码值发生变化，就会触发我们注册的事件。

```
function checkPasswords() {
  var pass1 = document.getElementById("password1");
  var pass2 = document.getElementById("password2");

  if (pass1.value != pass2.value)
    pass1.setCustomValidity("Your passwords do not match. Please recheck that your
          new password is entered identically in the two fields.");
  else
    pass1.setCustomValidity("");
}
```

这里提供了一种处理密码匹配的方法。取得两个密码字段的值，加以比较，如果它们不匹配，则抛出一个自定义错误。出于验证的目的，代码只需对其中一个密码字段设置错误信息。如果两个密码字段匹配，自定义错误信息会被空字符串所替换，这样就能够消除自定义错误。

在表单控件上设置错误信息后,你可以使用本章之前描述的方法向用户显示反馈信息,要求用户修改密码以使其符合匹配条件。

2. 表单样式

为了帮助开发人员识别出具有特殊验证特征的表单控件,CSS规范的开发人员帮忙添加了一组伪类。此类可用于根据表单控件的有效性状态设置表单控件的样式。换句话说,如果你期望页面上的表单元素能够根据其是否符合有效性(或者不符合有效性)来自动改变样式,那么可以在CSS规则中使用这些样式伪类。新添加的伪类与长期存在的伪类非常相似,如与链接相关的:visited伪类和:hover伪类。表8-4显示了CSS Selector Level 4规范所推荐的可用于选择表单元素的新伪类。

表8-4　用于HTML5表单验证的CSS伪类

类　型	用　途
valid	用于选出所有通过了全部验证规则的表单元素。换句话说,选出的表单元素已处于待提交状态
invalid	用于选出所有因自身错误或问题而导致表单无法提交的表单元素。带有这个伪类的选择器有助于显示页面上的用户错误
in-range	仅用于选出当前值在最小值和最大值之间的元素,如range类型input元素
out-of-range	用于选出当前值在可接受范围之外的input元素
required	所有标记为必需的元素可由此伪类选出
optional	没有标记为必需的表单元素可由此伪类选出,且只有表单元素可被选出

使用上述伪类,在随着表单元素自身调整而改变视觉样式的页面上,可以轻易地标记出其中的表单控件。例如,让所有无效表单元素的背景显示为红色,可以使用如下CSS规则:

```
:invalid {
    background-color:red;
}
```

这些伪类会根据用户输入自动调整样式。无需额外代码!

8.4　小结

本章,我们看到HTML表单旧貌换新颜,这一切要归功于HTML5带来的新元素、新特性和新API。我们看到了一些新的输入型控件,以后还会陆续增多。我们还看到了如何直接在表单控件中集成客户端验证功能,以避免错误数据在客户端和服务器端来回传输。总之,在创建包含全面功能的Web应用界面方面,HTML5 Forms提供了多种能够有效降低脚本代码开发量的途径。

下一章,我们将研究HTML5 Web Workers,在支持它的浏览器中,可以将长时间运行的任务放到多个独立的运行环境中去处理。

第 9 章

拖　　放

自Apple的Macintosh发布以来，传统的拖放就已经在用户中流行起来了。但是，如今的计算机和移动设备支持远比传统拖放更为精巧的拖放动作。拖放被用于文件管理、数据传输、图表绘制和其他许多操作，这类操作的特点是移动对象会被更为自然地想象成用手势而非键盘命令来完成。问问街上的开发人员，看看他们觉得拖放包含了哪些内容，受偏爱的程序以及当前工作任务的影响，他们可能会给出五花八门的答案。如果调查的用户是非技术人员，那么他们可能会一脸茫然地盯着你。拖放功能现在已融入各种计算机操作中，几乎没人提及"拖放"这个名称了。

然而，HTML在其存在的若干年内，并未将拖放纳入其核心功能。尽管有些开发人员利用内置的功能处理底层的鼠标事件，以这种方式实现了原始的拖放操作，但与数十年来桌面应用中出现的拖放功能相比，这些拖放功能黯然失色。伴随着说明详细的拖放功能集的出现，HTML应用的拖放功能更加接近桌面应用的拖放功能了。

9.1　Web 拖放发展史

你可能已经见过了一些Web上的拖放示例，并猜测它们是不是使用了HTML5的拖放功能。答案呢？到目前为止，绝大部分不是。

因为在DOM事件诞生初期，HTML和DOM就已经对外公开了底层鼠标事件，对于富有创造性的开发人员来说，这足以让他们精心实现基础的拖放功能。结合CSS定位，通过创建复杂的JavaScript库和扎实的DOM事件知识，开发人员可以近似实现一个拖放系统。

例如，通过处理下面的DOM事件，加上你自己编写的一些逻辑步骤（及防止误解的说明），完全有可能实现在Web页面中移动元素。

- ❏ mousedown：用户按下鼠标开始操作。（是拖动还是单击？）
- ❏ mousemove：如果鼠标没有松开，则开始移动操作。（是拖动还是选择？）
- ❏ mouseover：鼠标移动到了某元素上。（我想放置在这个元素上吗？）
- ❏ mouseout：鼠标移出了某个元素，此元素不再是可放置的区域。（需要为此绘制反馈提示吗？）
- ❏ mouseup：释放鼠标按键，可能会触发放置操作。（基于鼠标起始位置，是否应该放置在此位置？）

尽管借助底层事件建立了原始拖放系统的模型，但存在诸多明显的弊端。首先，用于处理鼠标事件所需的逻辑远比你想象的复杂，因为所列事件都需要考虑其边界情况。事实上，之前列表中的事件足以自行成章。在这些事件中，你还必须仔细地更新CSS样式以向用户提供反馈，告知他们在特定位置是否能进行拖放。

然而，更严重的弊端是这类特殊的拖放实现依赖于对系统的完全控制。如果你试图将自己应用的内容与同页面中的其他内容合并，那么不同开发人员按其个人意愿使用事件的时候，事情便会很快失控。类似地，如果你尝试使用其他人的代码来拖放内容，除非两份代码事先经过了仔细的调整，否则你可能会遇到麻烦。此外，这类特殊的拖放无法与用户桌面交互，也无法跨窗口使用。

新的HTML5拖放API的设计初衷就是为了消除这些弊端，它借鉴了其他用户界面框架中提供的拖放操作方式。

注意　就算实现代码编写得没有问题，也需要当心应用中拖放的限制。在移动设备中，如果拖动动作被覆盖了，那么通过拖动手势进行导航的功能可能会失效。另外，拖放与拖动选择也有可能发生冲突。注意，要谨慎和恰当地使用拖放。

9.2 HTML5 拖放概述

在Java或Microsoft MFC等编程技术中使用过拖放API的开发人员运气不错，因为新的HTML5拖放API正是在这些环境概念之上建模的。入门很容易，但想全面掌握新功能还需要了解一组新的DOM事件，所幸，相比之前的DOM事件，这组DOM事件的抽象程度更高。

9.2.1 蓝图

学习新API最简单的方法是将其映射到你熟悉的概念上。对于本书的读者，我们大胆假设你在日常的计算机中经常使用拖放操作。尽管如此，我们还是先解释一下重要概念对应的标准术语。

如图9-1所示，当你（作为一名用户）开始拖放操作的时候，起始动作是单击和拖动鼠标指针。所拖动的项或区域被称为**拖动源**（drag source）。当释放鼠标指针完成操作的时候，最终到达的项或目标区域被称为**放置目标**（drop target）。鼠标在页面中移动的时候，在释放鼠标之前，很可能会穿过一系列放置目标。

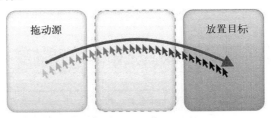

图 9-1　拖动源和放置目标

目前一切顺利。不过，仅仅按下鼠标并将其移动至应用的另一部分并不能称之为拖放。确切地说，它其实是促成成功交互的操作过程中的反馈。回顾一下过去的拖放使用经历；最直观的反馈是系统会给出持续更新，告诉你此时在当前位置上释放鼠标会发生什么事情。

❑ 光标是否指示当前位置为有效的放置目标，或者是否通过"禁止"光标暗示拒绝放置到此处？

❑ 光标是否暗示用户操作将会是移动、链接或者复制，例如让光标显示成加号标志（＋）？

❑ 鼠标悬停的区域或目标是否需要用某种方式改变其外观，以指示如果立即释放鼠标，当前区域或目标会被作为放置目标而选中？

在HTML拖放操作过程中，为了向用户提供类似于上述几条的反馈，浏览器会在每个拖动操作进行的过程中发起一系列事件。事实证明这很容易实现，在这些事件发生的过程中，我们完全有能力改变页面元素的DOM结构和样式，进而给出用户所期望的反馈类型。

除拖动源和放置目标以外，新的API中还有一个关键的概念需要学习：数据传输（data transfer）。规范中将数据传输描述成一组对象，这组对象用来公开拖动数据存储，拖动数据存储是拖放操作的基础。换种简单的说法，你可以将数据传输理解为拖放的中央控制部分。操作类型（如移动、复制或链接）、拖动过程中用于反馈的图片、数据自身的检索全部都在数据传输中管理。

就数据自身来看，用于完成放置的数据传输机制直接解决了之前所描述的早期特殊拖放技术的一项限制。无需让所有的拖动源和放置目标彼此知道对方的存在，数据传输机制的工作原理类似于网络协议谈判。此时，协商需要通过MIME类型（Multipurpose Internet Mail Exchange，多功能因特网邮件扩展服务）来执行。

注意 用来向电子邮件中添加附件的类型也是MIME类型。MIME类型作为一款因特网标准，普遍用于各种类型的Web通信，在HTML5中也很常见。简言之，MIME是用于给未知内容分类的标准化文本字符串，如"text/plain"代表普通的文本，"image/png"代表PNG图像。

使用MIME类型的目的在于让源和目标协商哪种格式最能满足放置目标的需要。如图9-2所示，拖动开始时，`dataTransfer`对象会加载所有合理的MIME类型数据以及数据传输的载体。然后，放置动作结束时，放置事件处理器代码会扫描可选的数据类型，并决定何种MIME类型格式最能满足需求。

举例来说，设想Web页面中的每个列表项都表示一个人。描述人的数据表示方式有很多种。某些是标准，某些不是。拖动表示某人的特定列表项时，拖动开始事件处理器会声明代表此人的数据可用几种格式表示，如表9-1所示。

表9-1　以人为例的数据传输MIME类型示例

MIME类型	结　　果
`text/plain`	针对非格式化文本的标准MIME类型。我们可以将其当做最常见的表示方法，如姓名
`image/png`	针对PNG图像的标准MIME类型。这里，它表示PNG格式的头像

（续）

MIME类型	结　　果
image/jpeg	针对JPEG图像的标准MIME类型。可以用这种格式来传输头像
text/x-age	非标准化的MIME类型（以x前缀标识）。我们可以通过这种格式来传递自定义的信息类型，如年龄

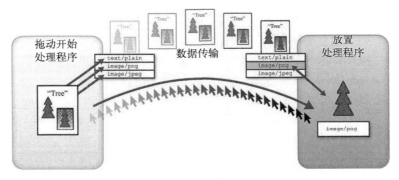

图9-2　拖动和释放就数据类型进行的协商

　　放置结束时，放置事件处理器会查询可用的数据类型列表，从所提供的列表中选出最合适的类型。文本列表的放置目标可能会选择获取text/plain类型的数据以检索姓名，而作为放置的结果，一种更为高级的控制行为是检索出某人的PNG图像并加以显示。如果源和目标基于非标准类型协作，则放置时，目标可能会对年龄进行检索。

　　正是这个协商过程才使得拖动源和动置目标得以解耦。只要拖动源提供了可选的MIME类型的数据，那么放置目标就能选出与操作最相符的格式，即使拖动源和放置目标来自不同的开发人员也没关系。本章后面的部分将探讨如何使用不常见的MIME类型，如文件等。

9.2.2　需要记住的事件

　　我们已经探讨了拖放API的关键概念，接下来，我们将重点介绍那些整个拖放过程中都会用到的事件。相比之前模拟拖放系统中所利用的鼠标事件，拖放API中的事件操作更高级。不过，拖放事件扩展了DOM鼠标事件。因此，在需要的情况下，你仍然可以访问底层鼠标信息，如坐标等。

1. 事件传播和事件阻止

　　关注拖放API之前，先来回顾两个DOM事件函数，它们早在浏览器标准化DOM Level 3事件的时候就出现了：stopPropagation函数和preventDefault函数。

　　考虑页面上有一个元素嵌套在另一个元素之中的情况。我们分别称它们为子元素和父元素。子元素占据了父元素的一部分（非全部）可见区域。尽管在示例中仅涉及两个元素，但实际情况是Web页面中的元素通常存在着多层嵌套。

用户在子元素上单击鼠标时，哪个元素实际接收事件呢？子元素？父元素？还是两者都会接收？如果两者都接收的话，谁先谁后呢？W3C组织在DOM事件规范中给出了问题的答案。事件从父元素流出，经过中间件，向下到达最先指定的子元素，这一过程就是众所周知的"事件捕获"。子元素访问事件的时候，事件通过"事件冒泡"（event bubbling）反向流回元素层级中的高层节点。两股事件流相互结合允许开发人员以最适合其页面结构的方式捕获和处理事件。只有实际注册了事件处理器的元素才会处理事件，这保证了系统的轻量。事件流处理机制的总体方针是对各浏览器厂商不同处理行为的折中方案，它在各原生开发框架内部保持了一致，部分框架使用事件捕获，而另一部分则使用事件冒泡。

事件处理器可以在任意时刻调用event对象的`stopPropagation`函数，阻止事件沿事件捕获链向下传递或者通过冒泡阶段向上传递。

注意　微软提供了一款关于事件模型的强大交互示例：http://ie.microsoft.com/testdrive/HTML5/ComparingEventModels。

针对如何处理某些事件，浏览器也有其默认实现。例如，用户单击页面链接时，默认动作是让浏览器转向链接指定的地址。开发人员可以在事件处理器中调用`preventDefault`函数来拦截事件，进而阻止默认动作的发生。代码会覆盖某些内置事件的默认动作。这种方法同样适用于开发人员在事件处理器中取消拖放操作。

在我们的拖放API示例中，`stopPropagation`和`preventDefault`使用起来颇为方便。

2. 拖放事件流

用户在支持HTML5的浏览器中开始拖放操作时，一系列事件会在一开始就被触发，并贯穿整个操作过程。在此，我们将逐一进行分析。

• dragstart

用户开始拖动页面中的某个元素时，会触发`dragstart`事件。换句话说，用户按下鼠标并移动鼠标时，`dragstart`会被初始化。`dragstart`事件尤为重要，因为它是唯一一个支持`dataTransfer`通过`setData`调用来设置数据的事件。这意味着在`dragStart`事件处理器中，必须设置可能适用的数据类型，以便在放置结束时能够查询到之前设置的数据类型。

拦截！

Brain说："你可能想知道为什么数据类型只能在`dragstart`事件中设置？事实上，有一个很合理的原因。

拖放被设计成用来跨窗口和跨各类源的内容工作，如果drag事件监听器能够在拖动过程中插入或替换数据，就会存在安全隐患。想象一下，一段插入到事件监听器中的恶意代码，它能在拖动操作执行过程中查询和替换与拖动相关的数据。这样一来，拖动源的含义可能被篡改，因此拖动开始后，任何数据替换行为都会被禁止。"

- drag

可以将drag事件理解为拖动操作中持续发生的事件。用户在页面中移动鼠标时，会反复对拖动源调用drag事件。在整个操作过程中，drag事件每秒会被触发若干次。虽然拖动反馈的视觉效果可以在drag事件中修改，但禁止设置dataTransfer中的数据。

- dragenter

拖动跨入了页面中的新元素时，会触发该元素的dragenter事件。依据元素能否接收放置，这个事件适于设置元素的放置反馈。

- dragleave

与dragenter事件对应，用户鼠标移出之前调用了dragenter的元素时，浏览器会触发dragleave事件。此时可以恢复放置反馈，因为鼠标已经不在目标元素之上了。

- dragover

鼠标在拖动过程中移动到某元素之上时，会频繁地调用dragover事件。不同于与其相似的drag事件，drag事件在拖动源上调用，而dragover事件在当前鼠标停留的目标上调用。

- drop

用户释放鼠标时，drop事件会在当前鼠标停留的目标上调用。基于dataTransfer对象的结果，这里应该包含处理放置动作的代码。

- dragend

拖放事件链上的最后一个事件是dragend事件，它在拖动源上触发，以指示拖动完成。dragend事件特别适于清空拖动过程中的状态，因为它在调用的时候不会考虑放置动作是否已完成。

综上所述，你有多种方式来拦截拖放操作并执行相应的操作。图9-3概括了拖放事件链。

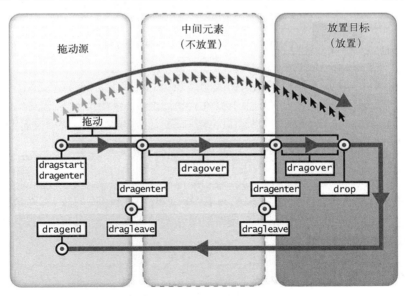

图 9-3　拖放事件流

9.2.3 设置元素可拖动

不同的事件会在拖放操作过程中被触发，你可能想知道如何标记页面中的元素为可拖动。很简单！

除了文本控件之类的少数元素外，页面中的其他元素默认不可拖动。为了标记特定元素为可拖动，要为其添加一个属性：draggable。

```
<div id="myDragSource" draggable="true">
```

只需添加这一个属性，即可让浏览器触发上述事件。接下来，你唯一要做的是添加事件处理器来管理它们。

9.2.4 传输和控制

介绍示例之前，我们先详细地评估一下dataTransfer对象。dataTransfer对象可用于每个拖放事件，如代码清单9-1所示。

代码清单9-1 获取dataTransfer对象

```
Function handleDrag(evt) {
    var transfer = evt.dataTransfer;
    // …
}
```

之前讨论过，在源和目标协商时，dataTransfer对象用于获取和设置实际的放置数据。具体通过以下函数和属性来完成。

- ❑ setData(format, data)：在dragStart事件中调用此函数可以注册一个MIME类型格式的传输项。
- ❑ getData(format)：函数可以获取指定类型的注册数据项。
- ❑ types：属性以数组形式返回所有当前注册的格式。
- ❑ items：属性返回所有项及其相关格式的列表。
- ❑ files：属性返回与放置相关的所有文件。稍后会详细介绍。
- ❑ clearData()：不带参数调用此函数将清空所有注册的数据。调用时若给出格式参数则仅移除特定的注册数据。

此外，还有两个函数用于在放置操作中更改拖放反馈。

- ❑ setDragImage(element, x, y)：通知浏览器使用已存在的图像元素来作为拖动图像，拖动图像将会出现在鼠标指针旁边，用以提示用户拖动操作的效果。如果提供了x和y的坐标值，x值表示鼠标指针相对于反馈图像左边的水平位置，y值表示鼠标指针相对于反馈图像顶边的垂直位置。
- ❑ addElement(element)：调用此函数需要提供一个页面元素作为参数，函数的作用是通知浏览器将参数作为拖动反馈图像来绘制。

最后一组属性支持开发人员设置和查询可用的拖动操作类型。

❑ effectAllowed：此属性可设置为none、copy、copyLink、copyMove、link、linkMove、move或者all之中的任意一种，意在通知浏览器只有在此处列出的操作可被用户选用。例如，如果设置了copy，则只允许执行copy操作，move或者link操作会被禁止。

❑ dropEffect：此属性用来确定当前正在执行的操作是何种类型，或者设置强制执行某种操作类型。操作类型包括copy、link和move。或者设置为none，及时阻止所有放置动作的发生。

上述操作为拖放提供了良好的控制。下面，让我们来应用它们。

9.3 构建拖放应用

利用上面学到的概念，我们将以Happy Trails Running Club为主题创建一个简单的拖放页面。在这个页面上，俱乐部赛事的组织者可以将成员拖动到两类列表中：参赛者列表和志愿者列表。为了让他们分组竞争，参赛者要按年龄排序。而志愿者只按其姓名排序，因为他们不参加比赛，所以年龄不是关键因素。

列表排序是自动完成的。应用本身会显示反馈，以指示出可放置两个列表中的成员的位置，如图9-4所示。

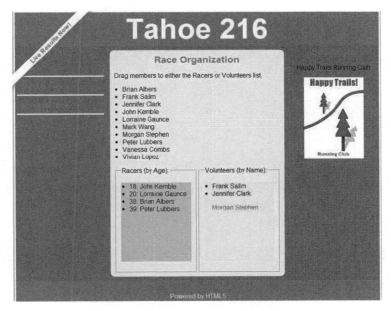

图9-4　显示了参赛者列表和志愿者列表的示例页面

此示例的所有代码都在本书code/draganddrop文件夹下。我们将逐步学习此页面代码，并解释其实际工作原理。

首先，看一下页面的标签。最上方，我们声明了俱乐部成员的数据（见代码清单9-2）。

代码清单9-2　显示可拖动的成员姓名和年龄的标签

```
<p>Drag members to either the Racers or Volunteers list.</p>

<ul id="members">
  <li draggable="true" data-age="38">Brian Albers</li>
  <li draggable="true" data-age="25">Frank Salim</li>
  <li draggable="true" data-age="47">Jennifer Clark</li>
  <li draggable="true" data-age="18">John Kemble</li>
  <li draggable="true" data-age="20">Lorraine Gaunce</li>
  <li draggable="true" data-age="30">Mark Wang</li>
  <li draggable="true" data-age="41">Morgan Stephen</li>
  <li draggable="true" data-age="39">Peter Lubbers</li>

  <li draggable="true" data-age="33">Vanessa Combs</li>
  <li draggable="true" data-age="54">Vivian Lopez</li>
</ul>
```

可以看到，列表元素中的每个成员都标记为draggable。这是在通知浏览器每个成员都能响应dragstart事件。接下来，你会注意到给定成员的年龄是以data属性编码的。data-表示法是存储HTML元素非标准属性的标准方式。

下一部分代码包含了目标列表（见代码清单9-3）。

代码清单9-3　与放置列表目标相关的标记

```
<div class="dropList">
<fieldset id="racersField">
<legend>Racers (by Age):</legend>
<ul id="racers"></ul>
</fieldset>
</div>

<div class="dropList">
<fieldset id="volunteersField">
<legend>Volunteers (by Name):</legend>
<ul id="volunteers"></ul>
</fieldset>
</div>
```

名为racers和volunteers的无序列表是俱乐部成员最终被插入的地方。它们周围的fieldset功能如同城堡周围的护城河。当用户拖动至fieldset时，我们会得知它们已经退出包含它们的列表，进而相应地更新视觉反馈。

说到反馈，页面中有些CSS样式需要重点注意（见代码清单9-4）。

代码清单9-4　拖放示例的样式

```
#members li {
    cursor: move;
}

.highlighted {
    background-color: yellow;
}

.validtarget {
    background-color: lightblue;
}
```

首先，确保鼠标在源列表中的每个成员上都显示成移动指针的形状。提示用户此列表项可拖动。

接下来，定义两种样式类：highlighted和validtarget，用于在拖放的过程中为列表绘制背景色。在整个拖动过程中，validtarget背景会显示在目的列表中，以提示目的列表是有效的放置目标。当用户真正将一位成员移动到目标列表上时，列表背景会变为highlighted样式，意味着用户已经移动到了放置目标上。

为了跟踪页面状态，我们声明了几个变量（见代码清单9-5）。

代码清单9-5 列表项声明

```
// 这些数组分别用来保存参赛者和志愿者成员姓名
var racers = [];
var volunteers = [];

// 这些变量用来存储用以显示谁是参赛者或志愿者的视觉元素的引用
var racersList;
var volunteersList;
```

前两个变量是内部数组，用来保存参赛者列表和志愿者列表中的成员。后两个变量仅仅是对两个无序列表的引用，它们包含了各自成员的视觉效果。

现在，我们将所有页面项组合起来，使其具备处理拖放的能力（见代码清单9-6）。

代码清单9-6 注册事件处理器

```
function loadDemo() {

    racersList = document.getElementById("racers");
    volunteersList = document.getElementById("volunteers");

    // 目标列表注册了drag enter、leave和drop事件处理器
    var lists = [racersList, volunteersList];
    [].forEach.call(lists, function(list) {
        list.addEventListener("dragenter", handleDragEnter, false);
        list.addEventListener("dragleave", handleDragLeave, false);
        list.addEventListener("drop", handleDrop, false);
    });

    // 每个目标列表都有一个特定的dragover事件处理器
    racersList.addEventListener("dragover", handleDragOverRacers, false);
    volunteersList.addEventListener("dragover", handleDragOverVolunteers, false);

    // 列表外围的fieldset起到缓冲作用，用来重置drag over的样式
    var fieldsets = document.querySelectorAll("#racersField, #volunteersField");
    [].forEach.call(fieldsets, function(fieldset) {
        fieldset.addEventListener("dragover", handleDragOverOuter, false);
    });

    // 每个可拖动的成员都有拖动开始和结束事件处理器
    var members = document.querySelectorAll("#members li");
    [].forEach.call(members, function(member) {
        member.addEventListener("dragstart", handleDragStart, false);
        member.addEventListener("dragend", handleDragEnd, false);
```

```
    });

  }

  window.addEventListener("load", loadDemo, false);
```

窗口最初加载时，我们调用loadDemo函数来设置所有拖放事件处理器。其中大部分事件处理器不需要事件捕获，于是，我们相应地设置了捕获参数。当dragenter、dragleave和drop事件在放置目标上被触发时，racersList 和volunteersList会接收这些事件处理器。此外，每个列表接收一个单独的dragover事件监听器，这样一来，根据用户当前拖动所在的位置，我们可以轻易地更新拖动反馈。

如前所述，我们在目标列表外围的fieldset上添加了dragover事件处理器。为什么这么做呢？是为了便于探测拖动何时移出了目标列表。尽管可以很容易地探测到用户将某个列表项拖动到了列表上，但是，确定用户何时将列表项拖出列表却并不容易。不论是元素被拖出了目标列表，还是被拖动到了目标列表的子元素上，都会触发dragleave事件。本质上，当你将列表项从父元素拖动到它所包含的某个子元素上时，拖动就移出了父元素而进入了子元素。信息量很大，但实际上很难识别拖动是否已经移出了父元素的外围边界。因此，我们提示拖动正在移过包围着目标列表的元素，以此来通知用户已经移出了目标列表。关于这方面的更多信息稍后将介绍。

通向出口的路

Brian说："拖放规范中一个更加违反直觉的方面是事件顺序。你可能以为拖放的元素会在进入另一个元素之前退出当前元素，事实并非如此。

在从元素A向元素B拖动的过程中，其事件顺序是首先触发元素B的dragenter事件，然后再触发元素A的dragleave事件。这与HTML鼠标事件规范保持了一致，不过这是其设计的古怪一面。类似的怪异设计还很多，我敢保证。"

最后一组事件处理器为初始列表中的每个可拖动的俱乐部成员注册了dragstart和dragend事件监听器。我们将用它们初始化和清除所有拖动。你可能注意到，我们并没有为拖放源上定期触发的drag事件绑定事件处理器。因为不打算更新拖动项的外观，所以没必要编写相应的示例代码。

现在，我们将按照触发顺序逐一介绍事件处理器（见代码清单9-7）。

代码清单9-7　dragstart事件处理器

```
// 开始拖动时调用
function handleDragStart(evt) {

    // 拖动只支持copy操作
    evt.effectAllowed = "copy";

    // 拖动起始目标是成员之一
    // 成员的数据不是姓名就是年龄
```

```
evt.dataTransfer.setData("text/plain", evt.target.textContent);
evt.dataTransfer.setData("text/html", evt.target.dataset.age);

// 高亮潜在的放置目标
racersList.className = "validtarget";
volunteersList.className = "validtarget";

return true;
}
```

用户开始操作可拖动项时会触发dragstart事件处理器。这个事件处理器有点特殊，因为它设置了整个流程中所用到的功能。首先，我们设置了effectAllowed属性，通知浏览器在拖动的时候只允许copy不允许move或link。

然后，我们预加载了成功放置后可能请求的所有数据类型。自然地，我们希望支持元素的文本版本，所以把MIME类型设置为text/plain，以返回可拖动节点中的文本（如俱乐部成员的名字）。

对于第二种数据类型，我们希望放置操作能够传输另一种有关拖动源的数据类型。此例中，它是俱乐部成员的年龄。遗憾的是，由于存在bug，不是所有浏览器都支持用户自定义的MIME类型，如application/x-age，尽管自定义类型非常适合用于描述任意类型的数据。相反，我们复用了另一种通用的MIME格式——text/html——来暂时代替年龄的数据类型。希望WebKit内核的浏览器能尽快解除这个限制。

别忘了dragstart事件处理器是唯一能够设置数据传输值的事件处理器。如果在别的事件处理器中尝试设置数据传输值的话，浏览器会报错，以阻止恶意代码更改拖放中的数据。

dragstart事件处理器中的最后一个操作仅用于演示。我们将更换潜在放置目标列表的背景色，以提示用户是否可放置。下面的事件处理器将处理dragenter事件和dragleave事件，即已拖动项进入或离开页面元素时分别触发的事件（见代码清单9-8）。

代码清单9-8　dragenter和dragleave事件处理器

```
// 停止传播，阻止默认的拖动动作将我们的目标列表显示为
// 有效的放置目标
function handleDragEnter(evt) {
    evt.stopPropagation();
    evt.preventDefault();
    return false;
}

function handleDragLeave(evt) {
    return false;
}
```

示例中并没有用到dragleave事件，我们对它的处理也是出于说明的目的。

然而，dragenter事件则不同，当在有效的放置目标上触发时，可通过调用preventDefault函数来处理和取消它。如此处理之后，相当于通知浏览器当前目标是有效的放置目标，因为默认情况下，系统假定所有目标都不是有效的放置目标。

再来看一下dragover事件处理器（见代码清单9-9）。回想一下，无论何时，只要已拖动的元素在绑定了此事件的元素之上，dragover事件处理器就会定期触发。

代码清单9-9　外部容器的dragover事件处理器

```
// 为了实现更好的放置反馈效果, 我们将fieldset元素上的dragover事件作为关闭高亮效果的标记
function handleDragOverOuter(evt) {

    // 因为Firefox浏览器从嵌套子元素开始向父元素触发dragover事件, 所以我们在处理之前先检查id
    if (evt.target.id == "racersField")
      racersList.className = "validtarget";

    else if (evt.target.id == "volunteersField")
      volunteersList.className = "validtarget";

    evt.stopPropagation();
    return false;
}
```

　　3个dragover事件处理器中的第一个仅用于调整放置反馈。如前所述，探测拖动何时移出目标颇为困难，例如我们计划的参赛者列表和志愿者列表。因此，我们在列表周围的fieldset元素上绑定dragover事件处理器，以表明拖动的当前位置不在列表的临近范围内。然后，我们可以相应地关闭列表上的放置操作的高亮反馈效果。

　　注意，如果用户鼠标悬停在fieldset区域，那么代码会重复修改CSS的className属性。出于优化的目的，最好只修改一次className属性，不然会导致浏览器执行更多不必要的工作。

　　最后，调用stopPropagation()函数阻止事件向页面中其他事件处理器传播。我们不想让其他事件处理器覆盖了我们的逻辑。对于3个dragover事件处理器中的后两个，我们使用了与第一个不同的处理办法（见代码清单9-10）。

代码清单9-10　目标列表的dragover事件处理器

```
// 如果用户鼠标悬停在列表上,
// 会显示为允许复制, 同时为了提供更好的反馈效果, 目标列表被高亮显示
function handleDragOverRacers(evt) {
    evt.dataTransfer.dropEffect = "copy";
    evt.stopPropagation();
    evt.preventDefault();

    racersList.className = "highlighted";
    return false;
}

function handleDragOverVolunteers(evt) {
    evt.dataTransfer.dropEffect = "copy";
    evt.stopPropagation();
    evt.preventDefault();

    volunteersList.className = "highlighted";
    return false;
}
```

　　上面两个事件处理器略显冗长，我们将代码完整列出是为了阐明示例。第一个事件处理器用来处理参赛者列表中的dragover事件，第二个事件处理器用来处理志愿者列表中相同的dragover事件。

代码首先设置dropEffect以指明此节点只允许复制，不允许移动或链接。尽管最初的dragstart事件处理器已经限制了拖放操作只能是复制，但再次声明是一种良好的做法。

接下来，我们阻止其他事件处理器对事件的访问，并将事件取消。取消dragover事件有一个重要的功能：它通知浏览器默认操作（不允许在此处放置）无效。实际上，我们是在告诉浏览器，它不应该不支持放置，也就是支持放置。貌似有违常理，但preventDefault()函数的作用正是通知浏览器不要执行事件的常规内置操作。举例来说，在链接的单击事件中调用preventDefault()后，浏览器将不再跳转到链接指向的地址。规范的设计者本可以为dragover事件创建成为一个全新的事件或者API，但他们选择遵照已经在HTML中使用的API模式。

用户鼠标悬停在列表之上时，我们使用CSS类highlighted，通过修改背景色为黄色向用户提供视觉反馈。拖放的主要工作在drop事件处理器中完成，见代码清单9-11。

代码清单9-11　目标列表的drop事件处理器

```
// 当用户在目标列表上进行放置操作时，传输数据
function handleDrop(evt) {
    evt.preventDefault();
    evt.stopPropagation();

    var dropTarget = evt.target;

    // 使用text类型获取拖动项中的姓名
    var text  = evt.dataTransfer.getData("text/plain");

    var group = volunteers;
    var list  = volunteersList;


    // 如果放置目标列表是参赛者列表，
    // 那么额外获取一种代表成员年龄的数据格式，并加在开始处
    if ((dropTarget.id != "volunteers") &&
        (dropTarget.parentNode.id != "volunteers")) {
        text = evt.dataTransfer.getData("text/html") + ": " + text;
        group = racers;
        list  = racersList;
    }


    // 为简单起见，清除旧列表并重置
    if (group.indexOf(text) == -1) {
        group.push(text);
        group.sort();

        // 移除所有旧的子节点
        while (list.hasChildNodes()) {
            list.removeChild(list.lastChild);
        }

        // 推入所有新的子节点
        [].forEach.call(group, function(person) {
            var newChild = document.createElement("li");
            newChild.textContent = person;
            list.appendChild(newChild);
        });
```

9

```
    }
        ...

    return false;
}
```

代码首先屏蔽了默认的放置动作，阻止该动作向其他事件处理器传播。默认的drop事件依赖于放置元素的位置和类型。例如，默认情况下，把其他源的图像拖放到浏览器中，浏览器会加以显示，而拖放链接到浏览器中，浏览器跳转至链接指向的地址。示例中，我们想完全控制放置动作，因此取消了所有的默认动作。

之前的示例代码演示过如何从已放置元素中取回在dragstart事件中设置的多个数据类型。这里，我们看到了获取工作是怎样完成的。默认情况下，我们使用text/plain MIME格式来获取代表俱乐部成员姓名的普通文本数据。如果用户是将元素拖动到志愿者列表上放置，那么做这些就够了。

不过，如果用户是将元素拖动到参赛者列表上放置，则还需要获取俱乐部成员的年龄。年龄数据是之前使用text/html格式在dragstart事件中设置的。我们将其添加到俱乐部成员的姓名之前，以便在参赛者列表中显示年龄和姓名。

最后一段代码虽未经优化，却也比较简单。例行公事般地清除目标列表中之前的所有成员，添加新成员（如果尚未添加此成员），排序并重新填入列表。最后的结果是一份经过排序的列表，它包含旧成员和之前不存在的新放置进来的成员。

不论用户是否完成了拖放操作，我们都要用dragend事件处理器来进行清空（见代码清单9-12）。

代码清单9-12   用于清空的dragend事件处理器

```
// 确保清空所有的拖放操作
function handleDragEnd(evt) {

    // 恢复潜在放置目标样式
    racersList.className = null;
    volunteersList.className = null;
    return false;
}
```

不论放置动作是否真实发生，拖动的最后阶段都会调用dragend事件处理器。如果用户取消了拖动，抑或完成了拖动，dragend事件处理器仍会被调用。这里非常适合清除拖动过程开始时修改的各种状态。当然，我们还会将列表的CSS类重置成默认的无样式状态。

分享就是关怀

Brian说："如果你想知道拖放功能是否值得使用所有的事件处理器代码，那么别忘了API的关键益处之一：跨窗口，甚至是跨浏览器事件共享拖放。

因为HTML5拖放设计是对桌面拖放功能的再现，所以支持跨应用共享不值得大惊小怪。可以尝试在多个浏览器窗口中加载示例代码，然后将成员从某个源列表拖动到另一个窗口中的参赛者列表或志愿者列表中。尽管示例中简单的高亮反馈不是为此用例而设计，但实际的放置功能能够跨窗口工作，如果不同的浏览器支持拖放API，放置功能甚至还能跨浏览器工作。虽然我们的拖放示例非常简单，但足以演示API的全部功能。"

dropzone 属性

是否觉得处理所有的拖放事件比较复杂？的确如此。因此，规范的作者设计了一套支持drop事件的便于记忆的替代机制：dropzone属性。

dropzone属性为开发人员提供了注册元素的新方法：以紧凑的方式来注册需要绑定drop事件的元素，而无需编写冗长的事件处理器代码。属性值是以空格分隔的模式字符串，在元素上设置后，支持浏览器自动为其绑定放置动作（见表9-2）。

表9-2　dropzone属性的标记

标　　记	作　　用
copy、move、link	只允许所列三种操作类型中的一种。默认为copy
s:\<mime\>	在MIME类型前面加上s:，表示支持将此MIME类型的数据放置到元素上
f:\<mime\>	在MIME类型前面加上f:，表示支持将此MIME类型的文件放置到元素上

借用之前的示例应用，可为参赛者列表元素指定如下属性：

```
<ul id="racers" dropzone="copy s:text/plain s:text/html" ondrop="handleDrop(event)">
```

上面的代码以一种快捷的方式告知浏览器，可以用复制操作的方式将支持简单文本和HTML数据格式的元素放置到列表中。

写作本书时，大多数主流浏览器厂商还不支持dropzone属性，不过应该快了。

9.4　拖放文件

你是否曾经想过以一种更简便的方式向Web应用中添加文件，是否对一些新生网站支持直接拖动文件到页面中并上传而感到好奇？答案就是HTML5 File API。虽然整个W3C File API的规模和状态超出了本书的讨论范围，但许多浏览器已经支持标准的子集，支持拖动文件至应用中。

注意　W3C File API在线文档地址是www.w3.org/TR/FileAPI。

File API具备强大的功能，它能够在网页中异步读取文件，将文件上传至服务器并跟踪上传状态，还可将文件转换为页面元素。不过，一些关联规范，如拖放，用到了File API规范的子集，本章将重点介绍拖放。

本章已经两次间接提到文件拖放。第一次是dataTransfer对象包含了名为files的属性，在合适的场景下，此属性会包含附加到拖动动作上的文件列表。例如，如果用户将一个或一组文件从桌面拖动到我们应用的Web页面，那么，如果dataTransfer.files对象中有值，浏览器就会触发拖放事件。第二次是在支持之前提到的dropzone属性的浏览器中，通过使用f:作为MIME类型前缀，这些浏览器支持将特定MIME类型的文件放置到有效的元素上。

注意　目前，Safari浏览器只支持文件的拖放操作。尽管在页面中发起的拖动动作会触发大多数的拖放事件，但只有在拖动的是文件的情况下，才会触发drop事件。

和以往一样，你无法在大多数拖放事件中访问文件，因为出于安全方面的考虑对文件进行了保护。尽管有些浏览器支持在拖动事件中访问文件列表，但没有浏览器允许访问文件数据。此外，在拖放源上触发的dragstart、drag和dragend事件在文件拖放过程中不会被触发，因为此时的拖放源是文件系统自身。

文件列表中的文件项支持下列属性。

❑ name：带有扩展名的文件全名。

❑ type：文件的MIME类型。

❑ size：以字节为单位的文件大小。

❑ lastModifiedDate：最后一次修改文件内容的时间戳。

我们来看一个简单的文件拖放示例，它展示了已放置页面中的文件的特性，如图9-5所示。代码在本书的fileDrag.html文件中。

图 9-5　演示页面显示了已放置文件的特性

演示页面的HTML代码非常简单（见代码清单9-13）。

代码清单9-13　文件放置示例的HTML代码

```
<body>
<div id="droptarget">
<div id="status"></div>
</div>
</body>
```

页面中只有两个元素。用于放置文件的放置目标以及状态显示区域。

同上一个示例类似，我们将在页面加载时注册拖放事件处理器（见代码清单9-14）。

代码清单9-14　文件放置示例的加载和初始化代码

```
var droptarget;

// 在显示区域设置状态文本
function setStatus(text) {
    document.getElementById("status").innerHTML = text;
}

// ...


function loadDemo() {

    droptarget = document.getElementById("droptarget");
    droptarget.className = "validtarget";

    droptarget.addEventListener("dragenter", handleDragEnter, false);
    droptarget.addEventListener("dragover", handleDragOver, false);
    droptarget.addEventListener("dragleave", handleDragLeave, false);
    droptarget.addEventListener("drop", handleDrop, false);

    setStatus("Drag files into this area.");
}

window.addEventListener("load", loadDemo, false);
```

这次，放置目标接收全部的事件处理器。只有部分处理器是必需的，而且我们可以忽略拖放源上发生的事件。

当用户拖动文件到放置目标时，显示有关放置的反馈信息（见代码清单9-15）。

代码清单9-15　文件放置的dragenter事件处理器

```
// 处理放置目标上的拖动事件
function handleDragEnter(evt) {

    // 如果浏览器支持在拖动中访问文件列表，
    // 则显示文件数量
    var files = evt.dataTransfer.files;

    if (files)
        setStatus("There are " + evt.dataTransfer.files.length +
            " files in this drag.");
    else
        setStatus("There are unknown items in this drag.");

    droptarget.className = "highlighted";

    evt.stopPropagation();
    evt.preventDefault();
    return false;
}
```

尽管有些浏览器允许在拖动中访问dataTransfer文件，但我们仍需要处理信息禁止访问的情况。得知文件数量后，将其显示在状态中。

对dragover事件和dragleave事件的处理很直观（见代码清单9-16）。

代码清单9-16　文件放置的dragover事件处理器和dragleave事件处理器

```
// 屏蔽默认的dragover操作对于成功执行放置操作来说很有必要
function handleDragOver(evt) {
    evt.stopPropagation();
    evt.preventDefault();

    return false;
}

// 拖动移出时，重置文本和状态
function handleDragLeave(evt) {
    setStatus("Drag files into this area.");

    droptarget.className = "validtarget";

    return false;
}
```

同往常一样，必须取消dragover事件以便用我们自己的代码来处理放置动作，而不是使用浏览器的默认动作——通常会直接打开。对于dragleave事件处理器来说，我们只需要设置状态文本和样式，以示鼠标移开后不能再放置。大部分工作在drop事件处理器中完成（见代码清单9-17）。

代码清单9-17　文件放置的drop事件处理器

```
// 处理文件放置
function handleDrop(evt) {
    // 取消事件，避免直接打开文件
    evt.preventDefault();
    evt.stopPropagation();

    var filelist = evt.dataTransfer.files;

    var message = "There were " + filelist.length + " files dropped.";

    // 在拖动中显示每个文件的详情列表
    message += "<ol>";

    [].forEach.call(filelist, function(file) {
        message += "<li>";
        message += "<strong>" + file.name + "</strong> ";
        message += "(<em>" + file.type + "</em>) : ";
        message += "size: " + file.size + " bytes - ";
        message += "modified: " + file.lastModifiedDate;
        message += "</li>";
    });

    message += "</ol>";

    setStatus(message);
    droptarget.className = "validtarget";

    return false;
}
```

之前已经讨论过，有必要使用**preventDefault**来取消事件，避免浏览器触发默认的**drop**事件处理代码。

相比拖动过程中的事件处理器，数据访问操作更多是发生在**drop**事件处理器中，所以我们检查附加到**dataTransfer**上的**files**属性，找到已放置文件的特征。本示例中，我们仅仅展示了文件属性，但是如果全面使用HTML5 File API，你就可以读取内容用于本地显示，还可以将其上传到服务器，以此来强化我们的应用。

9.5 进阶功能

有时候，某些技术并不适用于常规示例，但这些技术却可广泛用于诸多类型的HTML5应用中。本节，我们将向你展示一个简短但很常见的进阶功能。

自定义拖动显示图像

通常，浏览器为拖动操作定义默认的视觉指针指示符。图像或者链接会跟随鼠标光标一起移动（有时为了实际显示会缩小尺寸），或者在拖动位置上方显示被拖动元素的低解析度图像。

不过，如果你需要更改默认显示的拖动图像，拖放API为你提供了用于完成此操作的简单API。只能在**dragstart**处理器中更改拖动图像（还是出于安全考虑），但操作很简单，将代表指针外观的元素当做参数传入**dataTransfer**即可。

```
var dragImage = document.getElementById("happyTrails");
evt.dataTransfer.setDragImage(dragImage, 5, 10);
```

注意传入**setDragImage**调用的偏移坐标。x坐标和y坐标告知浏览器图像内部的哪个像素点衬于鼠标指针下。例如，如果传入的x值和y值分别是5和10，则鼠标指针会位于距离图像左侧5像素，距离上方10像素的位置，如图9-6所示。

图9-6　将Happy Trails logo设为拖动图像的示例页面

其实拖动的图像并非必须是一幅图像。任何元素都可以被设置为拖动图像；对于非图像的情况，浏览器会创建其截图来供鼠标指针显示。

9.6   小结

全面掌握拖放API有点难度，因为它涉及对许多事件的正确处理。如果放置目标的布局很复杂，那么有些事件的处理会难以管理。然而，如果你需要跨窗口或浏览器的拖放操作，甚至是与桌面进行交互，那就需要深入学习拖放API了。从设计上看，拖放API融入了本地应用的拖放能力，但它只能运行在保护数据不被第三方篡改的受限的安全环境中。

要了解更多关于将已放置文件用作应用数据方面的信息，请参阅W3C File API。下一章将介绍Web Workers API。借助它，你可以在主页面之外生成在后台执行的脚本，以此来加快执行速度并提升用户体验。

第 10 章

Web Workers API 10

Javascript是单线程的。因此，持续时间较长的计算（并不一定是由于低质量的代码造成的）会阻塞UI线程，进而导致无法在文本框中填入文本，单击按钮、使用CSS效果，并且在大多数浏览器中，除非控制权返回，否则无法打开新的标签页。该问题的解决方案是，HTML5 Web Workers可以让Web应用程序具备后台处理能力。它对多线程的支持性非常好，因此，使用了HTML5的JavaScript应用程序可以充分利用多核CPU带来的优势。将耗时长的任务分配给HTML5 Web Workers执行，可以避免弹出脚本运行缓慢的警告，见图10-1。图中显示的是JavaScript程序循环持续几秒钟后弹出的警告窗口。

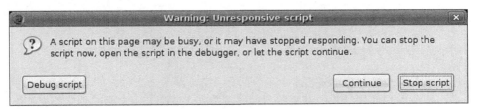

图10-1　Firefox中的脚本运行缓慢警告

尽管Web Workers功能强大，但也不是万能的，有些事情它还做不到。例如，在Web Workers中执行的脚本不能访问该页面的window对象（window.document），换句话说，Web Workers不能直接访问Web页面和DOM API。虽然Web Workers不会导致浏览器UI停止响应，但是仍然会消耗CPU周期，导致系统反应速度变慢。

如果开发人员创建的Web应用程序需要执行一些后台数据处理，但又不希望这些数据处理任务影响Web页面本身的交互性，那么可以通过Web Workers生成一个Web Worker去执行数据处理任务，同时添加一个事件监听器去监听它发出的消息。

Web Workers的另一个用途是监听由后台服务器广播的新闻信息，收到后台服务器的消息后，将其显示在Web页面上。像这种与后台服务器对话的场景中，Web Workers可能会使用到Web Sockets或Server-Sent事件。

在本章中，我们将探讨如何使用Web Workers。首先，讨论Web Workers的工作机制和在编写本书时各浏览器的支持情况。接下来，将讨论如何使用API创建新的Worker以及如何在Worker和生成该Worker的上下文之间进行通信。最后，我们会演示如何建立一个Web Workers应用。

10.1　Web Workers 的浏览器支持情况

大多数现代Web浏览器都支持Web Workers。访问http://caniuse.com（搜索Web Workers），查看最新的浏览器支持情况（以矩阵形式呈现）。大多数其他API都会存在一些模仿它们的库——例如，对于HTML5 Canvas，存在excanvas.js和flashcanvas.js等库，它们都模仿Canvas API（在幕后使用了Flash）——不过，模仿Web Workers没有太大意义。你既可以将Web Workers相关的代码作为一个Worker进行调用，也可以在页面中以内联方式运行相同的代码来阻塞UI线程。基于Worker的页面极大地提高了页面的响应性，这足以让人们升级到更为现代的浏览器（至少我们希望如此）。

10.2　使用 Web Workers API

本节，我们将从细节上探讨Web Workers API的使用。为便于说明，我们创建了一个简单的页面：echo.html。Web Workers的使用方法非常简单，只需创建一个Web Workers对象，并传入希望执行的JavaScript文件即可。另外，在页面中再设置一个事件监听器，用来监听由Web Worker发来的消息和错误信息。如果想要在页面与Web Workers之间建立通信，数据需通过postMessage函数传递。对于Web Worker JavaScript文件中的代码也是如此：必须通过设置事件处理程序来处理发来的消息和错误信息，通过调用postMessage函数实现与页面的数据交互。

10.2.1　浏览器支持性检查

在调用Web Workers API函数之前，首先要确认浏览器是否支持。如果不支持，可以提供一些备用信息，提醒用户使用最新的浏览器。代码清单10-1是可以用来测试浏览器支持性的代码。

代码清单10-1　检查浏览器支持情况的代码

```
function loadDemo() {
  if (typeof(Worker) !== "undefined") {
    document.getElementById("support").innerHTML =
        "Excellent! Your browser supports Web Workers";
  }
}
```

这个示例中，使用loadDemo函数来检测浏览器的支持情况，可在页面加载时调用该函数。调用typeof(Worker)会返回全局Window对象的Worker属性，如果浏览器不支持Web Workers API，返回结果将是"undefined"。这段代码在检测了浏览器支持性之后，会将检测结果反映到页面上。通过更新页面中预先定义好的support元素中的内容，为用户显示适当的提示，如图10-2所示。

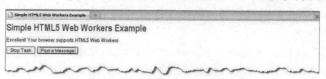

图10-2　检测Web Workers支持性的示例

10.2.2　创建 Web Workers

Web Workers初始化时会接受一个JavaScript文件的URL地址，其中包含了供Worker执行的代码。这段代码会设置事件监听器，并与生成Worker的容器进行通信。JavaScript文件的URL可以是相对或者绝对路径，只要是同源（相同的协议、主机和端口）即可：

```
worker = new Worker("echoWorker.js");
```

1. 内联 Worker

启动一个worker需要指向一个文件。也许你以前见过一些type值为javascript/worker的script元素示例，如下例所示：

```
<script id="myWorker" type="javascript/worker">
```

不要误以为只要设置了script元素的type属性值就能让JavaScript代码以Web Worker方式运行。本例中，type信息的作用是通知浏览器及其JavaScript引擎不要解析和运行此脚本。事实上，type属性值可以是除了text/javascript之外的任意值。此脚本示例展示的是内联Web Workers的基本部分——此特征只有在浏览器支持文件系统API（Bolb Builder或Filer Writer）的情况下，才能使用。接下来，你可以编程查找script代码块（前例中，元素的id值为myworker），将Web Worker JavaScript文件写入磁盘。然后，在代码中调用内联 Web Workers。

2. 共享 Worker

还有另一种Worker类型：共享Web Worker。在写作本书时，它尚未获得广泛支持。共享Web Worker与普通的Web Worker相似，区别在于它能够为同源的多个页面所共享。共享Web Workers引入了端口的概念以用于PostMessage通信。对于同源的多个页面（或标签页）间的数据同步以及若干标签页共享一个持久资源（如WebSocket）的情况，共享Web Workers大有用武之地。

启动共享Web Worker的语法如下：

```
sharedWorker = new SharedWorker(sharedEchoWorker.js');
```

10.2.3　多个 JavaScript 文件的加载与执行

对于由多个JavaScript文件组成的应用程序来说，可以通过包含<script>元素的方式，在页面加载的时候同步加载JavaScript文件。然而，由于Web Workers没有访问document对象的权限，所以在Worker中必须使用另外一种方法导入其他的JavaScript文件——importScripts：

```
importScripts("helper.js");
```

导入的JavaScript文件只会在某一个已有的Worker中加载和执行。多个脚本的导入同样也可以使用importScripts函数，它们会按顺序执行：

```
importScripts("helper.js", "anotherHelper.js");
```

10.2.4　与 HTML5 Web Workers 通信

Web Worker一旦生成，就可以使用postMessage API传送和接收数据。postMessage API还

支持跨框架和跨窗口通信。大多数JavaScript对象都可以通过**postMessage**发送，但含有循环引用的除外。

假设要建立这样一个简单的Web Workers示例：用户可以向Worker发送信息，然后Worker把信息返回来。也许这个示例并没有太大的实际意义，但是其理念是构建复杂应用时所必需的。图10-3显示的是这个示例的Web页面和正在执行中的Web Workers。对应的程序代码列于本节的末尾。

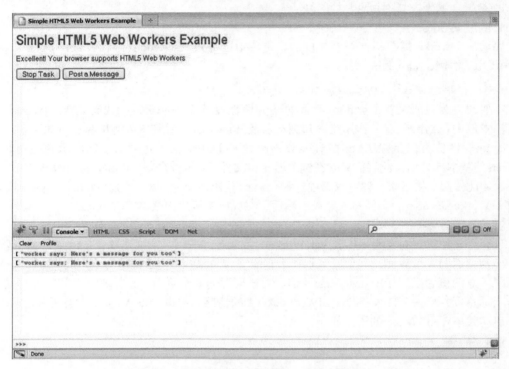

图10-3　一个简单的使用了 HTML5 Web Workers的Web页面①

为了能与Web Workers成功通信，除了要在主页（调用Web Workers的页面）中添加代码以外，Worker JavaScript文件中也需要添加相应代码。

10.3　编写主页

为实现页面到Web Workers的通信，我们将调用**postMessage**函数以传入所需数据。同时，我们将建立一个监听器，用来监听由Web Workers发送到页面的消息和错误信息。

为建立主页和Web Workers之间的通信，首先在主页中添加对**postMessage**函数的调用，如下所示：

---

① 本示例需在安装了Firebug的Firefox浏览器中测试，并请启用Firebug控制台。——编者注

```
document.getElementById("helloButton").onclick = function() {
    worker.postMessage("Here's a message for you");
```

用户单击**Post a Message**按钮后，相应信息会被发送给Web Workers。然后，我们将事件监听器添加到页面中，用来监听从Web Workers发来的信息：

```
worker.addEventListener("message", messageHandler, true);
function messageHandler(e) {
    // 处理Worker发来的消息
}
```

编写HTML5 Web Workers JavaScript文件

在Web Workers JavaScript文件中，也需要添加类似的代码：必须添加事件监听器以监听发来的消息和错误信息，并且通过调用postMessage函数实现与页面之间的通信。

为了完成页面与Web Workers之间的通信功能，首先，我们添加代码调用postMessage函数。例如，在messageHandler函数中可以添加如下代码：

```
function messageHandler(e) {
    postMessage("worker says: " + e.data + " too");
}
```

接下来，在Web Workers JavaScript文件中添加事件监听器，以处理从主页发来的信息：

```
addEventListener("message", messageHandler, true);
```

在这个示例中，接收到信息后会马上调用messageHandler函数以保证信息能及时返回。

注意，如果这是一个共享 worker，那么语法略有不同（使用port对象）：

```
sharedWorker.port.addEventListener("message", messageHandler, true);
sharedWorker.port.postMessage("Hello HTML5");
```

此外，worker能够监听到即将到来的连接的connect事件。你可以用它来记录活跃连接的数量。

10.3.1 处理错误

HTML5 Web Workers脚本中未处理的错误会引发Web Workers对象的错误事件。特别是在调试用到了Web Workers的脚本时，对错误事件的监听就显得尤为重要。下面显示的是Web Workers JavaScript文件中的错误处理函数，它将错误记录在控制台上：

```
function errorHandler(e) {
    console.log(e.message, e);
}
```

为了处理错误，还必须在主页上添加一个事件监听器：

```
worker.addEventListener("error", errorHandler, true);
```

目前，大部分浏览器无法逐步跟踪Web Woker代码，但是Google Chrome浏览器在其Chrome开发者工具（在Scripts标签下能够看到Worker inspectors）中提供了Web Worker调试功能，如图10-4所示。

10

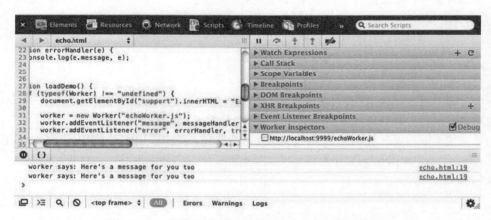

图10-4　Chrome开发者工具中的Web Worker调试选项

10.3.2　停止 Web Workers

Web Workers 不能自行终止，但能够被启用它们的页面所终止。如果关闭了页面，那么Web Worker会被垃圾回收，所以你大可放心，不会有任何执行后台任务的僵尸Worker驻留。开发人员都希望在不再需要Web Workers时回收其所占资源，比如当Web Workers通知主页它已执行完成的时候。另外，还有可能在用户干预的情况下取消一个运行耗时较长的任务，等等。这些情况下我们都需要终止Web Workers，可以调用`terminate`函数来实现。被终止的Web Workers将不再响应任何信息或者执行任何其他的计算。终止之后，Worker不能被重新启动，但可以使用同样的URL创建一个新的Worker。

```
worker.terminate();
```

10.3.3　Web Workers 的嵌套使用

Worker的API能够在Web Workers脚本中嵌套使用，以创建子Worker：

```
var subWorker = new Worker("subWorker.js");
```

大量的Worker

"如果递归生成的多个Worker都包含了同一个JavaScript源文件，保守估计，你将看到一些有趣的结果，如下图所示。"

——Peter

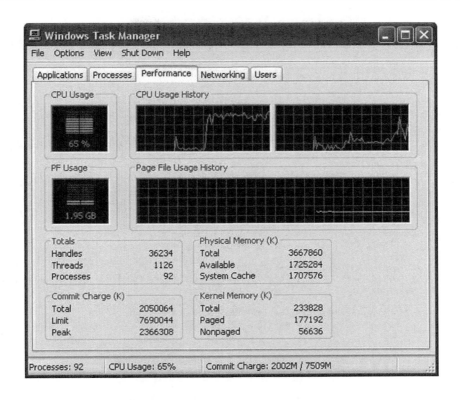

10.3.4 使用定时器

虽然HTML5 Web Workers不能访问window对象，但是它可以与属于window对象的JavaScript定时器API协作：

```
var t = setTimeout(postMessage, 2000, "delayed message");
```

10.3.5 示例代码

为完整起见，代码清单10-2与代码清单10-3中展示了上述页面及其Web Workers JavaScript文件的源代码。

代码清单10-2　调用Web Workers的HTML页面代码

```
<!DOCTYPE html>
<title>Simple Web Workers Example</title>
<link rel="stylesheet" href="styles.css">

<h1>Simple Web Workers Example</h1>
<p id="support">Your browser does not support Web Workers.</p>
```

10

```
<button id="stopButton" >Stop Task</button>
<button id="helloButton" >Post a Message</button>

<script>
    function stopWorker() {
        worker.terminate();
    }

    function messageHandler(e) {
        console.log(e.data);
    }

    function errorHandler(e) {
        console.warn(e.message, e);
    }

    function loadDemo() {
        if (typeof(Worker) !== "undefined") {
            document.getElementById("support").innerHTML =
                "Excellent! Your browser supports Web Workers";

            worker = new Worker("echoWorker.js");
            worker.addEventListener("message", messageHandler, true);
            worker.addEventListener("error", errorHandler, true);

            document.getElementById("helloButton").onclick = function() {
                worker.postMessage("Here's a message for you");
            }

            document.getElementById("stopButton").onclick = stopWorker;
        }
    }

window.addEventListener("load", loadDemo, true);
</script>
```

代码清单10-3   简单的Web Workers JavaScript文件

```
function messageHandler(e) {
    postMessage("worker says: " + e.data + " too");
}
addEventListener("message", messageHandler, true);
```

10.4   构建 Web Workers 应用

刚才我们讨论的是Web Workers API的各种用法。Web Workers API到底有多强大？现在我们通过建立一个HTML5 Web Workers应用来演示。我们将在这个应用中实现一个带有图像模糊过滤器的Web页面，过滤动作将由多个Web Workers并行执行。图10-5显示了该应用程序的执行效果。

这个应用程序首先从canvas向多个Web Workers（可以指定数量）发送图像数据，然后Web Workers使用box-blur过滤器对这些图像数据进行处理。处理时间大约是几秒钟，取决于图像大小和可用的计算资源（即使电脑配备高速CPU，也可能因为已加载了其他进程，导致需要更多的时钟周期来执行JavaScript）。图10-6显示了运行模糊过滤器进程一段时间后的相同页面。

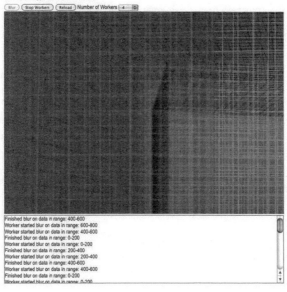

图10-5 基于Web Workers的图像模糊过滤器页面

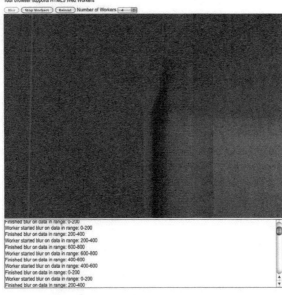

图10-6 运行一段时间后的图像模糊Web页面

Web Workers承担了所有繁重的任务，因此不存在弹出脚本运行缓慢警告的风险，也不需要手动将任务分割成多份执行——在不能使用Web Workers的情况下，这是必须得考虑的事情。

10.4.1   编写 blur.js 辅助脚本

如代码清单10-4所示，在blur.js应用页面中，我们可以直接使用模糊过滤器，使之一直循环运行直到将输入数据全部处理完。

代码清单10-4   blur.js文件中JavaScript box-blur过滤器的实现

```javascript
function inRange(i, width, height) {
    return ((i>=0) && (i < width*height*4));
}

function averageNeighbors(imageData, width, height, i) {
    var v = imageData[i];

    // 主方向
    var north = inRange(i-width*4, width, height) ? imageData[i-width*4] : v;
    var south = inRange(i+width*4, width, height) ? imageData[i+width*4] : v;
    var west = inRange(i-4, width, height) ? imageData[i-4] : v;
    var east = inRange(i+4, width, height) ? imageData[i+4] : v;

    // 相邻对角线
    var ne = inRange(i-width*4+4, width, height) ? imageData[i-width*4+4] : v;
    var nw = inRange(i-width*4-4, width, height) ? imageData[i-width*4-4] : v;
    var se = inRange(i+width*4+4, width, height) ? imageData[i+width*4+4] : v;
    var sw = inRange(i+width*4-4, width, height) ? imageData[i+width*4-4] : v;

    // 平均
    var newVal = Math.floor((north + south + east + west + se + sw + ne + nw + v)/9);

    if (isNaN(newVal)) {
        sendStatus("bad value " + i + " for height " + height);
        throw new Error("NaN");
    }
    return newVal;
}

function boxBlur(imageData, width, height) {
    var data = [];
    var val = 0;
    for (var i=0; i<width*height*4; i++) {
        val = averageNeighbors(imageData, width, height, i);
        data[i] = val;
    }

    return data;
}
```

简而言之，该算法通过求附近像素值的平均值对图像进行模糊处理。对于一个有着百万级像素的大图像而言，需要执行相当长的时间。在UI线程中，运行这样的循环是极不合适的。即使不弹出脚本运行缓慢的警告，在循环终止之前，用户界面也无法响应用户的其他操作。不过，利用Web Workers在后台执行计算倒是可以接受的。

10.4.2　编写 blur.html 应用页面

代码清单10-5是调用Web Workers的HTML页面代码。为了方便说明，该HTML示例也化繁为简了。我们的目的不在于建立漂亮的界面，而是通过搭建一个简洁的框架，演示如何控制Web Workers并实际运行。应用程序的页面嵌入了**canvas**元素来显示输入的图像。页面上还有一组按钮，包括开始模糊（Blur）、停止模糊（Stop Workers）、重置图像（Reload）和指定生成的Worker数量（Number of Workers）。

代码清单10-5　blur.html页面代码

```
<!DOCTYPE html>
<title>Web Workers</title>
<link rel="stylesheet" href = "styles.css">

<h1>Web Workers</h1>

<p id="status">Your browser does not support Web Workers.</p>


<button id="startBlurButton" disabled>Blur</button>
<button id="stopButton" disabled>Stop Workers</button>
<button onclick="document.location = document.location;">Reload</button>

<label for="workerCount">Number of Workers</label>
<select id="workerCount">
    <option>1</option>
    <option selected>2</option>
    <option>4</option>
    <option>8</option>
    <option>16</option>
</select>

<div id="imageContainer"></div>
<div id="logOutput"></div>
```

接下来在blur.html中添加创建Worker的代码。我们通过传递JavaScript文件的URL来实例化每个Worker对象。每个实例化的**Worker**运行的代码相同，分别负责处理输入图像的不同部分：

```
function initWorker(src) {
    var worker = new Worker(src);
    worker.addEventListener("message", messageHandler, true);
    worker.addEventListener("error", errorHandler, true);
    return worker;
}
```

最后为blur.html文件增加错误处理的代码。这样，在Worker发生错误的时候，页面不会毫无反应，而是显示相应的错误信息。我们的示例应该不会遇到任何问题，但在实际开发中监听错误事件是个好习惯，而且对调试工作的意义也很大。

```
function errorHandler(e) {
    log("error: " + e.message);
}
```

10

10.4.3　编写 blurWorker.js

现在，我们将Worker用来与页面通信的代码添加到blurWorker.js文件中（如代码清单10-6所示）。Web Workers完成运算即可使用**postMessage**通知页面。我们将利用这个信息更新主页上的图像。Web Workers创建完成后，会等待包含图像数据和开始模糊指令的消息，此消息是一个JavaScript对象，其中包含有消息类型和数值数组形式的图像数据。

代码清单10-6　在 blurWorker.js 文件中发送和处理图像数据

```
function sendStatus(statusText) {
    postMessage({"type" : "status",
                 "statusText" : statusText}
                );
}

function messageHandler(e) {
    var messageType = e.data.type;
    switch (messageType) {
        case ("blur"):
            sendStatus("Worker started blur on data in range: " +
                            e.data.startX + "-" + (e.data.startX+e.data.width));
            var imageData = e.data.imageData;
            imageData = boxBlur(imageData, e.data.width, e.data.height, e.data.startX);

            postMessage({"type" : "progress",
                         "imageData" : imageData,
                         "width" : e.data.width,
                         "height" : e.data.height,
                         "startX" : e.data.startX
                        });
            sendStatus("Finished blur on data in range: " +
                            e.data.startX + "-" + (e.data.width+e.data.startX));
            break;
        default:
            sendStatus("Worker got message: " + e.data);
    }
}
addEventListener("message", messageHandler, true);
```

10.4.4　与 Web Worker 通信

在blur.html文件中，我们可以通过给Worker发送一些代表模糊任务的数据和参数来使用Worker。方法是使用**postMessage**函数发送一个JavaScript对象。这个JavaScript对象包含了Worker负责处理的RGBA图像数据阵列、图像的尺寸和像素范围。每个Worker根据接收到的信息分别对图像的不同部分进行处理：

```
function sendBlurTask(worker, i, chunkWidth) {
    var chunkHeight = image.height;
    var chunkStartX = i * chunkWidth;
    var chunkStartY = 0;
    var data = ctx.getImageData(chunkStartX, chunkStartY,
                                chunkWidth, chunkHeight).data;
```

```
worker.postMessage({'type' : 'blur',
                    'imageData' : data,
                    'width' : chunkWidth,
                    'height' : chunkHeight,
                    'startX' : chunkStartX});
}
```

CANVAS图像数据

"postMessage可以对imageData对象进行高效序列化，以便通过canvas API使用。不过一些支持Worker和postMessage API的浏览器也许还不能支持postMessage的这种扩展的序列化能力。例如，Firefox 3.5不能通过postMessage传送imageData对象，不过未来版本可能会提供此支持。

因此，在本章中介绍的图像处理示例中，以传送imageData.data（数据序列化方式同JavaScript数组一样）的方式代替传送imageData对象本身。在Web Workers执行运算任务时，它们同时将其状态和结果返回到页面上。代码清单10-6显示了数据如何在经模糊过滤器处理之后从Worker传送到页面上。同样地，消息包含了一个JavaScript对象，这个对象中含有图像数据和标记处理范围的坐标信息。"

——Frank

HTML页面上的消息处理程序接收上述数据，并用新的像素值更新canvas。处理后的图像数据到达时，HTML页面即时显示结果。现在，我们创建了一个可以处理图像的示例应用，并且具有利用多核CPU的潜在优势。此外，Web Workers执行时，程序也不会锁定用户界面，不会让用户界面停止响应。应用执行时的状态见图10-7。

10.4.5　运行程序

为了让示例运行起来，blur.html页面需要部署在一个Web服务器中（例如Apache或者Python的SimpleHTTPServer）。以Python的SimpleHTTPServer为例，其部署步骤如下。

(1) 安装Python。

(2) 打开包含示例文件（blur.html）的目录。

(3) 输入命令启动Python：

```
python -m SimpleHTTPServer 9999
```

(4) 打开浏览器，输入http://localhost:9999/blur.html。应该就可以看到图10-7所示的页面了。

(5) 应用程序运行一段时间后，你会看到图片的不同象限区域在缓缓地变模糊。同一时间变模糊的象限的数量取决于运行的Worker数量。

10

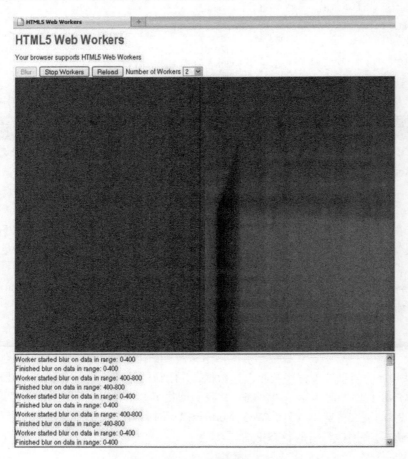

图10-7   执行中的模糊程序

10.4.6   示例代码

为完整起见，代码清单10-7 ~ 10-9列出了示例的完整代码。

代码清单10-7   blur.html文件的内容

```
<!DOCTYPE html>
<title>Web Workers</title>
<link rel="stylesheet" href = "styles.css">

<h1>Web Workers</h1>

<p id="status">Your browser does not support Web Workers.</p>
```

```
<button id="startBlurButton" disabled>Blur</button>
<button id="stopButton" disabled>Stop Workers</button>
<button onclick="document.location = document.location;">Reload</button>

<label for="workerCount">Number of Workers</label>
<select id="workerCount">
    <option>1</option>
    <option selected>2</option>
    <option>4</option>
    <option>8</option>
    <option>16</option>
</select>

<div id="imageContainer"></div>
<div id="logOutput"></div>
<script>

var imageURL = "example2.png";
var image;
var ctx;
var workers = [];

function log(s) {
    var logOutput = document.getElementById("logOutput");
    logOutput.innerHTML = s + "<br>" + logOutput.innerHTML;
}

function setRunningState(p) {
    // 在运行的时候，stop按钮可用，start按钮不可用
    document.getElementById("startBlurButton").disabled = p;
    document.getElementById("stopButton").disabled = !p;
}

function initWorker(src) {
    var worker = new Worker(src);
    worker.addEventListener("message", messageHandler, true);
    worker.addEventListener("error", errorHandler, true);
    return worker;
}

function startBlur() {
    var workerCount = parseInt(document.getElementById("workerCount").value);
    var width = image.width/workerCount;

    for (var i=0; i<workerCount; i++) {
        var worker = initWorker("blurWorker.js");
        worker.index = i;
        worker.width = width;
        workers[i] = worker;

        sendBlurTask(worker, i, width);
    }
    setRunningState(true);
}
```

10

```
function sendBlurTask(worker, i, chunkWidth) {
        var chunkHeight = image.height;
        var chunkStartX = i * chunkWidth;
        var chunkStartY = 0;
        var data = ctx.getImageData(chunkStartX, chunkStartY,
                                    chunkWidth, chunkHeight).data;

        worker.postMessage({'type' : 'blur',
                            'imageData' : data,
                            'width' : chunkWidth,
                            'height' : chunkHeight,
                            'startX' : chunkStartX});
}

function stopBlur() {
    for (var i=0; i<workers.length; i++) {
        workers[i].terminate();
    }
    setRunningState(false);
}

function messageHandler(e) {
    var messageType = e.data.type;
    switch (messageType) {
        case ("status"):
            log(e.data.statusText);
            break;
        case ("progress"):
            var imageData = ctx.createImageData(e.data.width, e.data.height);

            for (var i = 0; i<imageData.data.length; i++) {
                var val = e.data.imageData[i];
                if (val === null || val > 255 || val < 0) {
                    log("illegal value: " + val + " at " + i);
                    return;
                }

                imageData.data[i] = val;
            }
            ctx.putImageData(imageData, e.data.startX, 0);

            // 模糊相同窗口
            sendBlurTask(e.target, e.target.index, e.target.width);
            break;
        default:
            break;
    }
}

function errorHandler(e) {
    log("error: " + e.message);
}

function loadImageData(url) {
```

```
    var canvas = document.createElement('canvas');
    ctx = canvas.getContext('2d');
    image = new Image();
    image.src = url;

    document.getElementById("imageContainer").appendChild(canvas);

    image.onload = function(){
        canvas.width = image.width;
        canvas.height = image.height;
        ctx.drawImage(image, 0, 0);
        window.imgdata = ctx.getImageData(0, 0, image.width, image.height);
        n = ctx.createImageData(image.width, image.height);
        setRunningState(false);
        log("Image loaded: " + image.width + "x" + image.height + " pixels");
    };
}
function loadDemo() {
    log("Loading image data");

    if (typeof(Worker) !== "undefined") {
        document.getElementById("status").innerHTML = "Your browser supports Web Workers";

        document.getElementById("stopButton").onclick = stopBlur;
        document.getElementById("startBlurButton").onclick = startBlur;

        loadImageData(imageURL);

        document.getElementById("startBlurButton").disabled = true;
        document.getElementById("stopButton").disabled = true;
    }

}

window.addEventListener("load", loadDemo, true);
</script>
```

代码清单10-8   blurWorker.js文件内容

```
importScripts("blur.js");

function sendStatus(statusText) {
    postMessage({"type" : "status",
                 "statusText" : statusText}
                );
}

function messageHandler(e) {
    var messageType = e.data.type;
    switch (messageType) {
        case ("blur"):
            sendStatus("Worker started blur on data in range: " +
                            e.data.startX + "-" + (e.data.startX+e.data.width));
            var imageData = e.data.imageData;
            imageData = boxBlur(imageData, e.data.width, e.data.height, e.data.startX);
```

10

```
                postMessage({"type" : "progress",
                             "imageData" : imageData,
                             "width" : e.data.width,
                             "height" : e.data.height,
                             "startX" : e.data.startX
                            });
                sendStatus("Finished blur on data in range: " +
                              e.data.startX + "-" + (e.data.width+e.data.startX));
                break;
            default:
                sendStatus("Worker got message: " + e.data);
        }
    }

addEventListener("message", messageHandler, true);
```

代码清单10-9　blur.js文件内容

```
function inRange(i, width, height) {
    return ((i>=0) && (i < width*height*4));
}

function averageNeighbors(imageData, width, height, i) {
    var v = imageData[i];

    // 主方向
    var north = inRange(i-width*4, width, height) ? imageData[i-width*4] : v;
    var south = inRange(i+width*4, width, height) ? imageData[i+width*4] : v;
    var west = inRange(i-4, width, height) ? imageData[i-4] : v;
    var east = inRange(i+4, width, height) ? imageData[i+4] : v;

    // 相邻对角线
    var ne = inRange(i-width*4+4, width, height) ? imageData[i-width*4+4] : v;
    var nw = inRange(i-width*4-4, width, height) ? imageData[i-width*4-4] : v;
    var se = inRange(i+width*4+4, width, height) ? imageData[i+width*4+4] : v;
    var sw = inRange(i+width*4-4, width, height) ? imageData[i+width*4-4] : v;

    // 平均
    var newVal = Math.floor((north + south + east + west + se + sw + ne + nw + v)/9);

    if (isNaN(newVal)) {
        sendStatus("bad value " + i + " for height " + height);
        throw new Error("NaN");
    }
    return newVal;
}

function boxBlur(imageData, width, height) {
    var data = [];
    var val = 0;

    for (var i=0; i<width*height*4; i++) {
        val = averageNeighbors(imageData, width, height, i);
        data[i] = val;
    }

    return data;
}
```

10.5 小结

本章，我们讨论了如何使用Web Workers搭建具有后台处理能力的Web应用程序。首先，我们了解了Web Workers的工作机制，说明了编写本书时各浏览器的支持情况。然后，我们讨论了如何使用API创建Worker，以及如何在一个Worker与生成它的上下文之间通信。最后，我们演示了如何使用Web Workers构建Web应用程序。下一章中，我们将演示如何通过HTML5保存数据的本地副本，以此来减少应用的网络开销。

10

第 11 章

Web Storage API

11

本章，我们来探索HTML5的Web Storage（有时候也称为DOMStorage）API，看看如何方便地在Web请求之间持久化数据。在Web Storage API出现之前，远程Web服务器需要存储客户端和服务器间交互使用的所有相关数据。随着Web Storage API的出现，开发者可以将需要跨请求重复访问的数据直接存储在客户端的浏览器中，还可以在关闭浏览器很久后再次打开时恢复数据，以减小网络流量。

本章首先介绍Web Storage和cookie的区别，然后探讨存储和取出数据的方法。接着，我们会介绍localStorage和sessionStorage的区别，存储接口的特性、功能以及如何处理Web Storage事件。最后，我们会简要介绍Web SQL Database API和一些实用功能。

11.1 HTML5 Web Storage 概述

为了解释Web Storage API，最好先回顾其前身，也就是名字很有趣的cookie（小甜饼）。浏览器的cookie，其名字源自一种由来已久的编程技术，即在程序间传递小数据值的magic cookie。cookie很神奇，它是一个在服务器和客户端间来回传送文本值的内置机制。服务器可以基于其放在cookie中的数据在不同Web页面间追踪用户的信息。用户每次访问某个域时，cookie数据都会被来回传送。例如，cookie可以存储会话标识符，使得Web服务器能够通过cookie中存储的同服务器端购物车数据库对应的唯一ID，来识别哪个购物车属于当前用户。这样，用户在页面间切换时，购物车可以同步更新，保持一致。cookie的另一个用途是将本地个性化数据存储在应用程序中，以便后续网页加载时使用。

cookie的值也可用于用户不感兴趣的操作,例如跟踪用户浏览过的网页以挖掘广告目标客户。正因为如此，一些用户要求浏览器内置手动阻止或删除特定网站cookie的功能。

喜欢也好，讨厌也罢，早在20世纪90年代中期，cookie就得到了Netscape浏览器的支持。cookie也是少数几个自Web早期到现在浏览器厂商一直支持的功能之一。随着数据在服务器和浏览器之间传递，cookie可以在多个请求中追踪数据。尽管cookie无处不在，但它还是有一些众所周知的缺点。

❑ cookie的大小受限。一般来说，一个cookie只能设置大约4 KB的数据，这意味着它不能接受像文件或邮件那样的大数据。

❑ 只要有请求涉及cookie，cookie就要在服务器和浏览器间来回传送。一方面，这意味着cookie数据在网络上是可见的，它们在不加密的情况下有安全风险；另一方面，也意味着无论加载哪个相关URL，cookie中的数据都会消耗网络带宽。因此，从目前情况来看，相对较小的cookie意义更大。

许多情况下，即使不使用网络或远程服务器也能达到同样的目的，这正是HTML5 Web Storage API的由来。使用这一简单的API，开发者可以将数据存储在JavaScript对象中，对象在页面加载时保存，并且容易获取。通过使用sessionStorage或localStorage，在打开新窗口或新标签页以及重新启动浏览器时，开发人员可以选择是否激活这些数据。存储的数据不会在网络上传输，重新浏览网页时也容易获取到。此外，使用Web Storage API可以保存高达数兆字节的大数据。因此，Web Storage适用于存储超出cookie大小限制的文档和文件数据。

11.2　Web Storage 的浏览器支持情况

在HTML5的各项特性中，Web Storage的浏览器支持度是非常好的。其实，由于2009年Explorer8的出现，目前所有主流浏览器版本都在一定程度上支持Web Storage。在本书出版时，不支持Web Storage的市场份额已下降到百分之几。

HTML5 Web Storage因其广泛的支持度而成为Web应用中最安全的API之一。尽管如此，最好还是像往常一样，在使用之前先检测浏览器是否支持Web Storage。11.3.1小节中将介绍如何以编程方式检查浏览器是否支持Web Storage。

11.3　使用 Web Storage API

Web Storage API简单易用。我们先介绍数据的简单存储和获取，然后分析localStorage 和sessionStorage之间的差异。最后，简单了解一下Web Storage API的高级特性，例如数据变化时的事件通知等。

11.3.1　检查浏览器的支持性

在Web Storage API中，特定域下的storage数据库可直接利用window对象访问。因此，确定用户的浏览器是否支持Web Storage API，只要检查它是否存在window.localStorage或window.sessionStorage就行了。代码清单11-1可以检测浏览器是否支持Web Storage API，程序运行后将显示一条浏览器是否支持Web Storage API的消息。这段代码属于code/storage文件夹下的browser-test.html文件。除此之外，开发人员还可以使用JavaScript 实用程序库Modernizr来处理一些可能会导致错误的情况。

代码清单11-1　检测浏览器是否支持Web Storage

```
function checkStorageSupport() {
```

11

```
//sessionStorage
if (window.sessionStorage) {
  alert('This browser supports sessionStorage');
} else {
  alert('This browser does NOT support sessionStorage');
}

//localStorage
if (window.localStorage) {
  alert('This browser supports localStorage');
} else {
  alert('This browser does NOT support localStorage');
}
}
```

程序运行结果如图11-1所示。

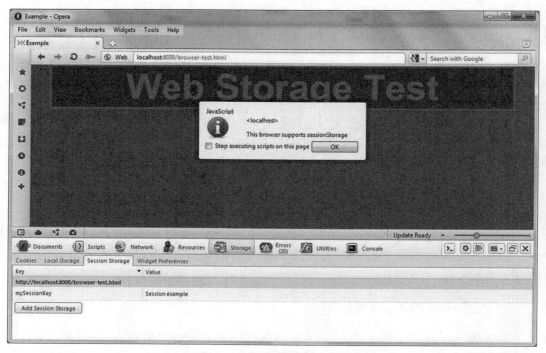

图11-1   检查Opera浏览器的支持性

许多浏览器不支持从文件系统直接访问文件式的sessionStorage。所以，在运行本章示例之前，你应当确保是从Web服务器上获取页面。例如，可以通过下面的命令来运行位于code/storage文件夹中的Python HTTP应用服务器：

```
python -m SimpleHTTPServer 9999
```

运行上述指令后，就可以访问http://localhost:9999/上的文件了，例如http://localhost:9999/browser-test.html。

注意 如果用户使用设置为"私有"模式的浏览器进行浏览，那么在浏览器关闭后，localStorage
中的值将不会保存。这是有意而为之，因为使用私有模式的用户已经明确选择不留痕迹。
尽管如此，如果无法从随后的浏览会话中得到存储的值，Web应用应仍能优雅地响应。

11.3.2 设置和获取数据

首先，我们将重点放在sessionStorage的功能上，你将学会如何设置和获取网页中的简单
数据。设置数据值很简单，只需执行一条语句即可，下面给出了完整的语句声明：

```
sessionStorage.setItem('myFirstKey', 'myFirstValue');
```

在上面的存储访问语句中，需要注意三点。

- ❑ 为了便于记忆，我们省略了window对象的引用，因为storage对象可以从默认的页面上
  下文中获得。
- ❑ setItem方法需要一个字符串类型的"键"和一个字符串类型的"值"来作为参数。虽然
  一些浏览器支持传递非字符串数据，但是目前浏览器可能还不支持其他数据类型。
- ❑ 调用结果是将字符串myFirstValue设置到sessionStorage中，这些数据随后可以通过
  键myFirstKey获取。

获取数据需要调用getItem函数。例如，如果我们把下面的声明语句添加到前面的示例中：

```
alert(sessionStorage.getItem('myFirstKey'));
```

浏览器将创建一个JavaScript警告框来显示文本myFirstValue。可以看出，使用Web Storage
API设置和获取数据非常简单。

不过，访问Storage对象还有更简单的方法。你可以使用expando属性[①]设置存储器中的值。使
用这种方法，可完全避免调用setItem和getItem，而只是根据键值的配对关系，直接在
sessionStorage对象上设置和获取数据。使用这种方法，我们的设置数据调用代码可以改写为：

```
sessionStorage.myFirstKey = 'myFirstValue';
```

```
sessionStorage['myFirstKey'] = 'myFirstValue';
```

同样，获取数据的代码可以改写为：

```
alert(sessionStorage.myFirstKey);
```

为了更可读，本章将交替使用这些格式。

这只是Web Storage API的基础知识。现在，我们已经了解了如何在应用程序中使用
sessionStorage。但有读者可能还存在疑问，sessionStorage对象有什么特别之处？毕竟，
JavaScript本来也允许开发人员设置和获取几乎任何对象的属性。其实，二者之间最大的不同在于
作用域。你可能还没有意识到，在我们的示例中，设置和获取的调用不必出现在同一个网页中。

11

---

① expando属性：开发人员因开发需要而为对象额外定义的属性。——译者注

只要网页是同源的（包括规则、主机和端口），基于相同的键，我们都能够在其他网页中获得设置在sessionStorage上的数据。在对同一页面后续多次加载的情况下也是如此。大部分开发者对页面重新加载时丢失脚本数据的问题已经习以为常了，但通过Web Storage API保存的数据不再如此了，重新加载页面后这些数据仍然还在。

11.3.3　封堵数据泄漏

数据能够保存多久呢？对于设置到sessionStorage中的对象，只要浏览器窗口（或标签）不关闭它们就会一直存在。当用户关闭窗口或浏览器，sessionStorage数据将被清除。sessionStorage中的数据在某种程度上有点像便条，其中的数据不会保存很久，所以开发人员不应该把真正有价值的东西放在里面，因为不能保证不论什么时候查询这些数据都会存在。

那么，为什么还要在Web应用程序中使用sessionStorage呢？sessionStorage非常适合用于短时存在的流程中，如对话框和向导。如果数据需要存储在多个页面中，同时又不希望用户下一次访问应用程序时重新部署，则可将这些数据存储在sessionStorage中。以前，这类数据可能需要通过表单和cookie提交，并在页面加载时来回传递，而使用Storage可以避免这种开销。

sessionStorage API还有另外一种特殊用法，它解决了一个一直困扰着诸多Web应用程序的问题：数据作用域，以购买机票的购物应用程序为例。在这个应用程序中，诸如理想的出发返回日期这样的用户偏好数据，可能会在浏览器和服务器间使用cookie来回传送，为的是在用户使用应用时（如挑选座位和选餐），服务器应用程序能记住用户先前选择的偏好数据。

不过，用户打开多个窗口是很常见的，它们可能在查看旅游产品时同时打开多个窗口，比较不同代理商同一时间起飞的航班。这会导致cookie系统出现问题，因为如果一个用户在比较价格和是否有票等情况时在浏览器窗口之间来回切换，它们很可能会在其中一个窗口设置cookie值，而在其他窗口中意外地将这些值应用到URL相同的另一个网页的后续操作中。这一现象也被称为数据泄漏，其产生的根本原因在于cookie能够被同源网页共享。图11-2揭示了出现数据泄漏的情况。

而使用sessionStorage能够跨页面（使用该应用的页面）暂存如启程日期这样的临时数据，又不会将其泄漏到用户仍在浏览其他航班信息的窗口中。这样，不同的偏好信息就会被隔离在预订相应航班的窗口中。

11.3.4　localStorage 与 sessionStorage

有时候，一个应用程序会用到多个标签页或窗口中的数据，或多个视图共享的数据。在这种情况下，比较恰当的做法是使用HTML5 Web Storage的另一种实现方式：localStorage。照猫画虎，你应该已经猜到如何使用localStorage了。localStorage和sessionStorage在编程上唯一的区别是访问它们的名称不同，分别是通过localStorage和sessionStorage对象来访问它们的。二者在行为上的差异主要是数据的保存时长及它们的共享方式。表11-1展示了二者的区别。

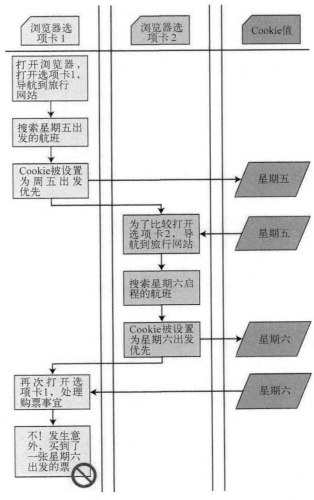

图 11-2　在旅行网站中比较机票价格时产生的信息泄漏

表11-1　sessionStorage和localStorage的区别

sessionStorage	localStorage
数据会保存到存储它的窗口或标签页关闭时 （浏览器刷新时可以存储数据，浏览器关闭时不可以）	数据的生命期比窗口或浏览器的生命期长
数据只在构建它们的窗口或者标签页内可见	数据可被同源的每个窗口或者标签页共享

　　牢记浏览器有时会重新定义窗口或标签页的生命周期。例如，当浏览器崩溃或用户关闭已打开的多个标签页时，一些浏览器会保存并恢复当前会话。在这些情况下，浏览器在重启或恢复时，

可能会选择保存相关的sessionStorage。所以，sessionStorage实际上可能会比你想象的更"长寿"！

11.3.5　Web Storage API 的其他特性和函数

　　HTML5 Web Storage API是HTML5中最简单的API之一。我们已经知道了如何基于sessionStorage和localStorage来显式和隐式地设置和获取数据的方法。接下来，我们将探讨该API的所有其他特性和函数。

　　在使用了sessionStorage或localStorage对象的文档中，我们可以通过window对象来获取它们。除了名字和数据的生命周期外，它们的功能完全相同且均实现了代码清单11-2所示的Storage接口。

代码清单11-2　Storage接口

```
interface Storage {
  readonly attribute unsigned long length;
  getter DOMString key(in unsigned long index);
  getter any getItem(in DOMString key);
  setter creator void setItem(in DOMString key, in any data);
  deleter void removeItem(in DOMString key);
  void clear();
};
```

下面详细介绍接口中的特性和函数。

- ❑ length特性表示目前Storage对象中存储的键–值对的数量。请记住，Storage对象是同源的，这意味着Storage对象的项数（和长度）只反映同源情况下的项数。

- ❑ key(index)方法允许获取一个指定位置的键。一般而言，最有用的情况是遍历特定Storage对象的所有键。键的索引从零开始，即第一个键的索引是0，最后一个键的索引是index（长度–1）。获取到键后，你可以用它来获取其相应的数据。除非键本身或者在它前面的键被删除，否则其索引值会在给定Storage对象的生命周期内一直保留。

- ❑ getItem(key)函数是根据给定的键返回相应数据的一种方式。另一种方式是将Storage对象当做数组，而将键作为数组的索引①。在这两种情况下，如果Storage中不存在指定键，则返回null。

- ❑ 与getItem(key)函数类似，setItem(key, value)函数能够将数据存入指定键对应的位置，如果值已存在，则替换原值。需要注意的是设置数据可能会出错。如果用户已关闭了网站的存储，或者存储已达到其最大容量，那么此时设置数据将抛出QUOTA_EXCEEDED_ERR错误，如图11-3所示。因此，在需要设置数据的场合，务必保证应用程序能够处理此类异常。

---

　　① 由于JavaScript对象是关联数组，所以可以将对象当做数组来访问。当然，将键作为Storage对象的属性来访问也没有问题。——编者注

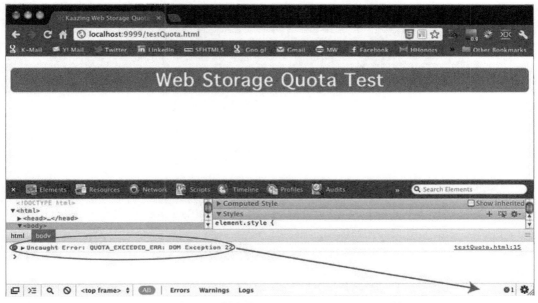

图 11-3 Chrome 抛出的 QUOTA_EXCEEDED_ERR 错误

❑ removeItem(key)函数的作用当然是删除数据项了，如果数据存储在键参数下，则调用此函数会将相应的数据项删除。如果键参数没有对应数据，则不执行任何操作。

提示 跟某些集和或数据框架不同，删除数据项时不会将原有数据作为结果返回。在删除操作前请确保已经存储了相应数据的副本。

❑ 最后是clear()函数，它能删除存储列表中的所有数据。空的Storage对象调用clear()方法也是安全的，此时的调用不执行任何操作。

磁盘空间配额

"HTML5规范中建议浏览器允许每组同源页面使用5 MB的空间。当达到空间配额时，浏览器应提示用户分配更多空间，同时还应提供查看每组同源页面已用空间的方法。

实际的实现方式多少有些出入。有些浏览器在不告知用户的前提下，允许页面使用更多的空间，另外一些则只是抛出QUOTA_EXCEEDED_ERR错误，如图11-3所示。而其他浏览器，如Opera，如图11-4所示，则实现了一种很好的方法，用于动态分配更多空间。本例所使用的测试文件testQuota.html位于code/storage文件夹中。"

——Peter

11

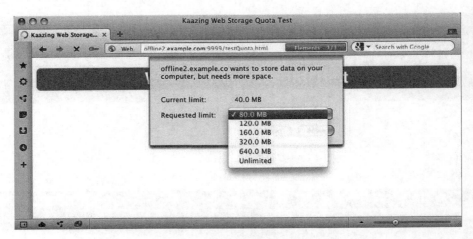

图11-4   Opera中动态增加的配额

11.3.6   更新 Web Storage 后的通信

某些复杂情况下，多个网页、标签页或者Worker都需要访问存储的数据。此时，应用程序可能会在存储数据被修改后触发一系列操作。对于这种情况，HTML5 Web Storage API内建了一套事件通知机制，它可以将数据更新通知发送给感兴趣的监听者。无论监听窗口本身是否存储过数据，与执行存储操作的窗口同源的每个窗口的window对象上都会触发Web Storage事件。

提示   同源窗口间可以使用Web Storage事件进行通信，11.6节将对此做更加深入的探讨。

像下面这样，添加事件监听器即可接收同源窗口的Storage事件：

```
window.addEventListener("storage", displayStorageEvent, true);
```

代码中事件类型参数是storage，表明我们感兴趣的是Storage事件。这样一来，只要有同源的Storage事件发生（包括SessionStorage和LocalStorage触发的事件），已注册的所有事件侦听器作为事件处理程序就会接收到相应的Storage事件。Storage事件的接口形式如代码清单11-3所示。

代码清单11-3   StorageEvent接口

```
interface StorageEvent : Event {
  readonly attribute DOMString key;
  readonly attribute any oldValue;
  readonly attribute any newValue;
  readonly attribute DOMString url;
  readonly attribute Storage storageArea;
};
```

StorageEvent对象是传入事件处理程序的第一个对象，它包含了与存储变化有关的所有必要信息。

- □ key属性包含了存储中被更新或删除的键。
- □ oldValue属性包含了更新前键对应的数据，newValue属性包含更新后的数据。如果是新添加的数据，则oldValue属性值为null。如果是被删除的数据，则newValue属性值为null。
- □ url属性指向Storage事件发生的源。
- □ storageArea属性是一个引用，它指向值发生改变的localStorage或sessionStorage。如此一来，处理程序就可以方便地查询到Storage中的当前值，或者基于其他Storage的改变而执行其他操作。

代码清单11-4是一个简单的事件处理程序，它以警告框的形式来显示在当前页面上触发的Storage事件的详细信息。

代码清单11-4　显示Storage事件内容的事件处理程序

```
// 显示Storage事件的详细信息
function displayStorageEvent(e) {
  var logged = "key:" + e.key + ", newValue:" + e.newValue + ", oldValue:" +
               e.oldValue +", url:" + e.url + ", storageArea:" + e.storageArea;

  alert(logged);
}


// 添加Storage事件监听器
window.addEventListener("storage", displayStorageEvent, true);
```

11.3.7　探索 Web Storage

由于HTML5 Web Storage在功能上同cookie非常相似，所以最新浏览器在二者处理方式上的雷同也就不足为奇了。存储在localStorage或sessionStorage中的数据在最新的浏览器中可以像cookie一样浏览，如图11-5所示。

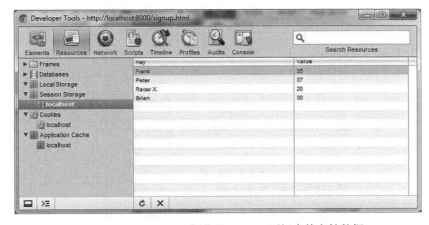

图 11-5　谷歌 Chrome 浏览器 Storage 面板中的存储数据

Chrome提供的界面允许用户根据需要删除存储数据,而在访问网页时,用户可以轻易地浏览到网站记录了哪些数据。苹果公司的Safari浏览器和Chrome一样,都是基于WebKit渲染引擎,它也像Chrome那样统一显示cookie和Storage。图11-6显示了Safari存储面板。

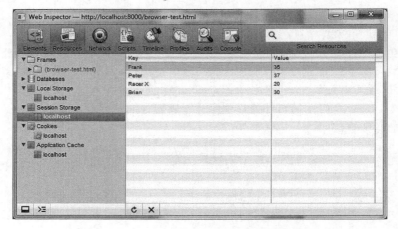

图 11-6 Safari 的 Resources 面板中的存储数据

和其他浏览器一样Opera Dragonfly存储显示,不仅允许用户浏览和删除存储数据,还允许创建数据,如图11-7所示。

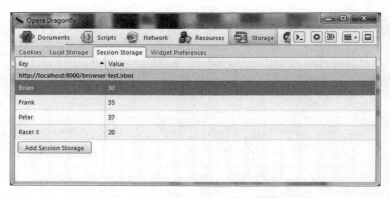

图11-7 Opera浏览器Storage面板中的存储数据

随着众多浏览器开发商的努力,Web Storage的应用范围变得日益广阔。可以预见Web Storage提供给用户和开发人员的特性和工具也会越来越多,越来越强大。

11.4 构建 Web Storage 应用

现在,让我们将前面所学知识应用到Web应用程序中。随着应用变得越来越复杂,无需服务器交互而管理尽可能多的数据变得越来越重要。将数据存储在本地客户端,进而从本地而不是远程获取数据，既可降低网络流量，又可提升浏览器响应能力。

一个困扰开发人员的常见问题是，当用户从应用程序的一个页面切换到另一个页面时如何管理数据。传统实现方式是由服务器存储数据，当用户在网页间切换时来回传递数据。还有一种做法是应用程序尽可能地让用户停留在一个动态更新的网页上。不过，用户更习惯于在页面间切换，当用户返回到应用程序的某个页面时，如果能够快速获取数据并加以显示，对于增强用户体验来说无疑是非常好的方式。

在示例应用程序中，我们将演示用户在一个网站的页面间切换时，如何将应用程序的临时数据存储在本地，以及如何从每个页面的Storage中快速加载。我们将对前面章节中的示例进行改造。在第5章中，我们发现收集用户的当前位置很容易。随后，在第7章中，我们演示了如何获取位置数据并将其发送到远程服务器，以供所有感兴趣的用户浏览。本节，我们将更进一步：监听由WebSocket广播的位置数据并将其存储在本地Storage中，以便用户在页面间切换时可以立即获取应用程序所需的数据。

试想，我们的跑步俱乐部程序可以获取参赛选手的实时位置信息，这些信息由选手的移动设备广播出来，通过WebSocket服务器实现共享。由于参赛选手在比赛中不断上传新的位置信息，所以对于Web应用程序来说，要实时显示每个参赛选手的位置还是比较简单的。优秀的网站会将参赛选手的位置信息存入缓存，当用户在网站的页面间切换时，可以快速显示位置信息。这正是我们接下来要构建的。

为了达到这一目的，我们需要引进一个示例网站，它应该可以保存和恢复参赛选手数据。我们已经做好了一个包含3个页面的跑步比赛网站，并将其放在了在线资源的code/storage文件夹下。当然，你可以选择任意网站来做演示。关键是网站要包含多个页面，且能让用户在它们之间轻松切换。我们会在这些网页中插入少量动态内容来表示实时排行榜，排行榜的内容实际上就是一张所有参赛选手距离终点还有多远的距离列表。图11-8显示了跑步网站包含的三个页面。

图 11-8　跑步网站示例

三个页面的共同点是都包含了一张排行榜。排行榜中的每项都会显示参赛选手的名字以及他到终点的距离。加载任一页面时，都会为排行榜建立一个到比赛广播服务器的WebSocket连接，监听参赛选手的位置信息。反过来，参赛选手将向同一个广播服务器发送他们目前的位置信息，并最终将位置信息实时传递到页面。

所有这些都与前面章节中提到的Geolocation和WebSockets有关。事实上，这里大部分的演示代码是本书前面的示例代码。不过，这个示例与前面的示例有一个关键的不同点：当数据到达页面后，我们会将其存储在sessionStorage中，以供后期获取。然后，无论何时用户转向一个新页面，在新的WebSocket连接创建之前，存储的数据都将被获取和显示。这样一来，在页面之间传输临时数据就不必依赖cookie或Web服务器了。

为了使数据馈送尽可能少，我们将参赛选手的位置信息以容易读取和解析的格式通过Web传送。参赛选手的位置信息是一个字符串，使用分号（；）作为数据块的分隔符，将姓名、纬度和经度分隔开。例如，参赛选手Racer X位于纬度37.20，经度–121.53，可以使用下面的字符串：

```
;Racer X;37.20;-121.53
```

注意 一种常见的技术是在客户端与服务器端之间使用JSON格式发送对象。11.6节将演示如何实现。

现在，我们来分析代码。每个网页都包含功能相同的JavaScript代码，具体功能包括连接到WebSocket服务器、处理和显示排行榜信息以及使用sessionStorage保存和恢复排行榜。因此，在构建真实的应用程序时，JavaScript库中可以考虑包含这些代码。

首先，我们将构建一些通用函数。要计算任意参赛选手当前位置与终点间的距离，我们需要代码清单11-5的程序。

代码清单11-5 距离计算程序

```javascript
// 函数通过计算两个地理位置的经纬度来
// 计算二者之间的距离
function toRadians(num) {
  return num * Math.PI / 180;
}

function distance(latitude1, longitude1, latitude2, longitude2) {
  // R是以km为单位的地球半径
  var R = 6371;

  var deltaLatitude = toRadians((latitude2-latitude1));
  var deltaLongitude = toRadians((longitude2-longitude1));
  latitude1 = toRadians(latitude1), latitude2 = toRadians(latitude2);

  var a = Math.sin(deltaLatitude/2) *
          Math.sin(deltaLatitude/2) +
          Math.cos(latitude1) *
          Math.cos(latitude2) *
          Math.sin(deltaLongitude/2) *
          Math.sin(deltaLongitude/2);

  var c = 2 * Math.atan2(Math.sqrt(a),
                         Math.sqrt(1-a));
  var d = R * c;
  return d;
}

// 终点的经纬度
var finishLat = 39.17222;
var finishLong = -120.13778;
```

这些函数我们已经非常熟悉，早在第5章就用过了，distance函数用来计算两点之间的距离。函数的细节和它在比赛中能否最准确地表示距离都不重要，重要的是它可以用在我们的示例中以演示效果。

在终点线，我们确定了比赛终点位置的经度和纬度。从代码中可以看到，我们将其与输入的参赛选手位置坐标进行比较，以确定参赛选手到终点线的距离，从而得到他们在这场比赛中的排名顺序。

现在，让我们来看看用于显示网页的HTML代码片段。

```
<h2>Live T216 Leaderboard</h2>
<p id="leaderboardStatus">Leaderboard: Connecting...</p>
<div id="leaderboard"></div>
```

虽然HTML网页中大部分内容与我们的阐述目的无关，但在这几行中，我们声明了ID 为leaderboardStatus和leaderboard的命名元素。leaderboardStatus命名元素用于显示WebSocket的连接信息。我们将在leaderboard命名元素中插入表示位置信息的div元素。调用代码清单11-6所示的通用函数，可以从WebSocket消息获得这些位置信息。

代码清单11-6　位置信息实用函数

```
// 在页面中显示参赛选手的名字以及他到终点的距离
function displayRacerLocation(name, distance) {
    // 寻找ID为name（参赛选手名字）的HTML元素，
    // 如果不存在，则创建之
    var incomingRow = document.getElementById(name);
    if (!incomingRow) {
        incomingRow = document.createElement('div');
        incomingRow.setAttribute('id', name);
        incomingRow.userText = name;

        document.getElementById("leaderboard").appendChild(incomingRow);
    }

    incomingRow.innerHTML = incomingRow.userText + " is " +
                      Math.round(distance*10000)/10000 + " km from the finish line";
}
```

这是一个简单的显示函数，它接受参赛选手的名字及其到终点的距离。图11-9是index.html网页上排行榜的展示效果。

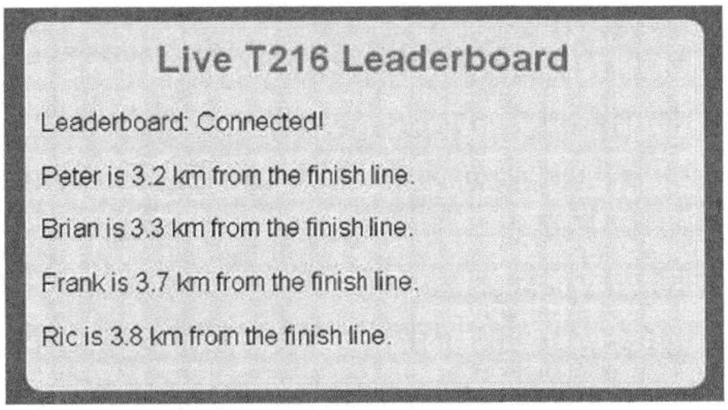

Live T216 Leaderboard

Leaderboard: Connected!

Peter is 3.2 km from the finish line.

Brian is 3.3 km from the finish line.

Frank is 3.7 km from the finish line.

Ric is 3.8 km from the finish line.

图 11-9　跑步比赛排行榜

参赛选手的名字有两个用途：它不仅显示在参赛选手的状态信息中，还用来引用存储参赛选手状态信息的唯一div元素。如果与参赛选手相对应的div元素存在，那么我们可以使用标准语句document.getElementById()来查找到它。如果与参赛选手相对应的div元素不存在，我们将创建相应的div元素并将其插入到leaderboard命名元素中。无论哪种情况，我们随后都会根据参赛选手到终点线的最新距离更新div元素，实现它在页面中的实时更新。如果你已经阅读过第7章，那么对我们在这里构建的示例程序应该已经很熟悉了。

我们的下一个函数是消息处理器，它将在WebSocket服务器返回数据时被调用，如代码清单11-7所示。

代码清单11-7　WebSocket消息处理函数

```
// 当从WebSocket获得新的位置数据时进行回调
function dataReturned(locationData) {

    // 将数据解析成ID、经度和纬度
    var allData = locationData.split(";");
    var incomingId   = allData[1];
    var incomingLat  = allData[2];
    var incomingLong = allData[3];

    // 使用新数据更新每行的显示
    var currentDistance = distance(incomingLat, incomingLong, finishLat, finishLong);

    // 在Storage中存储新的参赛选手名字和他到终点的距离
    window.sessionStorage[incomingId] = currentDistance;

    // 在页面中显示更新后的信息
    displayRacerLocation(incomingId, currentDistance);
}
```

这个函数的参数是一个前面介绍过的格式化字符串，它将参赛选手的名字、经度和纬度以分号分隔。我们的第一步是使用JavaScript的split()函数将它分成各个部分，以便对incomingId、incomingLat、incomingLong单独处理。

然后，它将参赛选手的经度和纬度、终点线的经度和纬度信息传递给之前定义的distance()函数，并将计算得到的距离存储在currentDistance变量中。

现在，我们有了一些需要存储的数据，来看一下如何实现HTML Web Storage的调用。

```
// 在storage中存储新的参赛选手名字和他到终点的距离
window.sessionStorage[incomingId] = currentDistance;
```

上面这行代码中，我们使用sessionStorage对象来存储参赛选手到终点线的当前距离，其对应的键是参赛选手的名字（或ID）。换句话说，我们在sessionStorage中设置了一组数据，数据以参赛选手的名字作为键，以参赛选手到终点的距离作为值。我们很快就会用上这些保存在Storage中的数据，当用户在网站的页面间切换时，数据会从Storage中恢复。在函数的末尾，我们调用了已经定义过的displayLocation()函数，以确保最新的位置能够显示在当前页面中。

现在，我们来看看Storage示例中的最后一个函数——用户任何时候访问页面都会触发的加载函数，如代码清单11-8所示。

代码清单11-8 初始化页面加载程序

```
// 页面加载时，为赛事广播服务器建立一个socket连接
function loadDemo() {
    // 确定浏览器是否支持sessionStorage
    if (typeof(window.sessionStorage) === "undefined") {
        document.getElementById("leaderboardStatus").innerHTML = "Your browser does
                not support HTML5 Web Storage";
        return;
    }
    var storage = window.sessionStorage;
    // 遍历Storage数据库中的所有"键"，
    // 在页面中显示每名参赛选手的位置信息
    for (var i=0; i < storage.length; i++) {
        var currRacer = storage.key(i);
        displayRacerLocation(currRacer, storage[currRacer]);
    }

    // 测试浏览器是否支持WebSockets
    if (window.WebSocket) {

        // WebSocket广播服务器的位置
        url = "ws://websockets.org:7999/broadcast";
        socket = new WebSocket(url);
        socket.onopen = function() {
            document.getElementById("leaderboardStatus").innerHTML = "Leaderboard:

                    Connected!";
        }
        socket.onmessage = function(e) {
            dataReturned(e.data);
        }
    }
}
```

代码清单11-8所示的函数相对较长，以后还会遇到很多这么长的代码。让我们逐步分析load-Demo()函数。如代码清单11-9所示，我们首先进行基本的错误检查，通过检测浏览器页面的window对象中是否存在sessionStorage对象，来判断浏览器是否支持Web Stroage。如果无法访问sessionStorage，则更新leaderboardStatus来提示用户，并提前结束加载程序。本示例中，当浏览器不支持Storage时，我们不提供备选方案。

代码清单11-9 检查浏览器是否支持sessionStorage

```
// 确定浏览器是否支持sessionStorage
if (typeof(window.sessionStorage) === "undefined") {
    document.getElementById("leaderboardStatus").innerHTML = "Your browser does
            not support HTML5 Web Storage";
    return;
}
```

提示 在实际项目中，如果浏览器不支持Storage，很可能要重写程序，以便在页面切换时放弃保存持久化数据，并在页面加载时显示空白排行榜。不过，这里就不需要了，因为我们的目标只是演示Storage如何优化用户的体验和减轻网络负担。

页面加载时，要做的下一件事情是获取保存在Storage中的所有参赛选手到终点的距离结果，这些结果已经在网站的页面上出现过了。回想一下，网站中的每个页面都运行了一段相同的脚本，从而使用户浏览不同页面时都能看到排行榜。这时，其他页面上的排行榜可能已经向Storage中写入了数据，所以，调用代码清单11-10中的代码，在页面加载时直接获取数据并加以显示即可。只要用户不关闭窗口、标签页或浏览器，不清除sessionStorage，保存过的数据就会在用户浏览时一直有效。

代码清单11-10　显示保存的参赛选手数据

```
var storage = window.sessionStorage;

// 遍历Storage数据库中的所有键，在页面中
// 显示每名参赛选手的位置信息
for (var i=0; i < storage.length; i++) {
    var currRacer = storage.key(i);
    displayRacerLocation(currRacer, storage[currRacer]);
}
```

上面的代码是整个示例应用中的核心部分。我们首先查询了sessionStorage的长度，也就是Storage中有多少个键。然后，调用storage.key()获取每一个键，并将其存储在currRacer变量中。最后，调用storage[currRacer]方法，传入currRacer变量，获取当前键所对应的值。键及其对应的值分别代表参赛选手的名字和他到终点的距离，这些信息都是在访问之前的页面时存储的。

一旦获取了已经储存的参赛选手姓名和距离，我们就可以使用displayRacerLocation()函数将它们显示出来。页面加载时，一切都发生在电光火石间，网页会在瞬间用先前传递过来的数据填充排行榜。

> **提示**　我们的示例应用程序只依赖于将数据存储到sessionStorage的应用。如果应用程序需要与其他数据共享Storage对象，那么你需要使用更加细致的键存储策略，而不再是将键简单地存放在根级别下。我们将在11.6节中了解另一种存储策略。

最后一块工作是使用WebSocket将页面连接到跑步比赛广播服务器上，如代码清单11-11所示。

代码清单11-11　连接到WebSocket广播服务

```
// 测试浏览器是否支持WebSocket
if (window.WebSocket) {

    // WebSocket广播服务器的位置
    // for the sake of example, we'll just show websockets.org
    url = "ws://websockets.org:7999/broadcast";
    socket = new WebSocket(url);
    socket.onopen = function() {
        document.getElementById("leaderboardStatus").innerHTML = "Leaderboard:↵
                Connected!";
    }
    socket.onmessage = function(e) {
        dataReturned(e.data);
    }
}
```

正如我们在第7章中所做的那样，首先检查window.WebSocket对象是否存在，以确定浏览器是否支持WebSockets。一旦确认，我们就连接到运行着WebSocket服务器的URL。服务器会广播以分号分隔格式组织的参赛选手位置信息。在socket.onmessage回调函数接收到消息时，我们会调用先前讨论的dataReturned()函数来处理和显示它。此外，我们还使用了socket.onopen方法，以将简单的诊断信息更新到leaderboardStatus命名元素中，来表明成功打开了套接字。

下面该轮到页面加载了。脚本中最后声明的一块代码用于注册事件监听器，这样一来，网页加载成功后就会自动调用loadDemo()函数：

```
// 在页面加载和卸载时添加监听器
window.addEventListener("load", loadDemo, true);
```

前面提到多次了，只有当页面完全加载后，才能通过事件监听器调用loadDemo()函数。

不过，要怎么做才能将参赛选手的数据从比赛路线传输到WebSocket广播服务器，继而传入我们的页面呢？这就要用到第7章所演示的跟踪器示例了。很简单，只需要将连接URL指向前面列出的广播服务器即可。毕竟，字符串格式都是一样的。代码清单11-12是我们构建的一个非常简单的参赛选手广播来源页面，能够达到类似目的。理论上，这个页面可以运行在参赛选手的移动设备上。尽管文件本身不包括任何HTML5 Web Storage代码，但在支持WebSockets和Geolocation的浏览器上，它却是一条传输格式化数据的便捷方式。racerBroadcast.html文件可以从本书的示例源代码文件中找到。

代码清单11-12　　racerBroadcast.html文件内容

```
<!DOCTYPE html>

<html>

<head>
<title>Racer Broadcast</title>
<link rel="stylesheet" href="styles.css">
</head>

<body onload="loadDemo()">

<h1>Racer Broadcast</h1>

Racer name: <input type="text" id="racerName" value="Racer X"/>
<button onclick="startSendingLocation()">Start</button>

<div><strong>Geolocation</strong>: <p id="geoStatus">HTML5 Geolocation not⤶
  started.</p></div>
<div><strong>WebSocket</strong>: <p id="socketStatus">HTML5 Web Sockets are⤶
  <strong>not</strong> supported in your browser.</p></div>

<script type="text/javascript">

    // 引用Web Socket
    var socket;

    var lastLocation;

    function updateSocketStatus(message) {
```

11

```
        document.getElementById("socketStatus").innerHTML = message;
}

function updateGeolocationStatus(message) {
        document.getElementById("geoStatus").innerHTML = message;
}

function handleLocationError(error) {
        switch(error.code)
        {
        case 0:
          updateGeolocationStatus("There was an error while retrieving your location: " +
                                  error.message);
          break;
        case 1:
          updateGeolocationStatus("The user prevented this page from retrieving a
                                  location.");
          break;
        case 2:
          updateGeolocationStatus("The browser was unable to determine your location: " +
                                  error.message);
          break;
        case 3:
          updateGeolocationStatus("The browser timed out before retrieving the location.");
          break;
        }
}

function loadDemo() {
    测试是否支持WebSockets
    if (window.WebSocket) {

        WebSocket广播服务器的位置
        url = "ws://websockets.org:7999/broadcast";
        socket = new WebSocket(url);
        socket.onopen = function() {
            updateSocketStatus("Connected to WebSocket race broadcast server");
        }
    }
}

function updateLocation(position) {
    var latitude = position.coords.latitude;
    var longitude = position.coords.longitude;
    var timestamp = position.timestamp;

    updateGeolocationStatus("Location updated at " + timestamp);

    处理消息以便使用WebSocket将其发送
    var toSend =    ";" + document.getElementById("racerName").value
                    + ";" + latitude + ";" + longitude;
    setTimeout("sendMyLocation('" + toSend + "')", 1000);
}

function sendMyLocation(newLocation) {
    if (socket) {
        socket.send(newLocation);
        updateSocketStatus("Sent: " + newLocation);
    }
}
```

```
        function startSendingLocation() {
            var geolocation;
            if(navigator.geolocation) {
                geolocation = navigator.geolocation;
                updateGeolocationStatus("HTML5 Geolocation is supported in your browser.");
            }
            else {
                geolocation = google.gears.factory.create('beta.geolocation');
                updateGeolocationStatus("Geolocation is supported via Google Gears");
            }

            // 使用Geolocation API注册位置更新
            geolocation.watchPosition(updateLocation,
                                      handleLocationError,
                                      {maximumAge:20000});
        }

</script>
</body>
</html>
```

它与第7章的跟踪器示例几乎一模一样，不再赘述。主要的区别在于，这个文件包含了参赛选手名字的文本输入框：

```
Racer name: <input type="text" id="racerName" value="Racer X"/>
```

参赛选手的名字会作为数据字符串的一部分发送到广播服务器：

```
var toSend =    ";" + document.getElementById("racerName").value
                + ";" + latitude + ";" + longitude;
```

如果要测试的话，可以在像Google Chrome这样支持HTML5 Web Storage、Geolocation和WebSocket的浏览器中打开两个窗口。首先，在第一个窗口中加载跑步俱乐部的index.html页面。你会看到它使用WebSocket连接到了赛事广播网站，然后等待参赛选手数据通知。其次，在第二个窗口中打开racerBroadcast.html文件。同样，页面打开后也会连接到WebSocket广播网站。输入参赛选手的名字，然后单击"Start"按钮。你会看到WebSocket服务器将这名参赛选手的位置信息发送出去，然后它会在浏览器另一个窗口的排行榜中出现。显示效果如图11-10所示。

可以通过页面左侧的"Signup"和"About the Race"链接导航到跑步俱乐部的其他页面。由于这些页面都加载了我们的脚本，它们会立即使用已有的参赛选手数据加载和填充页面中的排行榜。（广播页面）会发出更多的参赛选手状态通知，这样一来，不管我们切换到网站的哪个页面，都能看到这些信息。

现在，代码已经全部完成了，让我们回顾一下都做了些什么。我们构建了一个适合包含在共享JavaScript库中的简单功能块，它连接到一个WebSocket广播服务器并监听参赛选手数据更新信息。收到更新信息后，脚本会在页面中显示位置数据，并将其使用HTML5 sessionStorage存储起来。当页面加载时，它会检查所有已经存储的参赛选手数据，从而保证用户在浏览网站时所有状态都是正确的。这么做有哪些优势呢？

❏ 减少网络流量：赛事信息存储在本地的浏览器中。一旦获取到赛事信息，每个页面加载时都会从本地获取数据，而不是使用cookie或服务器请求获取。

❏ 即时显示数据：因为页面的动态部分（当前的排行榜状态）是本地数据，所以浏览器网页本身可以缓存而不是从网络上加载。无需耗费任何网络加载所需的时间就可迅速显示这些数据。

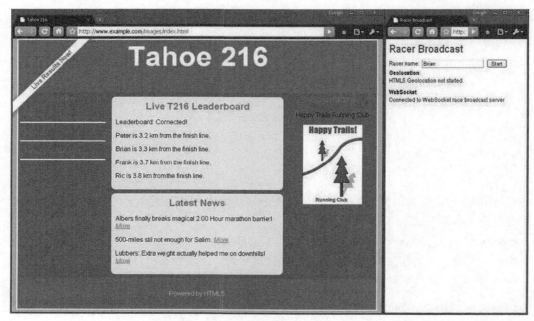

图 11-10　跑步页面和 racerBroadcast.html 页面

❏ 临时存储：数据在比赛结束后就没用了。因此，我们把它存在了sessionStorage中，这意味着窗口或标签页关闭后它就会被丢弃，不再占用任何空间。

无懈可击

"我们在示例中只用了寥寥几行脚本代码就完成了很多事。但是，不要以为在现实中开发可供公开访问的网站也会这么简单。在实际应用中直接使用这里的示例代码是不现实的。

例如，我们的信息格式不支持重名的参赛选手名字，所以最好每个参赛选手有一个唯一的标识符。我们计算到终点的距离是'直线距离'，不能用于真正的越野赛事。更本地化、更多的错误检查以及更注重细节会让你的网站适用于所有参赛选手。这也算是个免责声明吧。"

——Brian

示例中用到的技术可以应用到各种类型的数据上，像聊天、电子邮件、体育计分都是很好的示例，都可以像我们所演示的那样，使用localStorage或sessionStorage在页面间缓存并显示信息。如果应用程序需要定期在浏览器和服务器间发送特定的用户数据，不妨考虑使用HTML5 Web Storage来简化流程。

11.5　浏览器数据库存储展望

键-值对形式的Storage API在数据持久化方面已经很强大了，但是如果为Storage建立查询索引又会如何呢？HTML5的应用同样可以访问索引数据库。数据库API的具体细节仍在完善，并有两个主要方案。

11.5.1　Web SQL Database

Web SQL Database是其中之一，并已经在Safari、Chrome和Opera中实现了。表11-2显示了浏览器对于Web SQL Database的支持情况。

表11-2　浏览器对于HTML5 Web SQL Database的支持情况

浏　览　器	细　　节
Chrome	3.0及以上的版本均支持
Firefox	不支持
Internet Explorer	不支持
Opera	10.5及以上的版本均支持
Safari	3.2及以上的版本均支持

Web SQL Database允许应用程序通过一个异步JavaScript接口访问SQLite数据库。虽然它既不是常见Web平台的一部分，也不是HTML5规范最终推荐的数据库API，但当针对如Safari移动版这样的特定平台时，SQL API会很有用。在任何情况下，SQL API在浏览器中的数据库处理能力都是无可比拟的。跟其他Storage API一样，浏览器能够限制同源页面可用Storage的大小，并且当用户数据被清除时，Storage中的数据也会被清除。

Web SQL Database的命运

"虽然Web SQL Database已经在Safari、Chrome和Opera中实现，但是Firefox中并没有实现它，而且它在WHATWG维基中也被列为'停滞'状态。HTML5规范中定义了一个执行SQL命令的API，接收字符串形式的输入，遵从SQLite对SQL语句的解析规范。由于标准认定直接执行SQL语句不可取，Web SQL Database已被较新的规范——索引数据库（Indexed Database，原为WebSimpleDB）所取代。索引数据库更简便，而且也不依赖于特定的SQL数据库版本。目前浏览器正在逐步实现对索引数据库的支持。"

——Frank

11

因为Web SQL Database事实上已被各大浏览器厂商支持，所以我们将介绍一个基本示例，其中省略了对Web SQL Database API细节的完整说明。示例演示了Web SQL Database API的基本用法。它打开名为mydb的数据库，创建racers表（如果表不存在的话），向其中填充预定义的名字。图11-11是在Safari的Web Inspector面板中显示的带有racers表的数据库。

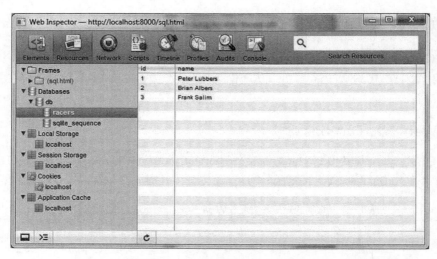

图 11-11 Safari 的 Web Inspector 面板中显示的包含 racers 表的数据库

我们通过数据库名打开相应数据库。与数据库交互时，window.openDatabase()函数会返回Database 对象。openDatabase()函数将数据库名作为必选参数，将版本说明作为可选参数。打开数据库后，应用程序代码就可以对其进行读写操作了。transaction.executeSql()函数用来在事务上下文中执行SQL语句。在这个简单示例中，我们将使用executeSQL()函数创建一张数据表，并向其中插入参赛选手的名，随后通过查询数据库的方式获取数据，进而创建一张用于显示的HTML表格。图11-12显示了输出的HTML文件，其中包含从数据表中检索出来的姓名列表。

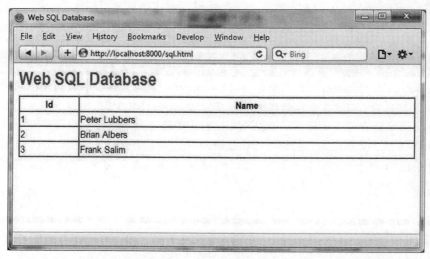

图11-12　sql.html显示了SQL语句"SELECT * FROM racers;"的执行结果

数据库操作可能需要花点时间才能完成。不过，在获得查询结果集之前，查询操作会在后台运行，以避免阻塞脚本的执行。**executeSQL()**的第三个参数是回调函数，查询得到的事务和结果集将作为参数供此回调函数使用。

代码清单11-13是存放在code/storage文件夹下的sql.html文件的完整代码。

代码清单11-13　使用 Web SQL Database API

```html
<!DOCTYPE html>
<title>Web SQL Database</title>
<script>

    // 通过名字打开数据
    var db = openDatabase('db', '1.0', 'my first database', 2 * 1024 * 1024);

    function log(id, name) {
        var row = document.createElement("tr");
        var idCell = document.createElement("td");
        var nameCell = document.createElement("td");
        idCell.textContent = id;
        nameCell.textContent = name;
        row.appendChild(idCell);
        row.appendChild(nameCell);
        document.getElementById("racers").appendChild(row);
    }

    function doQuery() {
        db.transaction(function (tx) {
            tx.executeSql('SELECT * from racers', [], function(tx, result) {
                // 记录SQL结果集
                for (var i=0; i<result.rows.length; i++) {
                    var item = result.rows.item(i);
                    log(item.id, item.name);
                }
            });
        });
    }

    function initDatabase() {
        var names = ["Peter Lubbers", "Brian Albers", "Frank Salim"];

        db.transaction(function (tx) {
            tx.executeSql('CREATE TABLE IF NOT EXISTS racers (id integer primary key↵
autoincrement, name)');

            for (var i=0; i<names.length; i++) {
                tx.executeSql('INSERT INTO racers (name) VALUES (?)', [names[i]]);
            }

            doQuery();
        });
    }

    initDatabase();

</script>

<h1>Web SQL Database</h1>

<table id="racers" border="1" cellspacing="0" style="width:100%">
```

```
    <th>Id</th>
    <th>Name</th>
</table>
```

11.5.2   索引数据库 API

浏览器数据库存储（database storage）的另一项提议在2010年声名鹊起。索引数据库API（Indexed Database API）得到了微软和Mozilla的支持，并被视为Web SQL Database的对手。Web SQL Database期望将已建立的SQL语言引入浏览器，而索引数据库旨在引入底层索引存储功能，并希望更多易于开发者使用的库能够基于索引核心的被构建出来。

对比二者，Web SQL API支持使用查询语言编写SQL语句来检索数据表，索引数据库API则通过直接执行同步或异步的函数调用来检索树状的对象存储引擎。与Web SQL不同，索引数据库不会用到表和列。

支持索引数据库API的浏览器与日俱增（见表11-3）。

表11-3   浏览器对索引数据库API的支持情况

浏　览　器	详细说明
Chrome	当前版本已经支持
Firefox	当前版本已经支持
IE	IE 10及以上版本支持
Opera	目前不支持
Safari	目前不支持

微软和Mozilla已经宣布它们将不再支持Web SQL Database，转而将其重心放在索引数据库上面。Google的Chrome浏览器已经加入了索引数据库的支持阵营，就此而言，索引数据库很可能是浏览器端标准化结构存储的未来。众多厂商这样做的原因之一是SQL不是一个真正的标准，而Web SQL的唯一实现是SQLite项目。唯一的实现加上一个宽松的标准，这两个理由不足以支持将Web SQL纳入HTML5规范。

索引数据库API避开了查询字符串，它使用的底层API支持将值直接存储在JavaScript对象中。存储在数据库中的值可以通过键或使用索引获取到，并且可以使用同步方式或异步方式访问API。与Web SQL的提案类似，索引数据库也限定在同源范围内，故你只能访问那些在自己的网页中创建的storage。

创建或修改索引数据库storage是在事务上下文中完成的。事务可以分为三类：READ_ONLY、READ_WRITE和VERSION_CHANGE。前两种类型含义不言自明，事务类型VERSION_CHANGE用于修改数据库结构。

从索引数据库中检索记录是通过游标对象完成的。游标对象按升序或降序迭代某一范围内的记录。无论何时，游标或者会有一个值或者为空，这取决于游标处于加载过程中还是已经快要完成迭代。

索引数据库API的详细介绍超出了本书的范畴。如果你有意在内置API基础上实现查询引擎，可以参考http://www.w3.org/TR/IndexDB/上的官方规范。不然的话，等待一个推荐的基于标准的引擎面世并使用更方便开发者使用的数据库API也是明智之举。目前，尚无第三方库崭露头角或者得到广泛的支持。

为什么用锤子

　　Brain说："什么时候用铁锭、锻炉和铸模来代替你的选择呢？在Mozilla的博客上，Arun Ranganathan表示他欢迎基于索引数据库标准构建的API，比如Web SQL API。这个态度让众多开发人员大惑不解，因为人们普遍相信为了使索引数据库可用，有必要在标准之上构建第三方JavaScript库。因为，对于大多数Web开发者来说，索引数据库太过复杂，无法以它的当前形态使用它。

　　这就引出一个问题：如果开发人员为了使用内置的storage API而最终选用第三方库，那么比起构建为必须在运行时下载和解析的JavaScript库，将storge内置在本地代码中不是更好吗？时间会证明索引数据库能否满足大多数人的需求。"

11.6　进阶功能

　　尽管有些技巧我们在示例中用不上，但并不妨碍它们在多种类型的HTML5 Web应用中发挥作用。本节，我们就来介绍一些简单实用的进阶功能。

11.6.1　JSON 对象的存储

　　虽然HTML5 Web Storage规范允许将任意类型的对象保存为键–值对形式，实际情况却是一些浏览器将数据限定为文本字符串类型。不过，既然现代浏览器原生支持JSON（JavaScript Object Notation），我们额外有了一种解决这个问题的可行方案。

　　JSON是一种将对象与字符串可以相互表示的数据转换标准。十余年来，JSON一直是通过HTTP将对象从浏览器传送到服务器一种常用格式。现在，我们可以通过序列化复杂对象将JSON数据保存在Storage中，以实现复杂数据类型的持久化。脚本如代码清单11-14所示。

代码清单11-14　存储JSON 对象

```
<script>

  var data;

  function loadData() {
    data = JSON.parse(sessionStorage["myStorageKey"])
  }

  function saveData() {
```

11

```
        sessionStorage["myStorageKey"] = JSON.stringify(data);
    }

    window.addEventListener("load", loadData, true);
    window.addEventListener("unload", saveData, true);
```

`</script>`

上面的脚本中包含了用于绑定页面加载事件和卸载事件的事件监听器。在这里，处理程序会分别调用loadData()和saveData()函数。

在loadData()函数中，首先查询sessionStorage，获取与键相对应的值，并将这个值传给JSON.parse()函数。作为JSON.parse()函数参数的值实际上是用于表示某个对象的字符串，函数会据此重新构建一个原始对象的副本。通过事件绑定，页面每次加载时都会调用loadData()函数。

与之类似，saveData()函数操作data全局变量，它调用JSON.stringify()，以将保存在data变量中的对象副本转换为字符串形式，进而将该字符串保存回Storage中。将saveData()函数绑定到页面卸载事件后，我们就能确保用户每次关闭浏览器或窗口时，都会调用saveData()函数。

上述两个函数的实际结果是，任何保存在Storage中的对象，不管它是否为复杂对象类型，我们都能做到在用户浏览时加载，在用户离开时保存。根据这种处理非文本数据的方法，开发人员可以进一步再扩展。

11.6.2　共享窗口

正如前面提到的，在任何同源浏览器窗口中触发HTML5 Web Storage事件的能力具有深远的意义。这意味着即使不是所有的窗口都使用了Storage对象，也可以基于Storage在窗口间发送消息。这同样也意味着，我们可以在窗口间共享同源的数据。

让我们通过示例代码进行说明。要监听跨窗口消息，只需在脚本中绑定Storage事件处理程序即可。假设在http://www.example.com/storageLog.html网页中包含代码清单11-15所示的代码（这个示例文件storageLog.html也在code/storage文件夹中）。

代码清单11-15　使用Storage进行跨窗口通信

```
// 显示Storage事件中的记录
function displayStorageEvent(e) {
  var incomingRow = document.createElement('div');
  document.getElementById("container").appendChild(incomingRow);

  var logged = "key:" + e.key + ", newValue:" + e.newValue + ", oldValue:" +
               e.oldValue + ", url:" + e.url + ", storageArea:" + e.storageArea;
               incomingRow.innerHTML = logged;
}

// 为Storage事件添加监听器
window.addEventListener("storage", displayStorageEvent, true);
```

为storage事件类型绑定事件监听器后，窗口就能收到其他页面修改Storage后发出的更新通知了。例如，浏览器窗口打开了页面http://www.example.com/browser-test.html，此时同源页面修改了Storage对象，那么storageLog.html页面将会收到更新通知。为了将消息发送到接收窗口，发送窗口只需修改Storage对象，然后新旧数据值就会作为通知的一部分发送出去。举例来说，如果使用 `localStorage.setItem()` 更 新 了 Storage 数 据 ，同 源 的 storageLog.html 页 面 的 `displayStorageEvent()`函数将会收到一个事件。通过匹配事件名称和数据，两个页面就可以通信了，这在HTML5出现之前是非常困难的。图11-13显示了正在运行的storageLog.html页面，记录的是它接收到的storage事件。

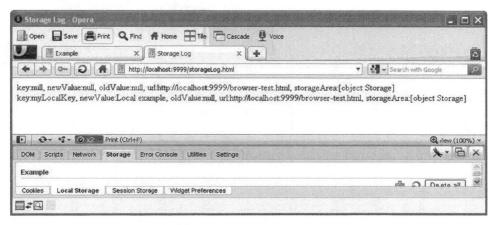

图 11-13　记录了 Storage 事件概况的 storageLog.html 页面

11.7　小结

　　本章中，我们讲解了如何用HTML5 Web Storage代替浏览器cookie，在跨窗口、跨标签页甚至是（用`localStorage`）跨浏览器重启的情况下，保存本地数据。随后，我们了解了如何使用`sessionStorage`将数据适当地隔离到各个窗口，以及如何基于storage事件实现跨窗口数据共享。在本章的示例中，我们演示了当用户浏览网站时，使用Storage在页面间跟踪数据的实用方法，这个方法很容易应用于其他数据类型。我们还演示了在页面加载或卸载时，如何存储非文本类型的数据，以保存和恢复跨页访问时网页的状态。

　　下一章，我们将介绍如何利用HTML5创建离线应用。

11

第 12 章

构建离线Web应用

12

本章，我们将探讨如何创建HTML5离线Web应用。HTML5应用并不需要始终保持网络连接，而现在，开发人员可以更加灵活地控制缓存资源的加载。

12.1　HTML5 离线 Web 应用概述

很明显，在Web应用中使用缓存的原因之一是为了支持离线应用。在全球互联的时代，离线应用仍有其实用价值。当无法上网的时候，你会做些什么呢？有人可能会说如今网络无处不在，而且非常稳定，不存没有网络的情况。但事实果真如此吗？下面这些问题，你考虑到了吗？

- ❑ 我们乘坐的所有航班都有Wi-Fi吗？
- ❑ 我们的移动网络设备的信号好吗（最后一次遇到无信号是什么时候）？
- ❑ 我们去做讲演时，一定能够上网吗？

越来越多的应用移植到了Web上，我们倾向于认为用户拥有24小时不间断的网络连接。但事实上，网络连接中断时有发生，例如在乘坐飞机的情况下，可预见的中断时间一次就可能达到好几个小时。

间断性的网络连接一直是网络计算系统致命的弱点。如果应用程序依赖于与远程主机的通信，而这些主机又无法连接时，用户就无法正常使用应用程序了。不过当网络连接正常时，Web应用程序可以保证及时更新，因为用户每次使用，应用程序都会从远程位置更新加载相关数据。

如果应用程序只需要偶尔进行网络通信，那么只要在本地存储了应用资源，无论是否连接网络它都可用。随着完全依赖于浏览器的设备的出现，Web应用程序在不稳定的网络状态下还能够持续工作就变得更加重要。在这方面，不需要持续连接网络的桌面应用程序历来被认为比Web应用程序更有优势。

HTML5的缓存控制机制综合了Web应用和桌面应用两者的优势：基于Web技术构建的Web应用程序，可在浏览器中运行并在线更新，也可在脱机情况下使用。然而，因为目前的Web服务器不为脱机应用程序提供任何默认的缓存行为，所以要想使用这一新的离线应用功能，你必须在应用中明确声明。

HTML5的离线应用缓存使得在无网络连接状态下运行应用程序成为可能。这类应用程序用处很多，比如在起草电子邮件草稿时就无需连接因特网。HTML5中引入了离线应用缓存，有了它Web应用程序就可以在没有网络连接的情况下运行。

应用程序开发人员可以指定HTML5应用程序中，具体哪些资源（HTML、CSS、JavaScript和图像）脱机时可用。离线应用的适用场景很多，例如：

❑ 阅读和撰写电子邮件；
❑ 编辑文档；
❑ 编辑和显示演示文档；
❑ 创建待办事宜列表。

使用离线存储，避免了加载应用程序时所需的常规网络请求。如果缓存清单（cache manifest）文件是最新的，浏览器就知道自己无需检查其他资源是否最新。大部分应用程序可以非常迅速地从本地应用缓存中加载完成。此外，从缓存中加载资源（而不必用多个HTTP请求确定资源是否已经更新）可节省带宽，这对于移动Web应用是至关重要的。目前，加载速度慢是Web应用比不上应用的一个地方。缓存则可以解决这一问题。

开发人员可以直接控制应用程序缓存。利用缓存清单文件可将相关资源组织到同一个逻辑应用中。这样一来，Web应用就拥有了本来只属于桌面应用的特性。你可以充分发挥想象力，尝试用一些更巧妙的方式利用这些特性。

缓存清单文件中标识的资源构成了应用缓存（application cache），它是浏览器持久性存储资源的地方，通常在硬盘上。有些浏览器向用户提供了查看应用程序缓存中数据的方法。例如，在最新版本的Firefox中，about:cache页面的离线缓存设备部分会显示应用程序缓存的详细信息，提供了查看缓存中的每个文件的方法，如图12-1所示。

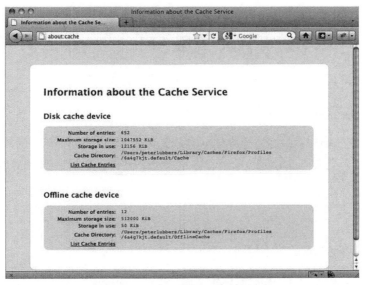

图12-1　在Firefox中查看离线缓存

类似地，内部页面chrome://appcache-internals/给出了存储在你的系统上的不同应用缓存内容的详细信息。它也提供了一种查看和完全移除这些缓冲的方法，如图12-2所示。

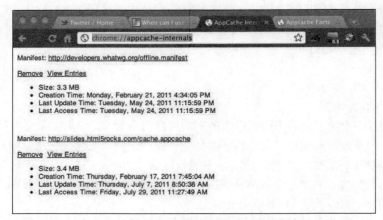

图12-2   在Chrome中查看应用缓存项

HTML5 离线 Web 应用的浏览器支持情况

访问http://caniuse.com，搜索Offline Web Applications或者Application Cache，即可查看当前浏览器支持情况的完整概览，其中也包含了移动设备的浏览器支持情况。如果必须支持旧版本的浏览器，最好在使用API之前，查看浏览器是否支持Application Cache。12.2.1节将展示如何用编程方式来检查浏览器支持情况。

12.2   使用 HTML5 离线 Web 应用 API

本节，我们将更加细致地探讨如何使用HTML5离线Web应用API。

12.2.1   检查浏览器的支持情况

使用离线Web应用API前最好先检查浏览器是否支持它。代码清单12-1演示了检测方法。

代码清单12-1   检查浏览器是否支持离线Web应用API

```
if(window.applicationCache) {
  // 浏览器支持离线应用
}
```

12.2.2   搭建简单的离线应用程序

假设开发人员希望搭建一个包含HTML文档、样式表和JavaScript文件的单页面应用程序，同时要为这个HTML5应用程序添加离线支持，那么可参考代码清单12-2，在html元素中加入manifest特性。

代码清单12-2　HTML元素中的manifest特性

```
<!DOCTYPE html>
<html manifest="application.appcache">
  .
  .
  .
</html>
```

修改完HTML文档，接下来需要提供缓存清单文件，用以指明哪些资源需要存储在缓存中。代码清单12-3是一个缓存清单文件的内容示例。

代码清单12-3　缓存清单文件内容示例

```
CACHE MANIFEST
example.html
example.js
example.css
example.gif
```

12.2.3　支持离线行为

HTML5引入了一些新的事件，用来让应用程序检测网络是否正常连接。应用程序处于在线状态和离线状态会有不同的行为模式。是否处于在线状态可以通过检测window.navigator对象的属性来做判断。首先，navigator.onLine是一个标明浏览器是否处于在线状态的布尔属性。当然，onLine值为true并不能保证Web应用程序在用户的机器上一定能访问到相应的服务器。而当其值为false时，不管浏览器是否真正联网，应用程序都不会尝试进行网络连接。代码清单12-4演示了如何查看页面状态是在线还是离线，它甚至可以在Internet Explorer中使用。

代码清单12-4　检查在线状态

```
// 页面加载的时候，设置状态为online或offline
function loadDemo() {
  if (navigator.onLine) {
    log("Online");
  } else {
    log("Offline");
  }
}

// 添加事件监听器，在线状态发生变化时，触发相应动作
window.addEventListener("online", function(e) {
  log("Online");
}, true);
```

12.2.4　manifest 文件

离线应用包含一个manifest（清单）文件，此文件中列出了浏览器为离线应用缓存的所有资源。manifest文件的MIME类型是text/cache-manifest。Python标准库中的SimpleHTTPServer模块对扩展名为.manifest的文件能配以头部信息Content-type：text/cache-manifest。配置方法是打开PYTHON_HOME / Lib/ mimetypes.py文件并添加一行代码：

12

```
'.appcache'    : 'text/cache-manifest manifest',
```

不同的Web服务器都有其独特的配置方法。例如，要配置Apache HTTP服务器，开发人员需要将下面一行代码添加到conf文件夹的mime.types文件中：

```
text/cache-manifest appcache
```

如果你正在使用微软的IIS服务器，在你的网站首页双击MIME Types图标，然后在弹出的Add MIME Type对话框中，在Extension处填入".appcache"，在MIME type处填入"text/cache-manifest"。

manifest文件的写法是先写CACHE MANIFEST，然后换行，每行单列资源文件。每行的换行符可以是CR、LF或者CRLF——格式很灵活——但文本编码格式必须是UTF-8。UTF-8是多数文本编辑器经常输出的编码格式。注释以#开头，注释的内容必须写在以#开头的注释行中。不能将注释附加到文件的非注释行中，如代码清单12-5所示。

代码清单12-5　manifest文件示例（包含所有可能出现的区块）

```
CACHE MANIFEST
#要缓存的文件
about.html
html5.css
index.html
happy-trails-rc.gif
lake-tahoe.JPG

#不缓存登录页面
NETWORK
signup.html

FALLBACK
signup.html      offline.html
/app/ajax/       default.html
```

接下来，我们了解一下上面这个manifest文件示例的各个部分。

如果没有指定标题，默认就是CACHE MANIFEST部分。下面的manifest文件示例中指定了两个要缓存的文件：

```
CACHE MANIFEST
index.html
application.js
style.css
```

类似地，下面部分的作用与前一部分完全相同（如果你愿意，可以在一份manifest文件中多次使用CACHE、NETWORK和FALLBACK头）。

通过列出添加到CACHE MANIFEST区块中的文件，无论应用程序是否在线，浏览器都会从应用程序缓存中获取该文件。没有必要在这里指定应用程序的主HTML资源，因为最初指向manifest文件的HTML文档会被隐含包含进来。但是，如果希望缓存多个HTML文件，或者希望将多个HTML文件作为支持缓存的应用程序的可选入口，则需将这些文件都列在CACHE MANIFEST中。

FALLBACK部分提供了获取不到缓存资源时的备选资源路径。代码清单12-5所示的manifest文件表明，当无法获取/app/ajax/*时，所有对/app/ajax/及其子路径的请求都会被转发给default.html文件来处理。

NETWORK具体指明了哪些资源始终从网络上获取。与仅从manifest中删除文件不同的是，未在manifest文件中明确列出的主条目也会被缓存。无论应用程序缓存区是否缓存了资源，为了确保应用程序从服务器请求文件，应将文件列在NETWORK:部分。

12.2.5　applicationCache API

applicationCache API是一个操作应用缓存的接口。新的window.applicationCache对象可触发一系列与缓存状态相关的事件。该对象有一个数值型属性window.applicationCache.status，代表了缓存的状态。缓存状态共有6种，见表12-1。

表12-1　缓存的6种状态

数值型属性	缓存状态
0	UNCACHED（未缓存）
1	IDLE（空闲）
2	CHECKING（检查中）
3	DOWNLOADING（下载中）
4	UPDATEREADY（更新就绪）
5	OBSOLETE（过期）

目前Web上大部分的页面都没有指定缓存清单，所以这些页面的状态就是UNCACHED（未缓存）。IDLE（空闲）是带有缓存清单的应用程序的典型状态。处于空闲状态说明应用程序的所有资源都已被浏览器缓存，当前不需要更新。如果缓存曾经有效，但现在manifests文件丢失，则缓存进入OBSOLETE（过期）状态。对于上述各种状态，API包含了与之对应的事件（和回调特性）。例如，当缓存更新完成进入空闲状态时，会触发cached事件。此时，可能会通知用户，应用程序已处于离线模式可用的状态，可以断开网络连接了。表12-2是一些与缓存状态有关的常见事件。

表12-2　常见事件及其关联的缓存状态

事　件	关联的缓存状态
Onchecking	CHECKING
Ondownloading	DOWNLOADING
Onupdateready	UPDATEREADY
Onobsolete	OBSOLETE
Oncached	IDLE

此外，没有可用更新或者发生错误时，还有一些表示更新状态的事件：

❑ onerror
❑ onnoupdate
❑ onprogress

`window.applicationCache`有一个`update()`方法。调用`update()`方法会请求浏览器更新缓存。包括检查新版本的manifest文件并下载必要的新资源。如果没有缓存或者缓存已过期，则会抛出错误。

12.2.6　运行中的应用缓存

尽管创建manifest文件并在应用中使用它相对简单些，但是更新页面时，服务器端所发生的事情并非如你想象的那样。需要时刻牢记一件重要的事情：浏览器在应用缓存中成功地缓存了应用的资源以后，它总会优先从缓存中获取资源。之后，浏览器只会再做一件事：检查服务器上的manifest文件是否被改变过。

为了更好地理解工作流程，我们使用代码清单12-5所示的manifest文件来逐步追踪示例场景。

(1) 首次访问http://www.example.com（假设是这个网站）的index.html页面（联网时），浏览器会加载页面及子资源（CSS、JavaScript和图像文件）。

(2) 解析页面时，浏览器会解读html元素的`manifest`属性，然后加载CACHE（默认）和FALLBACK部分列出的所有文件到example.com网站的应用缓存（浏览器分配了大约5 MB的存储空间）。

(3) 从现在起，当你导航到http://www.example.com时，浏览器将始终从应用缓存中加载网站，随后浏览器会尝试检测manifest文件是否被更新过（只有处于联机状态时才会进行检测）。这意味着如果现在进入离线状态（自愿地或者其他原因）并在浏览器中访问http://www.example.com，浏览器将从应用缓存中加载网站——是的，在离线模式下，你仍能完整地浏览网站。

(4) 在离线状态下访问已缓存的资源时，浏览器会从应用缓存中加载。而访问NETWORK资源（signup.html）时，浏览器会加载FALLBACK内容（offline.html）。只有恢复联机状态，才能再次获取NETWORK的文件。

(5) 到现在为止一直都还不错。每项功能都能表现正常。现在，我们将试着进入数字雷区，在服务器上修改内容时，这是一片必须趟过的雷区。举例来说，当你处于联机模式时，修改了服务器上的about.html页面，并在浏览器中重新加载该页面，期望看到更新后的页面是合理的。毕竟，你是联机直接访问服务器。然而，事实并非如此，你将会看到和以前一模一样的旧页面，此时，你可能很疑惑。究其原因，浏览器始终从应用缓存中加载页面，在那之后，浏览器只会检查一件事：manifest文件是否被更新过。因此，如果想更新已下载的资源，你必须同时修改manifest文件（仅仅"触摸"文件不会被认为是作出了改动，必须修改了字节，即文件内容发生变化）。常见的改动方式是在文件的顶部添加版本注释，如代码清单12-5所示。浏览器并不能真正理解版本注释，但按照这种方式改动是最好的做法。因为易于改动以及容易忽略新的或删除的文件，推荐使用某种构造脚本来维护manifest文件。HTML5 Boilerplate 2.0（http://html5boilerplate.com）自带了一个构造文件，可以用它来自动创建和版本化应用缓存文件，已有大量资源文件的时候用它正合适。

(6) 修改about.html页面和manifest文件，接着在处于联机状态时刷新页面，你会再次失望地看到之前的旧页面。发生了什么事情？尽管浏览器已经发现manifest文件被更新了，并下载了所有文件且更新了缓存，但是页面从应用缓存中加载资源是发生在执行服务器检查之前，浏览器不会自动重新加载页面。该过程类似于，一个新版本的软件程序（如Firefox）可以在后台下载，但是必须重启程序后才能生效。如果不想等待下次页面刷新，可以为**onupdateready**事件绑定事件监听器，进而提示用户刷新页面。起初你会有点困惑，但仔细想想，你会觉得这种方式其实很合理。

借助应用缓存提升性能

Peter说："应用缓存机制的其他好处之一是可以用来预取资源。常规浏览器缓存会缓存用户访问过的页面，但是存储什么内容取决于客户端和服务器端的配置（浏览器设置和Expire头）。因此，依赖常规浏览器缓存返回特定页面是不可靠的，起码曾经在飞机上试图依赖常规浏览器缓存来浏览一个网站上所有网页的人会同意这个观点。

不过，借助应用缓存，不仅可以缓存访问过的页面，还可以缓存不曾访问过的页面；应用缓存可以用作一种有效的预取机制。需要用到预取资源的时候，浏览器从本地磁盘的应用缓存中而非服务器上加载资源，这样可以大大缩短加载时间。记住一件重要的事情，常规浏览器缓存依旧有效，所以要小心谎报，尤其是当你调试应用缓存行为的时候。"

12.3　使用 HTML5 离线 Web 应用构建应用

在下面的示例中，我们将跟踪跑步者出发后的位置（包括间断性网络连接或无连接的情况）。比如，Peter在跑步时将一款具有HTML5 Geolocation功能和支持HTML5 Web浏览器的手机带在身上，不过房子附近树林中的信号不是很好，所以他希望即使无法联网也能定位并记录自身位置。

离线状态下，Geolocation API可以在使用硬件地理定位的设备（例如GPS）上继续工作，但在使用IP定位的设备上不可以，因为IP地理定位设备需要连接网络，以便将客户端的IP地址映射为坐标。离线应用程序还可以通过像本地存储或者Indexed Database这样的接口访问本地存储。

这个应用程序的示例文件位于Apress网站上本书页面（http://www.apress.com/9781430238645）以及本书官网上的code/offline文件夹下，跳转至此文件夹下，执行下面的命令：

```
Python -m SimpleHTTPServer 9999
```

启动Web服务器之前，确保已经对Python进行了配置，以便如前文所述用正确的MIME类型解析manifest文件（以.appcache作为扩展名的文件）。这是导致离线Web应用出错的最常见的原因。如果没有正常运转，在Chrome开发者工具的控制台中查看可能存在的错误描述信息。

命令在端口9999上启动了Python的HTTP服务器模块（可以在任意端口上启动它，但是绑定小于1024的端口可能需要管理员权限）。启动HTTP服务器后，访问http://localhost :9999/tracker.html会看到正在运行的应用程序。

图12-3显示了在Firefox中首次访问网站的效果：Firefox提示你选择是否在本地计算机上存储数据（注意，在存储数据之前，并非所有浏览器都会提示你）。

12

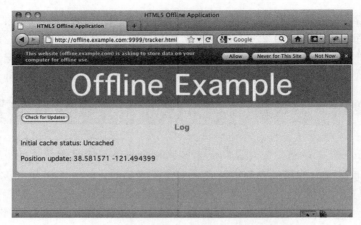

图12-3 Firefox提示为Web应用存储数据

允许应用存储数据之后，应用缓存进程开启，同时浏览器开始下载在应用缓存manifest文件中引用的文件（这一过程发生在页面加载完成后，因此，其对页面响应性的影响甚微）。至于哪些资源被缓存在了localhosr源，Chrome开发者工具的资源（Resource）面板中提供了详细概况，如图12-4所示。此外，它还在控制台中提供了在处理页面和manifest过程中触发的应用缓存事件的信息。

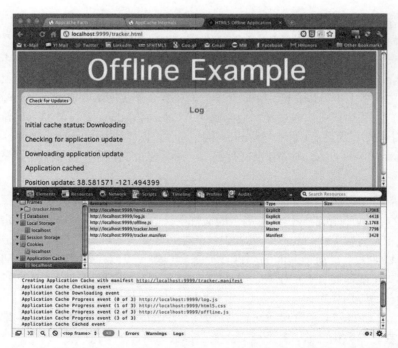

图12-4 在Chrome中显示的离线页面，其中Chrome开发者工具显示了应用缓存的详细信息

运行此应用程序需要一台Web服务器来提供所需静态资源。需要注意，manifest文件的内容类型必须配置为text/cache-manifest发送到浏览器。如果文件类型不正确，即使浏览器支持应用缓存也会返回缓存错误。对此，有一种简便的测试方法，即在图12-4所示的Chrome开发者工具的控制台中浏览已触发的事件，你能够从这里得知是否存在误用MIME类型处理appcache文件的情况。

要运行此应用程序的全部功能，服务器还需要具备接收地理位置数据的功能。本例中，服务器端的主要任务是存储、分析和提供这些数据。静态应用程序中，数据的获取不局限于同源。图12-5是应用程序在Firefox中以离线模式运行时的截图。在Firefox和Opera中，选择文件（File）➤ 脱机工作（Work Offline）能够开启离线模式。其他浏览器没有这么方便的功能，但是你可以用断网的方式实现。不过，需要注意的是，断网不会中断与运行于本地主机上的Python服务器间的连接。

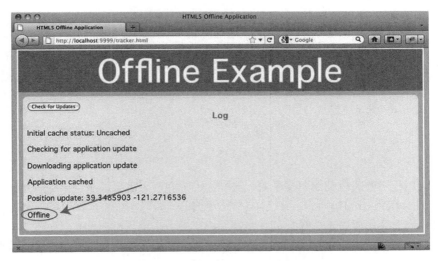

图12-5　在离线模式下运行的应用程序

12.3.1　创建记录资源的 manifest 文件

首先，在文本编辑器中按照以下方式创建tracker.manifest文件。文件中列出了应用程序需要缓存的资源：

```
CACHE MANIFEST
# JavaScript
./offline.js
#./tracker.js
./log.js

# stylesheets
./html5.css

# images
```

12

12.3.2　创建构成界面的 HTML 和 CSS

下面是本章示例的基本UI结构。因为tracker.html和html5.css会被存储到缓存中，所以应用程序将从缓存中提取这两个文件。

```
<!DOCTYPE html>
<html lang="en" manifest="tracker.appcache">
<head>
    <title>HTML5 Offline Application</title>
    <script src="log.js"></script>
    <script src="offline.js"></script>
    <script src="tracker.js"></script>
    <link rel="stylesheet" href="html5.css">
</head>

<body>
    <header>
      <h1>Offline Example</h1>
    </header>

    <section>
      <article>
        <button id="installButton">Check for Updates</button>
        <h3>Log</h3>
        <div id="info">
        </div>
      </article>
    </section>
</body>
</html>
```

从实现应用程序的离线功能角度来看，这段代码中有两点需要注意。第一点是HTML元素的 `manifest` 特性。因为 `<html>` 元素在HTML5中是可选的，所以本书中大部分的HTML示例都省略了它。不过，因为应用程序是否缓存离线文件取决于是否指定了manifest文件。

第二点要注意的是按钮，它的作用是让用户能够手动安装Web应用程序，以支持离线情况。

12.3.3　创建离线 JavaScript

示例中，JavaScript文件由多个通过 `<script>` 标签包含进来的.js文件组成。这些js脚本会同HTML和CSS文件一起存储到缓存中。

```
<offline.js>
/*
 * 记录window.applicationCache触发的每个事件
 */
window.applicationCache.onchecking = function(e) {
    log("Checking for application update");
}

window.applicationCache.onnoupdate = function(e) {
    log("No application update found");
}

window.applicationCache.onupdateready = function(e) {
    log("Application update ready");
```

```
}

window.applicationCache.onobsolete = function(e) {
    log("Application obsolete");
}

window.applicationCache.ondownloading = function(e) {
    log("Downloading application update");
}

window.applicationCache.oncached = function(e) {
    log("Application cached");
}

window.applicationCache.onerror = function(e) {
    log("Application cache error");
}

window.addEventListener("online", function(e) {
    log("Online");
}, true);

window.addEventListener("offline", function(e) {
    log("Offline");
}, true);


/*
 * 将applicationCache状态代码转换成消息
 */
showCacheStatus = function(n) {
    statusMessages = ["Uncached","Idle","Checking","Downloading","Update Ready","Obsolete"];
    return statusMessages[n];
}

install = function() {
    log("Checking for updates");
    try {
        window.applicationCache.update();
    } catch (e) {
        applicationCache.onerror();
    }
}

onload = function(e) {
    // 检测所需功能的浏览器支持情况
    if (!window.applicationCache) {
        log("HTML5 Offline Applications are not supported in your browser.");
        return;
    }

    if (!navigator.geolocation) {
        log("HTML5 Geolocation is not supported in your browser.");
        return;
    }

    if (!window.localStorage) {
        log("HTML5 Local Storage not supported in your browser.");
        return;
```

12

```
    }
    log("Initial cache status: " + showCacheStatus(window.applicationCache.status));
    document.getElementById("installButton").onclick = checkFor;
}

<log.js>
log = function() {
    var p = document.createElement("p");
    var message = Array.prototype.join.call(arguments, " ");
    p.innerHTML = message;
    document.getElementById("info").appendChild(p);
}
```

12.3.4　检查 applicationCache 的支持情况

除了离线应用缓存，示例中还使用了地理定位和本地存储。在页面加载前应确保浏览器支持这两种功能。

```
onload = function(e) {
    // 检测所需功能的浏览器支持情况
    if (!window.applicationCache) {
        log("HTML5 Offline Applications are not supported in your browser.");
        return;
    }

    if (!navigator.geolocation) {
        log("HTML5 Geolocation is not supported in your browser.");
        return;
    }

    if (!window.localStorage) {
        log("HTML5 Local Storage is not supported in your browser.");
        return;
    }

    if (!window.WebSocket) {
        log("HTML5 WebSocket is not supported in your browser.");
        return;
    }
    log("Initial cache status: " + showCacheStatus(window.applicationCache.status));
    document.getElementById("installButton").onclick = install;
}
```

12.3.5　为 Update 按钮添加处理函数

接下来，下面的代码用来处理更新行为，其作用是更新应用缓存：

```
install = function() {
    log("Checking for updates");
    try {
        window.applicationCache.update();
    } catch (e) {
        applicationCache.onerror();
    }
}
```

单击按钮后将检查缓存区，并更新需要更新的缓存资源。当所有可用更新都下载完毕之后，将在用户界面显示一条消息，告诉用户应用程序已安装成功，可以在离线模式下运行了。

12.3.6　添加 Geolocation 跟踪代码

下面的代码修改自第4章的地理定位示例代码。它是tracker.js文件的一部分。

```
/*
 * 定位并报告当前位置
 */
var handlePositionUpdate = function(e) {
    var latitude = e.coords.latitude;
    var longitude = e.coords.longitude;
    log("Position update:", latitude, longitude);
    if(navigator.onLine) {
        uploadLocations(latitude, longitude);
    }
    storeLocation(latitude, longitude);
}

var handlePositionError = function(e) {
    log("Position error");
}

var uploadLocations = function(latitude, longitude) {
    var request = new XMLHttpRequest();
    request.open("POST", "http://geodata.example.net:8000/geoupload", true);
    request.send(localStorage.locations);
}

var geolocationConfig = {"maximumAge":20000};

navigator.geolocation.watchPosition(handlePositionUpdate,
                                    handlePositionError,
                                    geolocationConfig);
```

12.3.7　添加 Storage 功能代码

当应用程序处于离线状态时，需要将数据更新写入本地存储，接下来，我们就添加这方面的代码。

```
var storeLocation = function(latitude, longitude) {
    // 加载localStorage的位置列表
    var locations = JSON.parse(localStorage.locations || "[]");
    // 添加地理位置数据
    locations.push({"latitude" : latitude, "longitude" : longitude});
    // 保存新的位置列表
    localStorage.locations = JSON.stringify(locations);
}
```

在第9章中应用程序使用HTML5的localStorage存储坐标。因为localStorage可以将数据存储在本地浏览器中，所以它特别适用于具有离线功能的应用程序。本地存储中的数据在将来的会话中可用。当网络连接恢复正常后，应用程序就可以与远程服务器进行数据同步。

12

这里使用Storage还有一个好处，那就是当上传请求失败后可以通过Storage得到恢复。如果应用程序遇到某种原因导致的网络错误，或着应用程序被关闭（可能是用户关闭浏览器、浏览器或操作系统崩溃以及页面导航跳转等）的时候，数据会被存储以便下次再进行传输。

12.3.8   添加离线事件处理程序

位置更新处理程序运行时，会去检查网络连接状态。如果应用程序在线，事件处理函数会存储并上传当前坐标。如果应用程序离线，事件处理函数只存储不上传。当应用程序重新连接到网络后，事件处理函数会在UI上显示在线状态，并在后台上传之前存储的所有数据。

```
window.addEventListener("online", function(e) {
    log("Online");
}, true);

window.addEventListener("offline", function(e) {
    log("Offline");
}, true);
```

网络连接状态在应用程序没有真正运行的时候可能会发生改变。例如用户关闭了浏览器、刷新页面或跳转到了其他网站。为了应对这些情况，我们的离线应用程序在每次页面加载时都会检查与服务器的连接情况。如果连接正常，会尝试与远程服务器同步数据。

```
// 如果浏览器在线，与服务器同步
if(navigator.onLine) {
    uploadLocations();
}
```

12.4   小结

本章，我们学习了如何基于HTML5 离线Web 应用创建即使没有因特网连接也可使用的应用程序。为确保应用中所需的文件能够成功缓存，需要将这些文件指定在manifest文件中，随后在应用程序的主页面中进行引用。然后，添加监听器监听在线和离线状态的变化，进而基于因特网连接与否让网站执行不同的操作。

最后一章，我们将对HTML5编程的前景进行展望。

第 13 章

HTML5未来展望

本书前面的章节中已经介绍了HTML5所提供的强大编程功能。此外，我们还讨论了HTML5的发展历程和新的无需插件的开发模式。本章，我们将讨论一些还不够成熟但却极具潜力的HTML5特性。

13.1 HTML5 的浏览器支持情况

随着版本的不断升级，浏览器对HTML5功能的支持度越来越高。在写作本书期间，前面章节中讨论过的许多功能都已经得到了浏览器正式支持，HTML5在浏览器中的发展无疑获得了巨大的推动力。

如今，许多开发人员还在拼命开发所谓"健壮"的Web应用，耗费大量精力以兼容旧浏览器。截止2010年，在因特网中仍然存在着大量过时的浏览器，IE6就是这种残酷现状的代表。即便如此，IE6的寿命也是有限的，因为支持IE6的操作系统越来越难找了。总有一天，IE6的用户数会接近零。越来越多的IE用户已经升级到了新版本，而IE9将是Web发展的一个分水岭。无论何时，总会存在一个相对最旧的浏览器，而随着时间的推移，最旧的浏览器终会被淘汰。在编写本书的时候，IE6的市场占有率已降至10%以下，而且还在持续下滑。很多用户直接升级到了最先进的浏览器。未来的主流浏览器最起码应该支持HTML5 的Video、Canvas和WebSocket，以及所有原来需要hack才能实现跨浏览器兼容的功能。

本书前面讨论的HTML5功能都已经基本稳定且被多数浏览器支持。除此之外，还有一些其他的HTML扩展功能及API尚处在开发初期。本章，我们就来看一些尚未发布的功能。这其中有些处于前期试验阶段，而有些只需要进行细微修改即可形成最终规范并广泛推广。

13.2 HTML 未来的发展

我们在本节讨论的几项激动人心的功能很可能在不久的将来就会出现在浏览器中。这些功能的实现可能也无需等到2022年。将来很可能没有HTML6规范，因为WHATWG曾暗示未来的规范将被统一简称为"HTML"。HTML将以增量的形式发展而非一蹴而就，其中特定的功能及其对应规范会单独发展。大家就这些功能达成共识之后，浏览器才会采纳并加以实现。在HTML5稳定之前，一些即将发布的功能很可能已经在浏览器中大规模使用了。负责推动Web发展的组织为了满足用户和开发人员的需求，一直致力于Web平台的开发升级。

13.2.1   WebGL

WebGL是针对Web上 3D图像的API。历史上，Mozilla、Opera、Google等浏览器厂商曾分别提供了试验性的JavaScript 3D API。今天，WebGL正向规范化方向迈进，而越来越多的HTML5浏览器加入了支持它的阵营。WebGL的规范化进程由浏览器厂商和The Khronos Group（负责OpenGL的组织，OpenGL是1992年创建的跨平台3D绘图标准）共同推进。OpenGL规范的当前版本为第4版，它已被广泛应用于游戏和计算机辅助设计中，并成为了微软Direct3D的有力竞争对手。

我们在第2章看到了在canvas元素中调用getContext("2d")，可以获得2D绘图的上下文。毫无疑问，这为其他类型的绘图上下文提供了方便之门。WebGL使用的同样是canvas元素，只不过获取的是3D上下文。由于还在试验期，所以调用getContext()时，传入的参数需要使用浏览器厂商指定的名称作为前缀（moz-webgl、webkit-3d等）。例如，在支持WebGL的Firefox版本中，可以在canvas元素中调用getContext("moz-webgl")来获取3D上下文。这里调用getContext()返回的API对象与2D canvas的有所不同，因为它提供的是OpenGL绑定，而非绘图操作。WebGL版本的canvas上下文管理的是纹理和顶点缓冲区，而不是调用函数来绘制线条和填充形状。

1. 3D HTML

与其他HTML5元素一样，WebGL将会成为Web平台不可或缺的一部分。因为WebGL通过canvas元素来渲染，所以它属于document对象。你可以像操作图像或2D canvas那样，在页面3D canvas元素中应用定位和变换。实际上，任何在2D canvas上能做的事情，在3D canvas上都能做，比如叠放文本和视频、执行动画等。与纯粹的3D显示技术相比，结合其他文档元素，3D canvas不仅可以用于创建HUD（Heads-Up Display，平视显示器），而且使得2D与3D的混合界面变得更易于开发了。想象一下，在3D场景中利用HTML标签构造一个Web用户界面会是怎样的效果。许多OpenGL应用程序使用了非原生的菜单和控件，而WebGL则可以使用原生的样式美观的HTML5表单元素。

现有的Web网络架构也为WebGL的开发提供了便利。WebGL应用程序可以通过URL加载纹理、模型等资源。多人游戏可以基于WebSocket进行通信。例如，Google最近使用HTML5 WebSocket、Audio、WebGL等技术将经典的3D游戏Quake II移植到了Web上，并加入了多人竞争机制，如图13-1所示。游戏逻辑和图形使用JavaScript实现，页面呈现通过调用WebGL canvas完成。游戏使用持久化的WebSocket连接来保持与服务器间的通信，从而实现对不同玩家位置的调整。

2. 3D着色器

WebGL是OpenGL ES 2与JavaScript的结合，因此，它可以使用OpenGL中标准化的编程图形管道，包括着色器（shader）。着色器可将高度灵活的渲染效果应用于3D场景，让显示效果更真实。WebGL着色器是用GLSL（GL Shading Language，GL着色语言）编写的，这是Web中又一种新的专用语言。HTML5的WebGL应用程序使用HTML搭建框架，用CSS控制样式，用JavaScript处理逻辑，用GLSL进行着色。开发人员可以借鉴在OpenGL着色器方面的开发经验，按照类似的方式使用WebGL API。

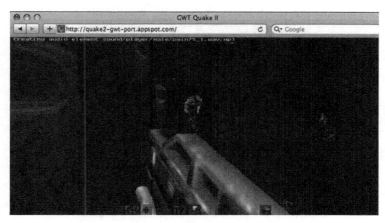

图13-1　Quake II

　　WebGL可以当做是Web 3D图形的基础层。与对DOM进行抽象并提供若干强大功能的JavaScript库类似，有一些库以WebGL为基础，提供了若干额外功能。正在开发的库涵盖了多个方面，有场景图，有3D文件格式（如COLLADA），还有游戏开发的完整引擎。图13-2显示的是Shader Toy，它是由Inigo Quilez搭建的WebGL着色工作台，其上提供的场景渲染效果是他与其他9名场景渲染艺术家一起设计的。这张截图显示的是Rgba的Leizex。我们希望在不久的将来，随着高级渲染库的蓬勃发展，即便是Web编程新手也能轻松地创建出3D场景来。

图13-2　Shader Toy是一个WebGL着色工作台

13

13.2.2　设备

Web应用很可能需访问多媒体硬件，如网络摄像头、麦克风或是已连接的存储设备。为此，HTML5设计了device元素，以便让应用程序访问所连接硬件的数据流。当然，对于隐私的保护是非常严格的，所以不是每段脚本都可以随意使用用户的摄像头。如同Geolocation和Storage API一样，当应用程序请求提升权限时，浏览器就会弹出提示，并请求用户确认。与网络摄像头相关的应用主要是视频会议，不过还有许多其他令人惊奇的Web应用功能，比如增强现实（augmented-reality）和头部跟踪。

13.2.3　音频数据 API

可编程的音频API与<audio>的关系类似于<canvas>与<img>间的关系。在canvas标签出现之前，Web图像对脚本而言基本是不透明的。图像的创建和操作只能发生在服务器端。如今，已经有工具可以基于canvas元素来创建和操作可视化媒体了。同样地，在HTML5应用中可以使用音频数据API创建音乐。这将有助于丰富Web应用程序的内容创建能力，推进媒体创作工具与消费平台一体化（self-hosting）时代的到来。可以想象，将来会有一天，用户仅仅通过浏览器就能完成音频的创建和编辑。

简单的音频播放功能可使用<audio>元素来实现。但是，应用程序对音频的操作、分析或联机创建都需要底层API。若无法访问音频数据，那么诸如文本到语音的转换、语音到语音的转换、合成器、音乐可视化等功能都是空谈。

将来，标准音频API不仅有望操作数据元素中的麦克风输入，而且还有可能操作<audio>标签内引入的文件。通过<device>和音频数据API，可以构建一个允许用户在页面内录制和编辑声音的HTML5应用程序。音频片段可存储在本地浏览器缓存中以便重用，还可与基于canvas的编辑工具相结合。

对此，目前Mozilla的每夜构建版本中有一种试验性的实现方式。Mozilla音频数据API可被当做实现标准跨浏览器音频编程功能的基础。

13.2.4　触摸屏设备事件

Web访问方式越来越多地从台式机和笔记本电脑转换到了手机和平板电脑上，因此HTML5的交互处理方式也在逐渐发生变化。Apple在推出iPhone的同时，也将一系列特殊事件引入到了其浏览器当中，这些事件用来处理多点触摸输入和设备旋转。尽管还未被标准化，但这些事件已被其他移动设备厂商选用。学会此类事件，就可以针对当今最先进的设备开发出合适的Web应用程序。

1. 方向事件
方向事件是移动设备中最简单的事件，它可以加入到页面body标签中：

```
<body onorientationchange="rotateDisplay();">
```

在方向事件处理程序中，可以引用window.orientation属性。该属性可选的值如表13-1所示，它们以页面首次加载时设备的方向为基准。

表13-1 方向值及其含义

方 向 值	含 义
0	页面当前方向与首次加载时的原始方向一样
−90	与原始方向相比，设备顺时针旋转了90度（向右）
180	与原始方向相比，设备旋转了180度（垂直翻转）
90	与原始方向相比，设备逆时针旋转了90度（向左）

获得方向值后，就可对设备的内容显示进行相应的调整了。

2. 手势事件

移动设备支持的另一种事件相对高级一些，称为手势事件。手势事件可以理解为通过多点触摸引发的缩放或旋转。当用户有两个或多个手指同时在触摸屏上挤压（pinch）或扭转（twist）时，就会触发手势事件。扭转表示旋转，挤压（pinch in）和伸展（pinch out）分别表示缩小和放大。为了接收到手势事件，代码需要注册表13-2中所示的事件处理程序。

表13-2 手势事件处理程序

事件处理程序	描 述
ongesturestart	用户将多个手指放在触摸屏上，并开始滑动
ongesturechange	用户正在使用手指动作进行缩放或是旋转操作
ongestureend	用户移开手指，缩放或旋转操作已经完成

在用户做手势的过程中，事件处理程序会灵活检测事件的缩放或旋转属性，并对显示效果进行相应更新。代码清单13-1是手势处理函数的示例。

代码清单13-1 手势处理函数示例

```
function gestureChange(event) {
    // 获取用户手势生成的缩放量
    // 1.0代表初始大小，小于1.0表示缩小，大于1.0表示放大
    // 基于尺寸大小按比例放大和缩小
var scale = event.scale;

    // 获取用户手势生成的旋转量
    // 旋转值介于0度到360度之间
    // 正值代表顺时针旋转，负值代表
    // 逆时针方向旋转
var rotation = event.rotation;

    // 基于旋转操作更新页面显示
}

// 为文档节点添加手势变换监听程序
node.addEventListener("gesturechange", gestureChange, false);
```

13

在需要操作物件或者以显示为主的应用程序（如绘图工具和导航工具等）中，经常需要用到手势事件。

3. 触摸事件

如果需要在低层次上处理设备事件，可以通过触摸事件获取所需信息。表13-3所示为不同的触摸事件。

表13-3　触摸事件

事件处理程序	描　　述
ontouchstart	已经在触摸设备表面放置了一个手指。当多个手指放在设备上时，会发生多点触摸事件
ontouchmove	在拖动操作中，一个或多个手指发生了移动
ontouchend	一个或多个手指离开设备表面
ontouchcancel	意外中断停止了触摸操作

与其他移动设备事件不同，触摸事件需要考虑多点数据（多个手指可能会同时触摸）同时出现的情况。因此，用于处理触摸事件的API会相对复杂一些，如代码清单13-2所示。

代码清单13-2　用于处理触摸事件的API

```
function touchMove(event) {
// touches变量是一个列表，包含了当前每个手指的触摸点信息
var touches = event.touches;

    // changedTouches列表包含当前触摸状态发生变化的手指的触摸点信息，
    // 如添加、移开或重放手指
varchangedTouches = event.changedTouches;

    // 监听器注册在哪个节点上，targetTouches就包含
    // 哪个节点上发生的触摸操作的触摸点信息
vartargetTouches = event.targetTouches;

    // 在取得预定的触摸点之后，可以取得能够从其他事件对象中
    // 正常获取的大部分信息
varfirstTouch = touches[0];
varfirstTouchX = firstTouch.pageX;
varfirstTouchY = firstTouch.pageY;
}

// 为我们的示例注册一个触摸事件监听器
node.addEventListener("touchmove", touchMove, false);
```

不难发现，设备的原生事件处理机制可能会干扰手势事件和触摸事件的处理。在这种情况下，可调用：

```
event.preventDefault();
```

上述代码会覆盖浏览器界面的默认行为，让开发人员自行处理事件。在所有移动事件被标准化之前，建议开发人员先详细阅读相应设备的开发文档，再进行开发。

13.2.5 P2P 网络

在Web应用程序中，高级网络技术始终在向前发展。不论是HTTP还是WebSocket，都有客户端（浏览器或其他用户代理）和服务器端（URL主机）。P2P网络允许客户端之间直接通信。通常情况下，这比从服务器发送数据更高效，而且有助于降低托管成本，提高应用的性能。要想开发更快的多人游戏和协作软件，P2P技术是不二之选。

在HTML5中，P2P结合device元素可以构建高效视频聊天应用。在P2P视频聊天应用中，对话双方能够直接互传数据，无需通过中心服务器。在HTML5之外，P2P视频聊天已广泛应用于诸如Skype等应用程序中。由于流媒体视频对带宽要求比较高，如果没有P2P通信技术的话，很可能那些流媒体应用程序一个都无法实现。

针对P2P网络，浏览器厂商也进行了一些试验，例如Opera的Unite技术，该技术会直接在浏览器中部署一个简易的Web服务器。Opera Unite允许用户为别人创建和提供服务，从而实现聊天、文件共享和文档协作等功能。

当然，面向Web的P2P网络不仅需要考虑如何为开发人员提供编程API，还需要引入一个兼顾安全和网络媒介的协议。

13.2.6 最终方向

到目前为止，我们一直着眼于如何让开发人员构建强大的HTML5应用程序。我们考虑到的另一种视角是基于HTML5的Web应用如何能让用户获得上佳的体验。许多HTML5功能旨在消除或降低脚本的复杂性，提供之前需要插件才能实现的功能。拿HTML5的video元素来说，无需任何JavaScript即可指定控制界面、自动播放、缓冲行为和生成并显示缩略图。而通过CSS3可以直接在样式文件中实现以前用脚本才能实现的动画效果。这些声明式代码让应用程序更容易被用户理解，并最终让使用你的应用的用户获得强大的功能。

前面的章节中，你已经见过Firefox和WebKit的开发工具是怎样揭示HTML5各种功能信息的，包括存储功能，以及至关重要的JavaScrpt调试、性能分析、命令行求值等功能。因此，简单的声明性代码、浏览器内置或Web应用程序自带的轻量级工具将是HTML5未来的发展方向。

Google显然对HTML的未来发展充满信心——它宣布即将发布Google Chrome操作系统。这是一种围绕浏览器和媒体播放器开发的精简版操作系统。到2010年年底，Google操作系统的目标是包含丰富的基于HTML API实现的功能，以提供完美的用户体验，同时使其上运行的应用程序完全符合标准的Web体系架构。

13.3 小结

本书主要讲解了如何使用强大的HTML5 API，希望各位读者能够发挥自己的智慧，创建出色的应用！

这是本书的最后一章，我们介绍了一些即将纳入HTML5规范的内容，如3D图形、device元素、触摸事件、P2P网络等。HTML5还在快速发展，非常值得我们密切关注。

各位读者可能接触Web或者从事Web开发超过十年的时间了，回想一下最近几年HTML技术带来了多大的变化。十年前，"专业HTML编程"意味着学习HTML4的新功能。当时顶尖的开发者刚刚发现动态页面更新和XMLHttpRequest。虽然Ajax技术得到了广泛关注，但那也是在发明"Ajax"这个术语几年以后的事了。当时，浏览器中的大多数专业编程还只是限于讨论框架和操作图像地图而已。

曾经需要数页脚本代码才能实现的功能，如今只需一个标签就能轻松搞定。只要愿意，你随时都可以下载一个支持HTML5的浏览器，打开自己喜欢的文本编辑器，运用我们讲到的那些通信与交互手段，亲自动手尝试一下令人心驰神往的HTML5编程吧！

本书针对Web开发进行了一系列的探讨，希望你能喜欢这些内容，同时期待我们的抛砖引玉能够激发你的创造性。十年后，我们盼望能够再写一本书，而书里会介绍到你用HTML5创造的伟大应用。

欢迎加入

图灵社区 iTuring.cn

——最前沿的IT类电子书发售平台

电子出版的时代已经来临。在许多出版界同行还在犹豫彷徨的时候，图灵社区已经采取实际行动拥抱这个出版业巨变。作为国内第一家发售电子图书的IT类出版商，图灵社区目前为读者提供两种DRM-free的阅读体验：在线阅读和PDF。

相比纸质书，电子书具有许多明显的优势。它不仅发布快，更新容易，而且尽可能采用了彩色图片（即使有的书纸质版是黑白印刷的）。读者还可以方便地进行搜索、剪贴、复制和打印。

图灵社区进一步把传统出版流程与电子书出版业务紧密结合，目前已实现作译者网上交稿、编辑网上审稿、按章发布的电子出版模式。这种新的出版模式，我们称之为"敏捷出版"，它可以让读者以较快的速度了解到国外最新技术图书的内容，弥补以往翻译版技术书"出版即过时"的缺憾。同时，敏捷出版使得作、译、编、读的交流更为方便，可以提前消灭书稿中的错误，最大程度地保证图书出版的质量。

优惠提示：现在购买电子书，读者将获赠书款20%的社区银子，可用于兑换纸质样书。

——最方便的开放出版平台

图灵社区向读者开放在线写作功能，协助你实现自出版和开源出版的梦想。利用"合集"功能，你就能联合二三好友共同创作一部技术参考书，以免费或收费的形式提供给读者。（收费形式须经过图灵社区立项评审。）这极大地降低了出版的门槛。只要你有写作的意愿，图灵社区就能帮助你实现这个梦想。成熟的书稿，有机会入选出版计划，同时出版纸质书。

图灵社区引进出版的外文图书，都将在立项后马上在社区公布。如果你有意翻译哪本图书，欢迎你来社区申请。只要你通过试译的考验，即可签约成为图灵的译者。当然，要想成功地完成一本书的翻译工作，是需要有坚强的毅力的。

——最直接的读者交流平台

在图灵社区，你可以十分方便地写作文章、提交勘误、发表评论，以各种方式与作译者、编辑人员和其他读者进行交流互动。提交勘误还能够获赠社区银子。

你可以积极参与社区经常开展的访谈、乐译、评选等多种活动，赢取积分和银子，积累个人声望。

图灵最新重点图书

一幅浓墨重彩的语言画卷，
一部推陈出新的技术名著
全能前端人员必读之经典，
全面知识更新必备之佳作。

本书是 JavaScript 超级畅销书的最新版。ECMAScript 5 和 HTML5 在标准之争中双双胜出，使大量专有实现和客户端扩展正式进入规范，同时也为 JavaScript 增添了很多适应未来发展的新特性。本书这一版除增加 5 章全新内容外，其他章节也有较大幅度的增补和修订，新内容篇幅约占三分之一。全书从 JavaScript 语言实现的各个组成部分——语言核心、DOM、BOM、事件模型讲起，深入浅出地探讨了面向对象编程、Ajax 与 Comet 服务器端信、HTML5 表单、媒体、Canvas（包括 WebGL）及 Web Workers、地理定位、跨文档传递消息、客户端存储（包括 IndexedDB）等新 API，还介绍了离线应用和与维护、性能、部署相关的最佳开发实践。本书附录展望了未来的 API 和 ECMAScript Harmony 规范。

JavaScript 高级程序设计（第 3 版）
书号：978-7-115-27579-0
作者：Nicholas C. Zakas
译者：李松峰 曹力
定价：99.00 元

CCNA 学习指南（640-802）（第 7 版）
书号：978-7-115-27544-8
作者：Todd Lammle
译者：袁国忠 徐宏
定价：99.00 元

Linux/Unix 设计思想
书号：978-7-115-26692-7
作者：Mike Gancarz
译者：漆犇
定价：39.00 元

任天堂传奇：游戏产业之王者归来
书号：978-7-115-27107-5
作者：Daniel Sloan
译者：张玳
定价：39.00 元

苹果狂潮：iPhone 开启永远在线的时代
书号：978-7-115-27442-7
译者：苏健
作者：Brian X. Chen
定价：39.00 元

深入 HTML5 应用开发
书号：978-7-115-27494-6
作者：Anthony T. Holdener III
　　　Mario andres Pagella
译者：李松峰 秦绪文
定价：59.00 元

jQuery 基础教程（第 3 版）
书号：978-7-115-27585-1
作者：Jonathan Chaffer
　　　Karl Swedberg
译者：李松峰
定价：59.00 元